私営公益事業と都市経営の歴史
－報償契約の80年－

山田 廣則

大阪大学出版会

まえがき

　明治36 (1903) 年に大阪市と大阪瓦斯株式会社との間に、公益事業規制のための日本初の報償契約が締結された。報償契約とは、地方自治が先駆的に発達した欧州において、私企業が鉄道、電気、ガスなどの公益事業を起業する場合、自治体が事業者に公有の道路や橋梁を独占して使うことを認める代わりに、事業者から利益の一部をその使用料として徴収し、料金の決定をはじめ、ときには自治体による事業買収まで含む規制を行なう約定である。

　本書は後年全国の自治体に流布したこの契約の80余年にわたる過程を、通史として実証的に考察しその歴史的本質に迫ることである。

　そして、その最大の関心は、報償契約の成立・変遷の歴史をとおした自治体の都市経営思想と民間公益事業との相克にある。報償契約は法整備が充実していないなかで民業の独立性と自治体の公益性との整合性をとる手法の一形態であった。自治体の報償契約へのこだわりの思想の原点には、電気、ガス、市街鉄道などの公益事業は本来自治体の営利事業として運営すべきとする考え方があった。したがって大阪市電のように自ら営利事業を行なって大成功を収める事例もあったが、公共事業体が公益性の観点からといえども民業と競争していくことの妥当性とその限界にも議論すべき課題も含まれている。

　これらの問題意識からつぎの諸課題を歴史資料から解明したい。

　第1点は、日本初の報償契約は、公益事業への監督権限のない自治体が地方自治権の要求として市民運動を背景に超法規的なものとして成立させた

が、その成立過程に焦点をあて解析し評価する。幸いにして新聞の激論となり、連日の紙面を賑わかせたので当時の生の記事が生きた記録として残っていることに着目したい。

　第2点は、この契約が自治体と事業者の合意による私法上の契約であり、他の自治体にとっても中央政府の権限を侵さず自らの権限を確保できる都合のよいものとして短期間に少しずつ変形して全国に流布した。これら全国の自治体が締結した様々な報償契約の内容を主要論点ごとに精査したい。

　第3点は、その後の国法の整備によりそれまで自治体が報償契約により取得した権限が縮減奪取された。成立したそれぞれの事業法が報償契約にどのような影響を与えたかを解明し、そのために自治体と事業者間で発生した代表的な電気、ガス、鉄道の紛争の事例をとりあげ、終結に至るまでの過程を精査し、その結果に至った要因を評価分析したい。

　第4点は、自治体と事業者の報償契約を巡るせめぎあいである。事業者を管理強化したい自治体とそれを免れたい事業者との間での摩擦が生じた。代表的な事例としてガス事業での東京瓦斯と東京市、大阪瓦斯と大阪市の事例を取り上げ検証したい。

　第5点は、日中戦争、太平洋戦争前後の政治、経済の環境の変化で、電気、ガスの両事業ともに企業合併をして大規模産業となり一自治体の境域を越えるものとなり、実態としての報償契約の役割は激変した。電気では9配電会社の発足とともに報償契約は全て解除され、ガスでも東京都の契約は解除され、逆に大阪市はそれを固守した。この間の国の政策、自治体と事業者のとった対応のそれぞれの経過を分析考察したい。

　第6点は、最後まで残った大阪市・大阪瓦斯間の報償契約は昭和30（1955）年に大阪市による大阪瓦斯の買収条項の満期到来を迎えた。この条項をめぐって法律論争を含めた確執について検証するとともに、この契約がその後さらに30年にわたって墨守され続けた両者のトラウマ的状況について事実検証をして要因を考察したい。

　以上のように経済史的視角に立つ本書は、この契約が地方自治の法制が未確立のときに大阪市長鶴原定吉が演出した「市民運動」に呼応して成立した

という時代的な特異性に焦点をあて、しかもその後の法整備で国の権限が強化され自治体の権限の多くが骨抜きにされた状態でもこの契約が80年間も維持されたことに注目したい。

本書は通史として3部構成をしており、電気、ガス、鉄道の公益事業を対象に報償契約を切り口として、第Ⅰ部は明治期の報償契約の成立を、第Ⅱ部は大正昭和期の紛争と法整備を中心に、第Ⅲ部は第二次大戦以降の報償契約の変遷、終焉までを解明する。ただこの契約の先陣となった大阪市の契約が、特異な市民運動により超法規的に成立した経緯、電力会社の契約が戦時統制で一斉に解除され契約適用期間が短かったことに対し、瓦斯事業ではその後も長く続いたこと、とくに嚆矢となった大阪市の契約が政治的な成行きによりさらに永く生き残ったという歴史がある。このような事情から報償契約は欧州を起源とする公益事業全般に普遍的な法規制でありながら、日本の報償契約の歴史では電気よりも瓦斯が、東京に並んでとくに大阪の記述が多くならざるをえないのはその成立と政治的紛争の歴史的事実を反映しているからである。

なお、報償契約に関する先行研究は、主に経済史的アプローチと法学的アプローチに分けられる。後者の視点からの研究がより多いが、前者に立脚した研究では報償契約が公益事業全般へ普及した最初の事例として大阪市・大阪瓦斯の契約の成立が紹介されることが一般的である。しかし超法規的ともいえる成立の経緯や全国の公益事業に波及していった要因を分析した先行研究は少ない。また後者、法学的アプローチの多くは、後年道路法、瓦斯事業法などの法律が整備されたとき、既存の報償契約との整合問題で、改めて法学者の間で契約の有効性などを論じる研究が多い。また近年、法制史の視点から報償契約の成立過程を詳しく論及した研究もでた。本書の対象はこの契約の歴史の全過程に及ぶが、終焉までの盛衰についての経済史的あるいは法制史的先行研究は管見の限り見当たらない。一方、報償契約は自治体の行なう営利事業と表裏の関係にある。自治体の営利事業への参入事例が多くなり公営事業としての役割と限界についての都市経営の視点から研究も多く発表

まえがき

されている。

参　考

先行研究としては次のような研究がある。

経済史の視点からの研究

　青田龍世・竹中龍雄「我公益企業に於ける報償契約の起源と背景」『都市公論』都市研究、第21巻第6号、昭和13年刊。梅本哲也『戦前日本資本主義と電力』八朔社、平成12年刊。大阪市『新修大阪市史　第六巻』大阪市、平成6年刊。岡島久雄「公益事業意識の発生と報償契約（1）（2）」『成蹊大学経済学部論集』成蹊大学、第5巻2、第6巻1号、昭和50年刊。高寄昇三『近代日本公営交通成立史』日本経済評論社、平成17年刊。東京市政調査会『瓦斯事業報償契約』東京市政調査会、昭和3年刊。原田敬一『日本近代都市史研究』思文閣出版、平成9年刊。

法学の視点からの研究

　天利新次郎「瓦斯報償契約の解剖」『都市問題』東京市政調査会、第12巻第2号、昭和6年刊。池田宏『報償契約について』東京市政調査会、昭和8年刊。坂口軍司「報償契約問題」『都市問題』東京市政調査会、第18巻2号、昭和9年刊。關一「大阪市に於る瓦斯事業報償契約に就いて」『都市問題』東京市政調査会、第17巻1号、昭和8年刊。本間武夫「瓦斯事業と報償契約」『電気とガス』通商産業調査会、昭和30年10月号。南博方「ガス報償契約の実体と理論」『法学雑誌』大阪市立大学、第7巻4号、昭和36年刊。美濃部達吉「法律上より観たる報償契約」『国家学会雑誌』国家学会事務所、47巻6号、昭和8年刊。小石川裕介「近代日本の公益事業規制　市町村ガス報償契約の法史学的考察」『法制史研究』法制史学会、59号、平成10年刊。

都市経営の視点からの研究

　池田宏「市政上の根本問題」『都市問題』東京市政調査会、第14巻3号、昭和7年刊。關一『市営事業の本質』東京市政調査会、昭和3年刊。小林丑三郎「市営事業収入の性質及び原則」『都市問題第7巻4号』東京市政調査会、昭和3年刊。関野満夫「関一と大阪市営事業」『経済論叢』京都大学経済学会、第129巻第3号、昭和57年刊。竹中龍雄「公益事業における正当な利潤について」『都市問題』東京市政調査会、第17巻1号、昭和8年刊。宮本憲一『都市政策の思想と現実』有斐閣、平成11年刊。蝋山政道「市営事業の経営に於ける収益事業について」『都市問題第』東京市政調査会、第7巻4号昭和3年刊。

目　　次

まえがき ………………………………………………………………… ⅰ

第Ⅰ部　報償契約の成立 ………………………………………………… 1
第1章　ガス事業の歴史 ………………………………………………… 2
第2章　大阪のガス事業 ………………………………………………… 5
  1. 大阪の経済構造の変化　5
  2. ガス事業の申請と設立認可　7
  3. 停滞と再起　9
  4. 外資の導入　11
第3章　大阪市の都市環境の変化と市政 …………………………… 15
  1. 財政危機　15
  2. 鶴原定吉市長と片岡直輝社長の関係　16
    （1）鶴原定吉の経歴　17
    （2）片岡直輝の経歴　17
    （3）日銀ストライキ事件　18
  3. 鶴原定吉の市長就任　20
第4章　鶴原市長の準備 ……………………………………………… 23
  1. 都市経営の決意　23
  2. 大阪朝日の準備キャンペーン　25
第5章　法律論争 ……………………………………………………… 29
  1. 新聞紙上での論争　29
    （1）土地所有と指令権限　30
    （2）報償契約の論拠　32
    （3）市営主義の効率性　33

目　次

　　　(4) 指令書についての内務省の評価　33
　　　(5) 市営と自然独占　34
　　　(6) 報償条件　35
　　　(7) 外国人に対する不安　36
　　　(8) 片岡社長の不満　38
　　　(9) 販売競争の余波　38
　　2. 法律家の意見　41
　　　(1) 小島忠里の主張　42
　　　(2) 善積順蔵の主張　42
　　　(3) 論評　43
第 6 章　市長の決意 ……………………………………………… 45
　　1. 大阪巡航汽船の報償契約　45
　　2. 市長の意見表明　47
第 7 章　市長応援の大衆煽動 …………………………………… 49
　　1. 演出された「市民運動」　49
　　2. ガス問題市民大会　53
　　　(1) 実施組織の立上げ　53
　　　(2) 提灯行列の企画と頓挫　54
　　　(3) 実施計画　54
　　　(4) 大阪朝日の当日の集客紙面　54
　　　(5) 主催者側の今後への不安　55
　　3. 市会のガス問題建議案可決　56
第 8 章　報償契約締結への流れ ………………………………… 58
　　1. 仲介者の努力　58
　　2. 報償仮契約の締結　60
　　3. 報償契約の審議と調印　64
第 9 章　報償契約の妥結と時代潮流 …………………………… 67
　　1. 公営化の潮流　67
　　　(1) 欧州での公営の普及　68

（2）市の財政への独占利益の吸収　69
　　（3）私設公益事業と政治家・官僚との癒着の危険　70
　　（4）外資排斥思想　71
　2．仲介の好機　71
　　（1）大阪市側　72
　　（2）大阪瓦斯側　73
　3．報償条件の直接的評価　76
第10章　報償契約の伝播と歴史的評価 …………………………… 78
　1．報償契約の全国への流布　78
　2．報償契約の主要論点　80
　　（1）独占の保証　81
　　（2）道路の使用許可と使用料　81
　　（3）報償金の納付　82
　　（4）公用料金の割引　84
　　（5）料金協議　84
　　（6）事業買収　85
　3．大阪市報償契約締結の歴史的評価　86
　4．拡大する大阪市の財政規模　90

第Ⅱ部　大正・昭和初期の報償契約 ……………………………… 115
第1章　報償契約をめぐる紛争 …………………………………… 116
　1．大阪電燈事件　118
　2．東京瓦斯事件　124
　3．函館水電事件　130
　4．名古屋電気鐵道事件　134
　5．紛争問題の総括　136
第2章　法整備と報償契約 ………………………………………… 138
　1．鉄道の事業法と報償契約　138
　2．電気事業法と報償契約　141

3．道路法と報償契約　145

　4．瓦斯事業法と報償契約　152

第3章　都市圏の成長と報償契約 ………………………………… 158

　1．昭和恐慌　158

　2．営利事業依存の大阪市の財政　159

　3．瓦斯事業法改正とその背景　164

第Ⅲ部　戦時期以降の報償契約の衰微 ……………………………………… 185

第1章　戦時期から戦後復興にかけてのガス事業 ……………… 186

　1．国家統制の強化と終戦　186

　2．戦後復興と報償契約　188

　3．大阪市財政の困窮　194

第2章　高度経済成長と大阪市報償契約の運用 ………………… 198

　1．高度経済成長とガス事業　198

　2．報償金減額の話合い　199

第3章　大阪市報償契約の買収条項の満期の到来 ……………… 203

　1．存続する報償契約　203

　2．生産、供給設備の一体化と石炭化学会社化　204

　3．買収条項に対する学説　206

　　（1）買収条項における債務の性質　207

　　（2）買収権の時効　208

　　（3）起算日としての開業日　208

　　（4）買収価格　208

　4．買収権発生に対する大阪市の対応　209

　5．通商産業省の考え方　211

第4章　買収権の消滅時効到来の問題 …………………………… 214

　1．催告による6ヶ月の暫定猶予処置　214

　2．消滅時効の成立と援用についての約定　217

　3．報償契約の改定交渉　218

4. 我妻榮の鑑定意見　220
第5章　報償契約の解除 …………………………………………… 226
　1. 高度成長の終焉と経営危機　226
　2. 利益低下の報償契約への影響　228
　3. 報償契約の矛盾の増大と契約解除　230

むすび ……………………………………………………………… 243

資　　料 …………………………………………………………… 259

参考文献 …………………………………………………………… 291

あとがき …………………………………………………………… 297

索　　引 …………………………………………………………… 299

凡　例

1. 引用文は「　　　　　」で表示し、本文または脚注で出典を記載する。
2. 原典の引用に際しては原則として原文のままとするが、一部に筆者の責任でつぎのような変更・加筆を施している場合がある。
　　　片仮名の平仮名への変更
　　　現代文への書き直し
　　　句読点の加筆
　　　漢数字のアラビア数字への変更
　　　旧字体の新字体への変換
　　　難漢字の読み仮名の加筆
　　　説明のため〔　　　　〕内の補記
　　　引用が長くなる場合　（略）の表示で一部省略
3. 度々常用される瓦斯、電燈、鐵道の用語は、一般名詞としてはガス、電灯、鉄道の新字に統一した。また会社名、法律名、法律条文、人名、組織名、書名で原文が旧字である場合は原則旧字のままとした。

第Ⅰ部
報償契約の成立

第1章　ガス事業の歴史

ガス灯の始まりは1792年イギリスのウィリアム・マードックが石炭を乾留してガスを製造し、導管で自宅の部屋に送って点火・照明したことである。

また世界最古のガス会社は1812年にロンドンで始まった。横浜でのガス灯事業誕生の60年前のことであった。当初のガスは全て屋外の灯用として利用され1808年から16年までのわずか8年間でロンドン市内にはガスの照明がほぼ普及した。もともとロンドンでは市民は各個人の住宅に街頭を照明をする義務があり、それが自治体の設置義務へと変っていった歴史があった。以後ガス事業はドイツ、フランス、アメリカ、ベルギーなど欧米諸国を中心に世界へ拡がっていく[1]。

日本でガス灯が始めて点火されたのは、安政2（1855）年南部藩医師、島立甫が造船用のタール製造過程の石炭乾留の副産物としてのガスに点火したこととされるが、安政4（1857）年にも薩摩で島津斉彬の命により磯御茶屋の石灯籠が点火され、さらに市中にも広く開設するという考えがあったといわれている[2]。ガス灯が実用に供されたのは、明治初期に外国人との接触の多い横浜と兵庫を中心に華やかな欧米文化が展開した時で、ガス灯は文明開化の象徴であった。

最初にガス灯事業が出願されたのは横浜の地であった。明治3（1870）年ドイツのシキルツ・ライス商会、イギリス人シュミットが各々神奈川県へ出願し競争になった。とくにドイツは日本への経済的進出が遅れていたためラ

イス商会を支援して日本政府に働きかけて独占権の獲得に狂奔した。これを聞いた横浜の名望家、高島嘉右衛門[3]が、外国資本からガス事業を守る[4]ため、益田孝などの実業家を加えて日本側の出資団として横浜ガス灯結社・日本社中をつくり独自に事業出願をした。神奈川県は一般市街地へのガス供給に対しては早々に日本社中に許可を与えたが、居留地については逡巡して外交問題も絡み、結局は需要家として獲得する外国人顧客の多いほうに許可することになり、激しい競争の結果、これも日本社中が勝利した[5]。このとき技術面で日本社中に全面的に協力したのはフランス人技師アンリー・プレグラン[6]であった。

しかし日本社中の共同出資者たちは、意外と多額の経営資金を必要とするこの事業の将来性に疑問を抱いて次々に脱落し、ついに高島は、ひとりで苦境に立ち至った。そこで神奈川県令陸奥宗光の後援で政府資金を借り受け、明治5年に十数基のガス灯に点火したのを皮切りに、明治8年には324基に増設した。ところが営業を始めてみると料金支払いの滞納者が多く、経営は困難になっていった。事業の建て直しも思うようにいかず、同8年、町会所[7]が高島から全事業を買収して、名を「瓦斯局」に改めて事業を継承し、明治35年に横濱市営瓦斯となった。

一方の兵庫でも早くから多くの外国人が居住していた。同地の外国人数名が共同して兵庫瓦斯商会（のちに兵庫瓦斯と改称）設立の計画を立てて出願した。兵庫県もそれを快諾し、県自らも幾分の口数を引き受け、その計画を大蔵省に具申した。ところが、当時の大蔵卿大久保利通は、経営権が外国人の手に委ねられることは将来禍根を残すとして容易に許可を与えなかった。そこで発起外国人は更に日本人も加え、内外の共同事業として新会社をつくり兵庫県から用地を借り受け、明治7年に供給地区を居留地に限る条件でやっと許可を受けて開業した[8]。

東京では明治4年に府知事由利公正が新吉原にガス灯を点ずる計画をつくり、幕府時代からの救荒資金としての町費の積立金に由来する府民の共有金[9]をもとに、外国からガス製造設備の購入をはかった。しかし機械は到着したものの、府知事は途中で更迭され、機械は使われずに保管されたままに

なった。

　明治6年、東京会議所[10]では、死蔵されているガス設備を活用してガス灯を建設しようという意見が起こった。そこで前述の仏人プレグランを横浜から招聘して設計を依頼し、東京府自身も芝浜松町に工場用地を下付し明治7年に点火にこぎつけた。供給地域は、初めは京橋・万世橋・浅草橋付近に限られていたが、料金が高くて一般に普及せず、経営は欠損状態であった。

　明治9年東京会議所の廃止に伴ない、ガス事業は東京府直轄となり、東京瓦斯局が引き継ぎ、澁澤榮一が局長に就任した。それでも需要が伸びないので、明治14年頃になると府の経営に対して批判がでて民間に払い下げるべしとする意見が強くなった。澁澤は「共有金で建設した事業を赤字のまま低廉に払い下げることはいけない」として数年間は努力して利益を捻出してから売却すると抗弁した。そうして明治17年にやっと単年度の黒字転換を果たした。ここで民間への払い下げの条件も熟したとして、明治18年、澁澤は自ら大倉喜八郎、淺野總一郎らと共同して24万円で払い下げを受けるため資本金27万円で東京瓦斯株式会社を設立した。ただ、払い下げ当時はまだ22万円が債務として残っていた[11]ので、府はやっと簿価だけを回収したことになる。一方の会社は翌年から1割の配当を実施し同時に8万円を資本増加し総額35万円の会社として再出発した。

　ガス灯は当時石油ランプに代わるものとして注目されたが、アメリカでは既に電灯との競争が始まっていた。明治12（1879）年エジソンが炭素フィラメントに京都八幡の真竹を採用しニューヨークで電灯事業を始めた。当初の炭素線電灯は光度も弱く、寿命も短かったが、それでもアメリカ都市部では電灯がガス灯を駆逐していった。ところが、ガス燈についても明治20（1886）年オーストリアの金属学者ウェルスバッハが、綿糸とイタリアのラミー糸に発光体を加えた発光媒体マントル[12]を発明する。これはガスの裸火の5倍の明るさで、光度も耐久性も炭素線電灯を凌駕した[13]。この発明が日本のガス事業の運命を変えることになる。（第Ⅰ部第2章に後述する）

第2章　大阪のガス事業

1. 大阪の経済構造の変化

　江戸時代の大阪は我国経済の中心地であり、地方の各藩は大阪に蔵屋敷を設けて、米その他の産物を大阪に輸送し、諸国の廻船が集まって貨物集散の中心地となっていた。同時に金融機関や信用制度も発達し、単なる両替業務より質的に進歩して、預金、貸出の外に手形も流通させた。また掛屋[14]も現れた。この掛屋は諸侯に対し資金の融通もしたことにより大きな勢力を持ち、徳川幕府もしばしば御用金を命じている。「天下の貨(かし)七分は浪華にあり」、あるいは「金銀交通共に大阪の如く自由なるはあらず」などといわれ大阪は栄華を極めた。

　しかし明治維新では鳥羽伏見の戦い、江戸や東北での戦いに備えての巨額の御用金が新政府から課せられるなど、大阪町人の経済的負担は膨大なものとなった[15]。これらの協力への見返りは彼らにとってけっして満足なものでなく、むしろ受けた打撃は甚大であった。石井寛治の研究によれば[16]、両替ネットワークの頂点部分が維新の動乱で破壊され大阪の両替機能が壊滅したとされる。さらに慶応4(1868)年の銀目(ぎんめ)廃止は両替商金融の崩壊にとどめをさした[17]。続いて明治4(1871)年の廃藩置県で蔵屋敷は廃止された。翌

年の株仲間の解散は本来取引の自由を確保するためのものではあったが、結果として従来の配給秩序は破壊された。また富商の大名貸の債権も大半破棄された。これら一連の打撃で、この時期大阪の商業は衰微せざるを得なかった。

悪いことが続くなかで次世代に繋がる幸運もあった。明治元年に一時大阪遷都が議論されていた関係で、首都施設として造幣寮が明治4年に大阪で開業されたことである。この施設の事業目的は勿論貨幣の鋳造にあったが、大阪経済に貢献したのは、むしろ補助技術である硫酸、ソーダ、ガス、コークスの製造技術であった。さらに明治3年大阪砲兵工廠の前身の造兵司が大阪城の三の丸青屋口に設置され、巨大な帝国陸軍の兵器工場となっていく。これらは今後大阪が重工業を看板にして工業都市として再生する発展の礎となった。

その後の大阪は、西南戦争の補給基地の役割を果たすことで少しよみがえったが、明治14年にまた経済は不振に陥り、明治17年には恐慌となり銀行に取付け騒ぎがあったりして苦悩の時期であった。

元来大阪は商業資本で発達してきたがこの頃工業化の芽もでてきていた。明治10年代の工業資本は繊維と諸工業であった。当時大阪紡績が明治15年に設立され1万錘以上の大規模紡績工場の先駆け[18]となり、以降20年代になると天満紡績、浪華紡績、金巾製織、摂津紡績、泉州紡績が続々と生まれ紡績業は隆盛をきわめた。一時は生産過剰になることもあったが、23年の恐慌の後中国への輸出が伸び、発展の基礎が固められた。紡績以外でも硫酸製造工場（明治12年、後の大阪アルカリ）、大阪鉄工所（明治14年、後の日立造船）、大阪製銅会社（明治14年、後の住友伸銅分工場）や大小のマッチ工場が乱立した。この頃製紙、ガラス、セメントも発展の緒についた。大阪電燈も明治20年に創立された。

日清戦争後の大阪の企業勃興は鉄道・銀行・紡績を中心とし、鉄道では大阪鐵道、阪鶴鐵道、西成鐵道、關西鐵道、南海鐵道、高野鐵道が開通し、また鴻池、北濱、浪速、住友、山口などの諸銀行の多くが両替商による新時代への対応の形で設立された[19]。

2. ガス事業の申請と設立認可

　大阪で石炭ガスを事業に役立てようとする試みは、明治4年開業の造幣寮が、金銀溶解分析炉の燃料としてガスを製造利用したことに始まる。これは、日本でガスを工業用燃料に使った嚆矢であり、さらにその余剰を工場内外の照明に充当した。明治5年の横浜の日本社中の点火に先立つ[20]ものであった。しかしガス供給事業としてのスタートには大阪は大きく遅れた。明治7年の東京会議所の瓦斯の創業を最後に34年の神戸瓦斯[21]、38年の大阪瓦斯の創業まで約30年間近くガス事業への新規参入は全くなかった。その大きい理由が電灯との競争であった。

　『日本都市ガス産業史』によると[22]、明治20年、照明事業としては後発の東京電燈が本格的に営業を始め、1年後には電灯取り付け数が2800基に急増して銀座では「ガス灯から電灯へ」という切り替えが続発し「銀座戦争」ともいわれ、ガス会社は今にも潰れるという評判までたったとしている。東京瓦斯はこの競争に勝つために相次ぐ料金値下げを実施し、従来の半額以下の値引き競争を強いられている。当時は照明のみが用途であったガスは他の新規事業と同じくまったくの競争市場であり、より明るい電灯の出現が障害となって事業経営が決して楽でないことは明白であった。同『産業史』は明治初期から明治30年代半ばまでを、ガス事業の揺籃期と位置づけているが、むしろ当時は電灯の出現でガスが産業として成り立つかどうかの危機的状況であり、これを救ったのがガスマントルの発明という技術開発であった。

　大阪では「明治17、8年頃一部新人の間に燈火改善の運動萌芽し、瓦斯会社経営を意図する者もあった[23]」らしいが実現しなかった。ところが30年代に入り神戸、大阪を初め長崎、博多、名古屋、金沢にガス事業が急激に広がった。40年代に入ると更に門司、京都、静岡など全国に50都市を超え、主要都市にはガス会社が誕生するという創業の最盛期を迎えた。この爆発的ともいえる勃興の理由について同『産業史』は、①日清、日露の両戦争を通

じて日本経済が発展したこと、②ガスマントルが発明され、赤い裸火から白熱の明るい照明に変わったこと、③ガスの需用が照明用から熱利用に広がったこと、などをあげている[24]。なかでも②のガスマントルについてはその後明治 33 年には下向白熱マントルが発明され、電灯に対してより明るく俄然優位に立ったことがその後の事業発展の岐路であった。「この発明が十年遅れていたら、タングステン電球〔の発明〕と同時期になりガス灯が優位に立つことはなかっただろう。またその後のガス事業の姿も違っていたと思われる」[25]ほどマントルは初期のガス事業にとって大きな発明であった。

大阪のガス事業の申請は、明治 27、8 年の日清戦争直後に企業熱が急速に高まった時であった[26]。明治 29（1896）年 2 月 18 日松田平八外 9 名[27]が発起人となり、資本金 50 万円の大阪瓦斯株式会社の発起認可申請をする。設立願の追伸書は、設立目的として「①毎夜警鐘の声聞かない日はない。その原因となる石油ランプによる火災をなくすこと。②電燈は低廉・安全といっているが、瓦斯燈に勝ることなし。帝国議事堂の火災は漏電による。③電燈は電柱電線で市街の風致風格を害する。④薪炭の高騰は到底安くならない。瓦斯を竈（かまど）につかえば薪炭価格の騰貴を防げる。⑤繁華で雑踏する場所数箇所に大きな瓦斯燈を建設し無料で通行人の便に供する」と記している[28]。ガス灯についての安全性、経済性、都市景観に触れ、用途としても灯用から熱需用への事業展開に触れていることに注目したい。

ところが、明治 29 年 3 月 7 日『大阪朝日』によると、同じく資本金 50 万円で社名も同じ大阪瓦斯株式会社を扇谷五兵衛外 5 名が、さらに同年 4 月 5 日の同紙に、大矢幸八外 10 名程が同じく資本金 50 万円で大阪瓦斯応用株式会社を各々申請してきたと報じた。3 社競合の申請となったのである。

そのため、この 3 社をまとめる協議がもたれた。ここでは表記上、2 つの大阪瓦斯と大阪瓦斯応用の 3 社を先願順に A、B、C と略記する。『大阪朝日』4 月 25 日記事では、「A と B は合併の話が纏まった。C も A に対して合併の申し込みをしている」としているが、同月 29 日の記事では、「結局全体は纏まらなかったので、大阪府は先願の A の発起願書を主務省に進達する」とした。そのため 6 月 23 日『大阪朝日』は、「昨日 A 社に発起認可の

指令があり、B、Cの両者には認可し難き旨の指令があった」としている。しかしその後Aは、「営業上反対者があることは喜ばしからず」として「Bの株主に対してはAの株主の株式の幾分かを割譲し、Cの株主についても資本金を20万円増やし70万円にして株式を分配して解決した」と8月4日『大阪朝日』は報じている。

このように競合が調整されている一方で、明治29年4月10日『大阪朝日』は、「会社熱冷」という題目で、「日清戦争の企業勃興が頂点に達していたが、どんどん熱が冷め、払い込みがなされず発起人が苦労していて、玉石混淆の新会社は自然時勢の篩（ふるい）にかかって漸く整理を告げ」と、企業ブームが去ったことを告げている。大阪のガス事業はこのように企業勃興の終焉期に発起するという結果となり、以後の資本払込みの苦難が懸念された。

結局、同29年6月に会社発起の認可をうけ7月に府知事よりガス管敷設が認可された（巻末の資料1「農商務大臣の発起認可書と府知事からの指令書」）。8月29日には創立総会が開かれ、10月に会社設立の免許が下付された[29]。さらに、工場用地として市内から近く原料炭の受渡しにも便利な九条村に7,700坪が取得された。こうして、総株式1万4千株の中、9千株が公募されることになるが、日清戦後の不況が明治29年下期に表面化し、公募資金は集まらず、会社はやむなく事業計画の縮小を決意して資本金70万円を35万円に半減する変更申請を出し、ようやくその資本金の4分の1が払込みされ[30]、明治30年4月に設立登記を完了した[31]。

3. 停滞と再起

大阪瓦斯は土地買収に続いて直ちにガス製造供給設備の工事に着手すべきであったが、市況の低迷で資本金の残余の払込みもかなえられず、知事指令による事業着手の期限（巻末資料1、府指令第19条）切れ失効の危機に瀕して、松島地区の一部に導管を敷設して一時を糊塗し、大阪府に再三にわたり起工の延期申請を重ねていた。

明治 31 年に入ると事業計画の進捗は全く停滞して、当分「世間の成り行きに任す」より他はなかった。同年 6 月全株主に、ハガキで事業中止の件を通知し、事務所を専務の松田平八の私宅に移転した。翌 32 年に入ると会社はますます困窮し、購入済みの土地の売却、什器備品売却まで話題に上った。同 33 年初め、延び延びになっていた第 2 回目の株式払込みで一息つき、用地の整地、地質調査を終了したが、ガス製造設備の本来工事といえるものではとうていなかった。巻末の資料 2「大阪瓦斯役員の推移（明治 30～35 年）」のとおり役員の入れ替わりも激しく、4 年間に社長はほぼ 1 年足らずで交代し、その都度その私宅に会社事務所を移転しそこで事務がなされていた。役員交代は同期間に 10 回に及んでいる[32]。同様に株主の変動も激しく、巻末資料 3「大阪瓦斯の上位株主と株数の推移（明治 30～35 年）」のように、300 株以上の上位株主の入れ替わりも常態化していた。この瀕死の膠着状態を打開したのは東京の淺野總一郎であった。

彼は澁澤榮一の誘いで東京瓦斯の創立に関わったが、以後も監査役、取締役として同社の経営に関係していて、当時のガスマントルの実用化でガス灯の優位性が電灯との競争力を大きく変えたことを実感した。そこで淺野は大阪におけるガス事業の有望さに着目して明治 34 年 1 月に大阪瓦斯の株式 300 株を買取り、7 月には買い増して 1,100 株に、同時に盟友安田善次郎に 1,000 株をもってもらい、安田分も含めると都合 2,100 株で 30% の筆頭株主となり会社の改革に乗り出した。

まず彼はガス事業の経営はその地方の名望家の手腕に期待すべきだとして、日本銀行前大阪支店長の片岡直輝に着目した。支店長時代に藤田傳三郎や松本重太郎らの実業家と広く交わり官界・財界に名望が高かったので、片岡を社長にしてはどうかと澁澤榮一と相談した。澁澤は大阪で事業活動をしている原敬に相談して片岡の人柄を確認して同意した。

明治 34 年 1 月の株主総会で社長以下全取締役が辞任し、2 月の臨時株主総会で、社長に片岡直輝、専務に松村九平[33]（社長を辞任して専務に）、取締役に阿部彦太郎（相場師、米穀商、大阪商船取締役）、今西林三郎（大阪商船、山陽鐵道支配人など）、淺野總一郎（淺野財閥の総帥）、監査役に澁澤榮一（明治経

済界の重鎮、第一国立銀行を初め多くの会社の設立に関与)、西園寺公成(第一国立銀行取締役、東京瓦斯監査役)、前川槙造(阪神電鐵専務取締役)という錚錚たる陣容になって再起が期された。

4. 外資の導入

　新役員が早々に解決を迫られたのは、開業のための工事に必要な資金を如何に調達するかという問題であった。日清戦争で政府の財政規模は大きく拡大し、そのうえ対ロシア戦を想定した軍備拡張、製鉄所の建設、鉄道の増設、電信・電話網の拡張、海運・造船の奨励、特殊銀行の設立、教育施設の拡充などが実施され一時経済は活況を極めた。しかし明治30(1897)年の金本位制の採用が、金融引締めを誘発したため景気は急激に後退した。こうしたなかでの大阪瓦斯の新体制による資金調達の環境は最悪であった。明治のガス事業は成否の見通しが難しい新種の事業であり、投資家が多額の投資に躊躇するのも当然で、ガス事業のようなインフラ産業は投資回収の期間が長いことも嫌われたようである。

　一方膨張した財政は、日清戦争の清国からの賠償金を注入してもなお不足して、政府は新しい財源を法人税および酒・砂糖・織物の消費税の新設、地租の増額、塩・タバコの専売制などに求めたが、それでも財源が不足し、32年以降は外債発行に頼った。

　かつて明治初期には、外国資本の導入が植民地化の第一歩となるとした恐れを政府関係者がもったので、一貫して外国資本を排除する方針がとられていた。したがって明治3年東京横浜間の鉄道建設のため[34]、また6年に華士族への秩禄処分のため[35]に外債を発行したこの2つの例を除いて外債の実例はなかった。しかし日清戦争に勝利した後の日本にとり、西洋列強による植民地化の懸念が薄らぎ、外資に対する政策は日清戦争を境に排除から導入に転換した。金本位制の確立、外国人の内地雑居の自由化、商法の全面施行をはじめとして外資導入の環境も整備され、治外法権の撤廃、関税自主権の確

立なども伴い、外国企業の日本市場への直接投資が徐々に開始された。

宇田川勝の研究によると、スタンダードオイルは既に明治26（1893）年に日本支店を開設していたが、製造業の外資導入の事例としては、通信機メーカー日本電気（NEC）が、32年にウェスタン・エレクトリックとの合弁企業として設立された。33年にタバコ製造の村井兄弟商会がアメリカンタバコと合弁企業を、同年シェル・グループが原油精製の子会社ライジングサンを、34年シンガーミシンが日本法人をそれぞれ設立したことがあげられ、第Ⅰ部第4章で後述するように大阪瓦斯は日本で第6番目の外資系会社として登場する[36]。

外資を導入する企業は、提携企業からの製造技術、設計技術、経営管理手法が習得でき、資金・技術・原材料の面で最初から大規模な統合戦略を可能とするなどのプラス面も大きく、一躍国内市場で優位に立ちたいという狙いも込められていた[37]。

政府は制度環境を整え外資導入（輸入）を推奨したが、世情では外資に対する危惧の風潮も見受けられた。原敬は、『大阪毎日』で明治33年2月19日、20日の両日に、外資導入について書いた長大な論文[38]のなかで、外資は本来望んで導入しなくても自然に入ってきて、欧米の資本が自由に各国の間を流通しているようなもので、日本も現法制度のなかでも十分導入が可能である。それを阻んでいるのは国民の排外思想と、導入の障害を日本人が自ら除かないことだと主張している。とくに「客来らざれば客の来るを望み、客来れば其門を鎖（とざ）すが如きことは、世間甚だ多し」として、外国人自身にも相当の利益を与えられるのが当然で、これを厭忌（えんき）するようでは外資導入の資格なしという趣旨を述べている。

後に大阪瓦斯2代目社長になる渡邊千代三郎は、『片岡直輝翁記念誌』で、淺野總一郎が村井兄弟社の米国資本導入に関与して成功させた件をつぎのように述べている[39]。

> 明治33年に至り本邦にて外資輸入熱が勃興し、村井兄弟商会[40]が米国煙草会社と提携し、日本にて紙巻煙草製造事業を経営することになりました。其頃経済界の人々の間には外資輸入により金融を緩和し事業の隆

盛を図らざるべからずとの議論が盛でありまして外資輸入ということは今日とは異なり国家的重要問題視せられた観がありました（中略）村井商会の成功は天下の羨望するところとなった。

大阪瓦斯の場合は前掲「大阪瓦斯株式会社事業沿革史」によるとつぎのような経緯であった。

浅野は自らが関係し経営する鉱山、セメント、汽船、ガスなどの事業にも米国資本の導入を期待してこれらの事業明細書を、村井兄弟社の件で世話になった元帝国大学法科大学教授の米国人アレキサンダー・チゾン[41]と法学博士岸清一[42]に渡し、日米の橋渡しを依頼した。チゾンは親密に交際をしていたニューヨークの資本家アンソニー・ブレディ[43]に照会した。ブレディはニューヨーク・エジソンカンパニーの社長であり、アメリカでは「ガス王」とも呼ばれていた。そのためガス事業に深い見識をもち、広く業界と関係をもっていたことが幸いし、浅野が渡した多くの会社の資料のなかの大阪瓦斯に注目した。当時アメリカでは未だ日本の事情もよく知られていなかったが、大阪市が日本第2の大都市で約100万人の人口を有することは知られていた。そこで、このような大都市にガス供給の独占権があるなら投資して共同経営をしてもよいとする意向をもらした。

先ずブレディの意を受けたチゾンと、キャロル・ミラー[44]という技術者が明治34年末来日し、翌35年春にわたって実地調査を行った。その結果、大阪瓦斯の前途は有望であるという彼らの報告でブレディは投資を決意し、4月からチゾン、ミラーと片岡社長との正式交渉が東京で開始された。

当初、ブレディは現在の資本金35万円を600万円に増資して、その51％を自分が持ち、残りを日本側で募集することを提案した。これは、ブレディにとって「米国人として出資に決すれば、100万円、200万円の増減は頓着する訳ではなかったが公共事業の経営に若し大多数の株式を外人が所有すると地方の感情を害する虞もあるのを考慮した[45]」ようである。

ところが片岡は、日本側の300万円はとても集められないこと[46]、また外資に対する民間の反応は好意的でないことを考え、資本金を200万円とする交渉をした。しかし、アメリカ側は「この事業には少なくとも300万円は事

業着手と共に必ず必要であり、またアメリカから資本を輸入して共同事業をするにその引受資金僅かに100万円の少額では代表者を送って事業に関与する価値を認めない[47]」とし、日本側の事情によっては自ら7割まで持ってもよいという意思を表明して、これが無理なら手を引くしかないといった。

そこで片岡は、「当時の財界に於て東京、大阪の有力実業家〔が〕協同するも150万円の資金応募能はざるは国辱の感あり[48]」として大阪の松本重太郎、阿部彦太郎、土居通夫らの有力者に事情を話し協力を依頼して、300万円の資本金のうちアメリカ側が51%をもつことで交渉は成立した。その直後村井吉兵衛および横浜の有力者からも出資を申し込まれたため、アメリカ側比率はそのままで資本金を400万円にすることになった。このような経緯で淺野の斡旋で外資導入が成り立ち、明治35年7月9日の株主総会では総資本金を400万円、8万株に増資することを決定した[49]。

片岡がブレディの要請で取締役に重任され、その他取締役には阿部彦太郎、岸清一および村井兄弟商会の役員イーゼー・パリッシュと松原重栄の両名が選任された。監査役には淺野總一郎が選ばれた。総会直後の取締役会で社長に片岡、第一副社長にチゾンがそれぞれ就任することになった[50]。アメリカ側の経営幹部としては財務総長にC・D・マグラス、技師長にキャロル・ミラーが就任している[51]。

第3章　大阪市の都市環境の
　　　　変化と市政

1. 財政危機

　明治期の近代産業の急激な勃興は都市を一変させた。江戸時代の大阪は日本最大の経済都市として発展していたとはいえ、明治維新の一連の改革は必ずしも商都大阪には順風とはいえなかった。それでも明治20年代以降は工業化時代の萌芽の波が現われ、綿紡績はじめとする諸工業の分野で多数の工場が設立され、早くも日清戦争の頃の大阪は「東洋のマンチェスター」の別名で呼ばれるほど紡績業が世界的発展を遂げた。しかし江戸時代の商業都市・大阪が一挙に近代工業都市に変貌することはできない。近代都市にふさわしい基盤づくりをしなければならなかったのである。

　第1に、築港工事が必要であった。大阪港は淀川の土砂が絶えず下流に流され洪水被害も多く、常に浚渫(しゅんせつ)が必要な港で、自然条件には恵まれていなかった。江戸期の船底の浅い船に代わった外航船は大阪に入って来られず、大阪の綿業は原料輸入も製品輸出も神戸港に頼らざるを得ない状態になった。このため大阪市は膨大な投資をして淀川、安治川(あじがわ)、大阪港の改良工事をしていたが、それは増加する必要資金の調達と時間との戦いであった。

　第2に、人口の増大に対する住環境の不備が目立ってきた。急激な工業化

が農村人口を都市に集め、狭い市域（15平方キロ）に50万人が居住するため無秩序な市街化が進み、日本橋筋などの一部地区でのスラム化がさらに周辺地域に進行していった[52]。市は明治30（1897）年に市域を大きく拡張した[53]が、それに伴い投資が増えていった。狭隘劣悪な住居環境は伝染病を発生させた。とくにコレラの流行は上水道への投資を必要とし、原料綿とともにインドから運ばれてきた蚤はペストを流行させ、それらの流行病のための隔離病棟の建設も必要になった。また人口増大は教育施設への投資を増大させた。

第3に、道路整備の遅れがあった。大阪は物流のために張り巡らされた運河が発達し、物資の運送は河川交通に依っていたため、道路は狭いまま置かれていた。大阪の道路は人の往来に供されていただけなので、大通りであっても南北の筋は3間3分（約6m）、東西の町通りは4間3分（約8m）という狭い道路幅で、物資の運送まで含む陸上交通には大きな障害となった[54]。

工業化による人口増大にともなって拡大する社会資本投資は、市民への増税と公債とに頼らざるを得なかったものの、税の負担能力や公債の返済能力も限界に達し、新しい財源が求められた。そこで大阪市が目をつけたのが、電灯、ガス、市街鉄道などの公益事業[55]であった。当時の大阪市長鶴原定吉は、これら公益事業の利益を税収に組みこむことを思いついた。欧州ではこれらが公営事業として運営されることが多く、私営の場合でも地域独占を許容する代償として自治体への利益還元が広く行われているため、大阪でも都市経営の観点から電灯、ガス、市街鉄道が関心を集めることになる。日本で都市経営という考えをもって市政を運営したのは第2代目大阪市長の鶴原定吉を嚆矢とし[56]、その5代後の市長關一に継承され大成された。

2. 鶴原定吉市長と片岡直輝社長の関係

大阪のガス事業問題では、大阪市長の鶴原と大阪瓦斯社長の片岡は、後に厳しい対立関係になるが、元々二人は日銀大阪支店の同僚であり非常に懇意

な関係にあった。

(1) 鶴原定吉の経歴

　鶴原定吉は安政2（1855）年福岡雁林町に生まれた。6歳のとき父は早世し、定吉幼少のため縁者が家督を継いだ。養父との折り合いが悪く「窃(ひそか)に報復の情を慰めたり」とした苦労が続き、18歳で郷里を出て長崎に遊学するが、1年でやめて上京する。大学予備門[57]に入学し、苦学のうえ4年後の明治11年24歳で東京大学文学部（史学、哲学及政治学科）に入学した。『鶴原定吉君略伝』では、彼の学生時代の性格として「粗暴以て自ら快とする傾(かたむき)ありし」、あるいは「性来金銭に淡白なりし」の記述がある。また議論好きで弁舌会を主催したりしている。明治16年に卒業と同時に外務省に入省。ロンドン勤務を経て、天津、上海の領事に登用される。同25年領事を辞して、嘱望され日本銀行大阪支店に入行し翌年支店長に就任した。29年営業局長兼務、同32年理事になるが後述する日銀ストライキ事件の中心人物として、仲間とともに日銀を辞すことになった。同年關西鐵道株式会社の社長に就任し、この頃立憲政友会の創立に関与し、34年大阪市長に就任した[58]。

(2) 片岡直輝の経歴

　片岡直輝は安政3（1856）年土佐下半山村の貧しい郷士の家に生まれた。父は勤皇の志強く国事に奔走し、家産を傾け死去した。明治6年18歳で東京に出て苦学し、はじめ電信学校にはいるが、翌年海軍主計学校に転ずる。明治11年海軍主計副官に任官し、19年西郷従道海軍大臣の欧米視察に随行した。同21年から24年までフランスに武官として駐在した。25年海軍を辞して内務大臣秘書官に就任した。翌年大阪府書記官（今の副知事）に就き約3年後辞任。29年に日本銀行に入行し、翌30年大阪支店長となる。32年日銀ストライキ事件で鶴原に連座して退任し、同34年大阪瓦斯社長に就任した[59]。

　因みに、大阪府書記官時代の片岡は明治29年4月30日まで[60]の2年6ヶ月の在任中、最初の1年9ヶ月を山田信道知事に、その後の9ヶ月を内海忠

勝知事に仕えている。この当時の法令（市制）では大阪市は市制特例市[61]であり、知事が大阪市長を兼務して、片岡は大阪市の助役の業務も兼ねていた。したがって大阪瓦斯の設立申請が明治29年2月であり、認可は7月1日であるので、少なくとも申請が出されたとき片岡は実質上、大阪府の副知事として、あるいは大阪市の助役としてガス問題に係わったことになる。それから6年後に今度は当事者となり、片岡が民の立場で、鶴原が官の立場で臨む運命になる。

永く大阪瓦斯の副社長・社長をつとめ、片岡と32年間の交わりのある渡邊千代三郎は、片岡の人柄について、「伝記などを書く場合大抵いい事ばかり云って悪い事は云わぬと云うことになり易い」と断って、片岡の伝記でその性格をつぎのように書いている。

> 第一に、貧乏で育ち盤根錯節（ばんこんさくせつ）に遇ったから抵抗力があり負けん気がつよかった。第二に、自分が苦労しているから、人に頼まれると人のために尽力する優しさのある反面、人が頭を下げて体裁のいいことを頼むと直ぐ信用して、時々飼い犬に手を咬まれることも多い。しかし一度裏切られると徹底的に相手を追求し、なかなかもとに戻らない。第三に、かなりぶっきらぼうで「いかんものはいかんのじゃ」として意思をはっきりさせ、言葉を濁しておいてあとから否定するようなことはしなかったから、大阪に於いて敵はいくらもあった。[62]

この親分肌の性格で片岡はいろんなところから支援を頼まれ徹底的に面倒をみるので大阪財界の世話役としての役割もふえていくことになる[63]。また片岡は細かいことには興味がなく、信用できる人に仕事を全て任せるタイプの経営者であったことが、後年阪神電気鐵道の社長になったときの記録からも窺える[64]。

(3) 日銀ストライキ事件

明治20（1887）年代の日本銀行第3代総裁川田小一郎は、岩崎弥太郎亡き後の三菱財閥の総帥でもあった。その頃、経済恐慌での救済の出資[65]や、日清戦争の際の政府の巨額の資金需要をまかなったこと[66]などにより、日銀の

社会的地位はあがり、川田は大蔵省からも一目おかれる[67]までになった。また各界の有為の人材を集め、そのなかには大蔵省からは薄井佳久、外務省から河上謹一、鶴原定吉、海軍省から片岡直輝、法曹界から植村俊平、三菱から山本達雄、慶応義塾から小泉信吉らが含まれていた。その川田総裁が明治29年に急死した。あとは同じ三菱2代目当主の岩崎弥之助が第4代総裁になり金融制度の近代化にさまざまな業績を残すが、わずか2年で政争により辞任した。

　大物総裁が2代も続いたことで、この日銀総裁ポストは脚光を浴び、後任人事は俄然政争の渦にまきこまれた。第5代総裁としても大物候補の名前が多く挙がったが、総裁の席を政争の具にしてはならないという意見が政府内で高まり、内部起用説が有力となり山本達雄理事と河上謹一理事の争いになった。鶴原は帝大出身者を糾合して河上を推したが、行内の大勢は長年川田総裁を補佐してきた山本にまとまった。しかしこの確執が後に尾を引いた[68]。

　山本が第5代総裁となり、折からの対日銀課税論が活発化し、その処理にあたった山本は独自の政治ルートで解決をはかろうとしたが[69]、他の理事はその相談にあずからなかったとして鶴原らの理事から反発がでた。さらに人事[70]や配当[71]という根本的問題でも対立が深まった。この頃、日本銀行から横浜正金銀行副頭取に転出していた高橋是清[72]も母行の内紛を耳にして調停に乗り出したが、鶴原らは応ぜず[73]調停不成立となった。そしてついに株主総会の終わった明治32年2月から3月にかけて、理事4名のうち3名、局長6名のうち4名、支店長4名のうち3名（内の1人が片岡直輝であった）の計10名が辞表を提出した。「いずれも一流の人物ばかりで、松方大蔵大臣は一時山本を辞任させようとしたほどであったが、伊藤博文は下克上の内紛問題とし山本総裁を支持した[74]」ので、幹部の大量辞職で山本総裁を辞任に追い込む意図は不発に終わった[75]。

　この一連の日銀ストライキ事件のリーダーは鶴原であり、彼について、日銀考査役だった東田忠尚は著書のなかで、「野心の強い人物」であり、「九州男児らしい豪気な性格に加え、親分肌なところがあったので、銀行内でも多

19

くの子分を抱え」、また「幹部級の多くは鶴原に引きずられてストライキに同調した」という[76]。この時の内紛の元の原因は金融政策ではなく感情的な派閥争いであった[77]。後の大阪市長の鶴原と後の大阪瓦斯社長の片岡はともに日銀に勤務し、鶴原が大阪支店長から昇格し理事営業部長になったとき、片岡が後任の大阪支店長となり、このストライキ事件ではともに反山本総裁側に立った同志であった。この後、鶴原は關西鐵道の社長を経て34年に大阪市長になり、大阪瓦斯の片岡と対決することになるのである。

この時の日銀造反者の大半は関西経済界が受け入れた。河上謹一、藤尾録郎、志立鐵次郎は住友へ[78]、鶴原定吉は關西鐵道社長、片岡直輝は大阪瓦斯社長、渡邊千代三郎[79]は北浜銀行支配人から大阪瓦斯副社長（後に社長）、町田忠治は山口銀行支配人、植村俊平は住友銀行を経て九州鐵道社長、薄井佳久は帝国商業銀行副頭取と、それぞれの新天地を求めていった。

3. 鶴原定吉の市長就任

明治21（1888）年公布、翌22年4月に市町村制が施行され同時に37の新しい市が誕生した。ところが施行直前に東京、大阪、京都の3大都市については特例が適用され、それぞれの府知事・書記官が市長・助役の職務を兼ねることとなった。前節の片岡の書記官時代はこの時期のもので、大阪府の書記官は大阪市の助役を兼ねていた。したがって市は発足したものの、市役所も無く大阪府の建物を借用する状態であった。

『新修 大阪市史第六巻』によると、市制特例については法案が施行される前から大阪市民には評判が悪く、特例法案反対の陳情団を東京に派遣したりしている。施行後の24年にも特例廃止の建議案が市会に提出されたが、その時は否決された。その2年後市会で水道鉄管納入契約撤回問題[80]が起こり、行政の長としての市長と助役の職務を行う府知事、府書記官の責任を明らかにする建議が可決されたが、内務省の官吏である府知事、府書記官[81]が行なう市長、助役職務を剥奪する権限が市会にはないので結局決議だけで終

わった。これをきっかけにして専任の市長と助役のいないという市制特例を廃止する機運があらわれ、26 年に市会は特例の廃止の建議を採択し府知事宛に提出した。建議は「市政特例が『単に理論上の〔市長の〕権利の消長〔軽重〕』に関わるだけでなく、実際も『市政上格段の支障』をきたしていると指摘し、行政上の責任を明確にして、行政機関を円滑自在ならしめる必要がある[82]」とした。この動きに東京と京都も呼応した。こうして明治 31 年に市制特例が廃止され、初めて専任の市長と助役が選ばれて、市役所の建屋も新たに設置されることになった。

市の参事会では、「市長には政党に関係の無い人物を望み、助役 2 人のうち 1 人は学者肌を、他の 1 人は実務家を望んでいた[83]」。市会では何回も協議会を開いたが候補が決まらず、大阪にふさわしい人物として、住友吉左衛門を推す派と南区の呉服店主田村太兵衛[84]を推す派が対立した。住友はもともと市長就任を固辞していたが、田村太兵衛に反対する勢力が、あくまで田村の選出を阻止しようと、住友本人の意志に反して無理に推したことが解決を長引かせた。結局市会の投票で田村が 32 票、住友 27 票でわずか 5 票の差で田村が第 1 候補となった。市制の規定では市会で 3 人の市長候補を選出し内務大臣が上申して、天皇の裁可を得ることになっていた。こうして初代市長に田村太兵衛が就任した。しかしこのような軋轢から田村の「市政の前途は困難が予想された[85]」。

田村市政の業績としては 31 年 11 月の天皇行幸と陸軍大演習、第 5 回内国勧業博覧会の誘致、大阪市史編纂事業の決定、市立大阪商業学校の高等商業学校への改組などがあり、特別の失政といわれるものはない。しかし市財政の危機的状況のなかで抜本的な手がうてなかったことに対し『大阪朝日』は、34 年 3 月 27 日から 5 月 1 日まで 32 回に亘る連日の社説で「大阪市政の現状」という市政批判の大キャンペーンを張った。最終日の紙面では、「大阪市に於る経費の膨大一方に傾き公共事業の功績は却って挙らず、財政上には冗費の支出多く、行政上には事務渋滞せる」と説き、さらに「市行政の裡面に於ては、之に参与する者が、私情を以って公事を枉げ、腐敗と不始末は、市政の各方面に存在する」とし、「その理由は行政機関の活動の不完全と市

政の不統一、無方針」と断じた。

　時を同じくして、市長就任時の軋轢も再燃したようで、就任3年を経た34年春ごろから立憲政友会議員らは田村解任の動きを水面下で始めたようで[86]あった。後任に政友会総務委員の鶴原定吉の名前まで噂されるようになり[87]、嫌気がさした田村は同年7月辞任した。この辞任には、大阪市長の権限が参事会の下にあり、市会の委員会の決定権がつよく市長に自らの専決事項が全くない[88]という制度にも大きな原因があった。『東京経済雑誌』は34年8月10日の紙面で「市会の4分の3を有する政友会員は、是非とも現市長を斥けて、同会の領袖株をその後釜に据え、大〔い〕にその地盤を大阪市に作らんと企て、寄り寄り相談いたしたる」とし、「今市政の紊乱は東京を以て第一と為し、大阪市の如きは遥かに其の下にあるものなり、而も政友会員は市政の刷新を唱えて大阪市長を排斥した」が、それは市政紊乱を名目にして勢力を増やすためであったとして政友会の行き過ぎを非難した。

　田村の辞任により、市長選考委員が選ばれ、「手腕勢望克く此難局を救ひ得べき人物[89]」として、日銀大阪支店長として培った人脈から見て妥当な人事として下馬評どおり鶴原が市会の圧倒的多数の推薦をうけ[90]第一候補になり市長に就任した。助役には日銀事件の同志、菅沼達吉[91]が山口銀行を辞めて就任している。

　鶴原は日銀ストライキ事件のあと明治33年に關西鐵道の社長に就任し、住居も大阪に移したが、元来政治的なことが好きな野心家であるので、他方で伊藤博文の立憲政友会創立に携わり星亨や原敬などとともに、同会の総務委員を担当している。このような背景からわずか1年で關西鐵道の社長を辞任し34年8月大阪市長に就任した。市長に就任するや「吏は是れ公僕、市民は是れ主人なることを忘る可からず」[92]と官尊民卑の打破を宣言し、俸給令を改正して能力主義を採用し無能吏員60人余りを解雇したという。また鶴原自身は潔癖な性格で正義感が強く、とくに金には清廉な潔癖な性格であったようだ[93]。

第 4 章　鶴原市長の準備

1. 都市経営の決意

　大阪市の公益事業では、電灯に関しては既に大阪電燈が営業[94]しており、ガスは大阪瓦斯が営業認可を受けて工事に着手した創業準備の段階であった。鶴原定吉市長は、大阪市の財政状態を考えると電鉄を含めてこれらの事業は本来市営で行い、利益は市財政に還元することを理想[95]と考えていた。当時ニューヨーク総領事であった内田定槌(さだつち)[96]から *Municipal Monopolies*『都市の公共独占事業』[97]という書籍の送付を受け、アメリカの公益事業は私営にすると問題が多いことを知ったことが鶴原の考え方に影響したとされている[98]。当時は東京市の市政紊乱問題も[99]あり、新聞なども独占事業と地方政治家の癒着問題をとりあげ、また片山潜なども『東京毎日新聞』で都市の公益事業の公営化を主張していて[100]、公営化は新しい考え方と[101]して流布しかけていた。

　一方大阪瓦斯は結局国内での資金調達ができず、アメリカ資本の導入交渉がまとまったことを、明治 35（1902）年 4 月 26 日の『大阪毎日新聞』が報道した[102]。大阪瓦斯の外資導入についてはニューヨーク市のブレディが新資本金 400 万円のうち過半以上を出資することで合意したという内容であっ

た。これを見て、いままで大阪瓦斯の外資との交渉のことを全然知らなかったとされる[103]鶴原市長は、「日夕交游し居る片岡君にしてかゝる公共事業を計画するとなれば、何故市の当局者に予め同意を求めざりしか、市長を蔑視した仕方[104]」と受取り、また「この契約が大阪市当局に対して秘密裏になされたため、市当局との間との齟齬を来した」と『明治大正 大阪市史第二巻』は述べている[105]。

しかし鶴原がこのことで、かつての日銀事件の盟友片岡の行動に対して嫌悪感をもった[106]としても、このような資本提携契約は時代を問わず、国内外を問わず秘密交渉が常識であることを考えれば、こうした非難は当を得ていない。なによりも、既に同年1月9日『時事新報』が「大阪瓦斯の取締役淺野總一郎氏の紹介でニューヨークの瓦斯会社より50万円の資金借入の計画有り、社長の代理が大阪瓦斯を視察して結果を本国に報告した」と報じ[107]、2月11日『大阪朝日』も、淺野總一郎の幹旋でニューヨークガスの会長で有名な資本家ブレディが、大阪瓦斯に投資するという内意をもちまた出資株数は2分の1程度を検討していると伝えている。この事実から推論すると鶴原も、早くから大阪瓦斯で外資導入が進められている事実は認識していたはずである[108]。鶴原が外資導入を初めて知ったのは4月26日の『大阪毎日』の報道であるとした前掲『明治大正大阪市史 第二巻』の指摘は当を得ていない[109]。むしろ彼の謀略好きな性格からみてここは「知らぬ顔の半兵衛」を決めこみ、世間に対し騙された被害者のふりをしたものと考えるのが適切だろう。

勿論この問題は鶴原の感情問題といった個人レベルの話ではなく、大阪市の財政事情を考えるとガス事業の収益を市の収入としたいが、既に認可されかつ外資導入まで決まった話をどのような論理で変更が実行できるのかが問題の核心であった。そのために鶴原にとっては海外の事情を研究し論理を構築することと、世論と議会を味方にすることが必須であった。

そのために、鶴原は親しかった大阪朝日新聞の本田精一[110]と相談したうえ、村山龍平社長に大阪市への後援を委嘱した。同新聞は編集会議で、大阪市を後援し大阪瓦斯の独占権を否認することを社是にすると決定した[111]。

今まで大阪朝日は大阪市の財政問題を追求し先代田村市長時代の行政紊乱[112]を紙面で糾弾し、「市長の能力威望は到底市政を指揮監督すること能はず」[113]として田村を退陣させ、鶴原の登場を応援してきた経緯もあって鶴原の率いる大阪市を全面的に応援することにしたのであった。

大阪朝日には大阪毎日との発行部数の競争という事情もあった。この競争の厳しさは以前より紙面にまで影響がおよび、互いに熾烈な罵倒となり新聞の公器としての品位を下げて市民のひんしゅくをかっていた。

最初の事件は、明治33年大阪毎日が大阪相撲、歌舞伎、義太夫などの人気投票を企画し、投票用紙に新聞紙面の用紙欄を使うことであった。この作戦は成功した。これに対して朝日が毎日のこの企画は新聞の「品格を落し、かつ芸道を奨励するどころか人心を惑わして射幸心を挑発するものだ」と攻撃した[114]。これに端を発し、泥試合となり双方が連日社説で、罵詈雑言で応酬し[115]、ついに府知事と市長が仲介し終止符がうたれた。

続いて抗争の2回目は、同35年初頭、その年の総選挙に当選すべき代議士の予想を購読者にアンケートで問うことを毎日が企て、またも朝日が噛み付き、泥仕合となり、同業の『法律新聞』も1月30日の紙面で「互に漫罵悪言を以て十数日の紙面を充填す。両新聞が父母の復仇するが如き熱心を持て狂乱せんばかりに相薄(せま)るに至りては、何等の滑稽ぞ。新聞紙は社会の公共機関なり」と両新聞の抗争のあり方を厳しく非難した。このときは、藤田傳三郎と松本重太郎が仲介して手仕舞いとなった[116]。

こうした雰囲気のなかで生じた3度目の争いが大阪瓦斯問題であり、それは、かつての人気投票のような販売戦術ではなく、紙面での理論闘争であった。

2. 大阪朝日の準備キャンペーン

明治35年、大阪朝日の本田精一は大阪市の要請に応えるべく周到な準備をした。大阪瓦斯の外資による増資の実務は7、8月頃と予想され、その頃

に初めて大阪市が反対を表明し大論争が始まる。その時までに行政に関心のなかった市民に、前もって行政の立場や苦悩をよく理解させ味方につけておく必要があった。

そのため5月から7月まで14回にわたり一面のトップの社説で市民への事前広報キャンペーンを開始した。もっとも大阪市は公式にも非公式にもガス問題への反対表明をしていないので、紙面ではガスのことには直接ふれない。もちろん大阪毎日等の新聞は賛成や反対を紙面で取り上げる意識もないし、当事者である大阪瓦斯もこの時はよもや大阪市が反対するとは認識していなかった。約2ヶ月間を費やしたこの事前のキャンペーンの概要はつぎの通りであった。

まず5月25日から7月7日までに5回の紙面をつかって、大阪市の財政の困窮と新しい財源の必要性を市民に理解させることに注力してつぎのような主張を行なった。

①地方財政の困窮をみれば新しい財源が必要である。
②法令制定当時は予期しなかった新事業が出現し、法令が対応していないものが多くある。だから法令だけを過大評価することは断じて避けるべきである[117]。
③市会はいままで築港の予算拡大について議論をせずにいる。その怠慢の責任はどうなっているのか[118]。
④水上交通機関を市営にする案[119]は、固定財源を確保する趣旨から賛成する。
⑤財政が膨張し国税の付加税を主要な財源とすることはもはや不可能である。幸い家屋税は独立税なので、これをもっとも公正な方法で賦課して速やかに財源にすべきだ。

以上は、②を除いてすべて財政・財源問題の指摘であるが、②の「新規事業を法令に頼るだけではよくない」との主張に限っては、他の財源問題と乖離して違和感がある。大阪朝日の本田精一は、このガス事業問題は法令適応では解決できない難問題と捉えていたことが透けて見える。

続いて同紙は7月12日から20日までの9回は、「独占事業に対する欧州都市の方針」として欧州の各都市が公益事業にどのような経営形態を採用しているのかを個別に詳説した。連載初日12日の前書きに、「大阪市に於ては電燈事業の他に瓦斯会社の計画もあり、また市内電気鐵道の設計もあり、京都市には既設鐵道の他また瓦斯会社の発起をみようとしている今日、これら獨占事業が欧州各都市においては、どのように監督、制限せられつつあるかは市民の参考にすべきである。欧州での獨占事業に対する立法例をもとめて、市財政上の定論である市有主義、報償主義がどのくらい普及しているかを紹介したい」として以降事業別に紹介している。

記事のポイントを事業別・都市別に一覧表にして資料4「欧州の公益事業の経営実態」として巻末に添付したが、その概略は以下のとおりである。

①市街鉄道事業

欧州大陸では、私営鉄道の道路使用料として、収入に対する一定割合の納付金を市に支払う報償主義をとる。しかも特許期限の終了とともに市営にすることを条件としている。イギリスもまた市営化の方向にある。私営の場合は、道路使用料としての納付金のみならず利益の一定額を納付するという契約も多い。その他車両の構造や運賃なども市の規制事項になっている。

②電灯事業

欧州の電灯事業での市の方針は、市街鉄道と同じく純然たる市の直接経営かあるいは私営に任せて十分な報償を要求することにある。ただ市営化のため市当局が既設会社を買い上げようとするとき、アメリカの都市によく例があるように、当該会社の秘密主義的な政治運動による市会議員の腐敗でその買収を阻害されることがある。

イギリスでは電灯事業者121のうち公営67、私営54であり、現在工事中41のうち37は公営である。世論はますます公営化に傾きつつあるが、既設の私営会社は公営化に反対している。

③ガス事業

欧州大陸の都市やイギリスでは市営あるいは市営化の方向になりつつある。ただフランスは私営主義で、特にパリ市は、私営会社の監督のため市が

自ら100人の技師を配置しガスの品質と街路・公共用点灯の管理を行っており、この形態が市営より優れていると信じられている。

　以上のとおり欧州では鉄道・電灯・ガスの公益事業は市営化または報償契約化が当然とされているという実態を紹介している。この特集で9回の報告のうち鉄道と電灯が各2回に対してガスにのみ5回の紙面を使っていることは、この報告がその後の大阪瓦斯との論争に備えるための事前キャンペーンであったことを示している。

第5章　法律論争

1．新聞紙上での論争

　前章で指摘したように、大阪朝日新聞と大阪毎日新聞は販売数獲得競争がからんで、それまでに激しい競争を行い市民のひんしゅくをかってきたが、今回は堂々と紙面での論争が始まった。その材料が大阪市に於けるガス事業の経営主体の問題、つまり大阪市と大阪瓦斯の抗争であった。

　大阪瓦斯は外資の払込も完了し明治35（1902）年8月1日から日本側増資分の株式の公募を開始した。大阪朝日はこの応募を阻止する意図もあり、反対ののろしを上げ8月1日、2日の両日の1面トップのほぼ全2段をつかってつぎのような社説を掲載した[120]。

　8月1日　『大阪朝日』　「大阪市の対瓦斯会社方針如何（上）」
　ガス事業のような独占事業を、私営の一会社の為すままに放任すれば、市民の公益を毀損する恐れがある。アメリカでは独占事業を民間会社の経営に放任したことが市政の腐敗した主な原因となっている。これを防止するには2つの道がある。ガス事業を市が直接経営するか、あるいはガス会社から十分な報償をとることを条件として市が同意を与えることである。英国グラスゴー市は前者の、仏国パリ市は後者の見本である。大阪瓦斯という会社は既

に設立されてしまっているのでここでは後者の報償主義を提案したい。
　8月2日　『大阪朝日』　「大阪市の対瓦斯会社方針如何（下）」
　大阪瓦斯がもし報償契約に同意したら、外国資本家との共同事業が挫折し、それがよろしくないという意見があるかもしれない。今や市営または報償契約[121]は世界の輿論である。この事情は米国資本家もよく承知しているはずである。わずか数百万円の外資利用に恋着して我が大阪市政もあの腐敗した米国市政の失敗と同じことを繰り返すのか。驚くべくは米国市政の腐敗であり、米国の独占事業は全て少数資本家に専有され市の名誉職[122]はことごとく彼らの奴隷になってしまった。

　以上に対し、大阪毎日が第一声を発したのは3日後であった。大阪毎日の主張は前章で触れた大阪朝日との営業政策上の競争以外に純粋な法解釈にかかわる社長の考え方に特色があった。前掲『片岡直輝翁記念誌』で渡邊千代三郎はつぎのように述べた。

> 時の毎日新聞社長小松原英太郎氏は嘗て内務省官吏として地方行政に関係されし事があって、市と会社間に於ける大論争の焦点なりし道路使用問題に就きましては一隻眼を有して居られ、瓦斯会社の主張する既得権を尊重するを是なりとして、大阪市が突然瓦斯会社の道路使用に対して異議を申出ずるは不当なりと考えられ、毎日新聞紙上にて極力朝日新聞の主張に反対の論説を掲載されました[123]。

　結果として大阪毎日の方針は大阪瓦斯側の主張と同じとなったが、大阪瓦斯から同社に同調する記事の掲載を頼んだ形跡はない。
　こうして大阪朝日と大阪毎日の紙面での激化した論争はほぼ連日行なわれ10月まで続く。以下論点毎に双方の主張を紹介し筆者の論評を加える。

(1) 土地所有と指令権限

　明治35年8月5日の『大阪毎日』は、わが国の道路はすべて官有でその使用は関係市町村の意見を聞いて政府が決定する。この道路制度の下で市の公有または報償主義をとることは許されないとした。したがって大阪瓦斯へ

の府指令のなかにガス管の敷設について市と協議せよとある[124)]のも、たかだか工事上の協議であり、ガス事業の拡張はなんらの異議なく行われるものであり、道路が官有であるかぎり大阪市には指令権限はないし、ましてや今回のように既に政府が認可した事業に報償主義の実行はありえない、と論じた。

これに対し翌8月6日『大阪朝日』は、道路は全て官有でありまた大阪府知事指令の大阪市との協議は施工上の協議にすぎないという論があるが、この理屈は根拠のないものである。明治24年の内務省訓令462号[125)]によると、市には道路使用の処分権があるので、ガス会社からの協議に対し道路使用上の報償条件を出すこともできるし、協議に応じないこともできる。会社は大阪府の指令により独占権を得たものでなく、また無償で道路使用権を得たものでもないと反論した。

これに対して8月11日『大阪毎日』は再反論し、この訓令は従来小屋掛けや物置などの使用について一々内務省が処分するのは繁に耐えないので府県市町村に一任するのであって、同訓令の但書にあるように市町村に係るものは府県の認可を請う必要がある。今回のようなガス事業、交通機関、電灯事業のようなものは、中央官庁で詮議をつくし地方庁をして指令させるもので、この訓令の範囲外のことだとした。

この議論は、官有道路に対する内務省訓令の実効性を問うものである。『大阪毎日』のいうように、この内務省訓令462号はその但書で市町村が使用する場合でも府県知事の認可を必要としている。このことは水道条例による市の水道工事すら自らの権限で道路に敷設できないという実態と符合している。当時の地方行政権限は中央官吏の掌握する府県までに限られていたのが市制の考え方である。しかし道路敷地は官有であってもその維持費用を大阪市が支出しているので、無償で独占的に道路を使わせるのは理屈が通らないという議論には十分納得性があった。

(2) 報償契約の論拠

『大阪毎日』明治35年8月7日は、大阪瓦斯に与えた府指令のなかに市と協議すべしとある条項を広義に解して、大阪市は報償条件を提出できるし、協議を拒否してもよいという論者の反論があるが、協議すべき範囲がどのようなものかは府知事の与えた指令を見れば明らかであるのでここに掲げるとして紙面で指令全文(巻末資料1「農商務大臣の発起認可書と府知事からの指令書」参照)を掲載して読者に判断を迫った。そのうえで、報償条件をもちだすのは、命令でなく相談である。それが整わない場合でもガス会社の免許は妨げることはできない。元来この設立免許は明治29年という旧体制のとき認められたもので、大阪市制が明確でなく市長兼務の府知事も市の意見にあまり重きをおかずに認可[126]したものである。今日では如何ともしがたく、あえて市有とするのならば、大阪瓦斯と合意の上相当な時価で権利を買収するしかないとした。

同8月10日の『大阪毎日』は、大阪経済界の重鎮・松本重太郎が片岡、鶴原両人それぞれと会談した内容を報告した。その中で片岡は、ガス管敷設のための道路使用料(鉄管税)は負担することは吝(やぶさか)ではないが、大阪市が会社の経営に介入するような報償契約には応じられない[127]とした。一方の鶴原は、道路の地盤は官有であっても、市が費用をつかって保存し処分権を一任されているので、府指令第1条但書は会社が道路・橋梁を会社が使用するための条件を出す余地を与えたものであり市はそのための報償を要求する権利があるとした。

双方相反する考えであるが、鶴原市長の主張は当該指令の解釈としては無理がある。この府指令の但書を読んで報償契約の余地を与えた根拠とするのは論理が飛躍していると考えるのが常識的である。第1条本文末尾の「設計図面」や但書の「工作物に関する箇所に在りては」という表現からは工事上の打合せを想定した指令者の意図は明らかである。

(3) 市営主義の効率性

　明治35年8月5日の『大阪毎日』は、かつて東京市街電気鐵道の出願で東京市は市営を望んだが遂に許可されなかったのは、交通機関のような公衆を相手に懇切便利を旨とする事業に、公吏が適するか否やの疑問があって政府が躊躇(ためら)ったものと論じた。

　これに対し8月6日の『大阪朝日』は、公有は市町村にとって容易ではないのでやはり営利事業者に経営を任すべきしかないという考え方は、最も根拠のない妄説でありとるにたらない。水道事業はどうなのか。私営にすれば市民の受ける利益が今以上によくなることが立証できるのか、また東京の電気鉄道の事例は単に東京市のみの例で、大阪市のガス事業を市営できないという論拠にはならないと反論した。

　公営企業の効率性が民営企業より概して劣ることは半ば一般常識化している。しかし具体的な事業を取り上げてそれが直ちに効率が劣るとは断定できないと思われる[128]。

(4) 指令書についての内務省の評価

　明治35年8月15日の『大阪毎日』は、報償問題が問題化してくるので、大阪瓦斯は念のため内務省当局の意見を聞くことが大切として、大阪瓦斯の外資代表で第一副社長のアレキサンダー・チゾンが小村寿太郎外務大臣を介し内海忠勝[129]内務大臣に会見を求めた内容をつぎのとおり報告した。

　大阪瓦斯側はチゾン、片岡社長らの4人で大臣と会見した。内務大臣は、「大阪瓦斯への命令書は確定不動のもので省議は既に定論である。内務省訓令462号と会社に与えられた命令書と〔の間〕には何等関係のないことを私、内務大臣が明言する。またこのことを公表しても全く差し支えない」とするものであった。

　外資代表のチゾンは、今までの想定外の大阪市の態度に当惑して、資本家ブレディへの報告のためもあり、日本政府の見解を確認したかったのであろ

う。かつて大阪瓦斯へ府知事指令を出した当時の知事の内海が現主管の内務大臣であったことも奇遇であった。また社長の片岡は内海に府書記官として以前に仕えていた関係なので、大臣への面会は十分可能であったと思われるが、この時にかぎり副社長のチゾンが首席にたってかつわざわざ外務大臣を介したというのは、この会談結果を日米間のより公式的なものにしたいという期待があったのだろう。

(5) 市営と自然独占

　明治35年8月17日『大阪朝日』は、つぎのような起業権という新しい論理を持ち出した。もし大阪市がガス事業を出願し私営ガス会社と競合した場合、政府はすくなくとも市には優先的に許可せざるをえない。市が自己の生存繁栄に必要な事業を自ら営むのは現代の原則である[130]。言い換えれば、大阪市は自らガス事業を営もうと思えばいつでも可能である。報償とは市の起業権を譲り渡すことでもあると主張した。つまり大阪市も大阪瓦斯と競合して自らガス事業を起業する自由があるがそのような選択はしないので報償に応じよ、つまり大阪市の起業権の譲渡が報償契約であるとやや威圧的な論法をもちだした。

　これについて翌月の9月16日『大阪毎日』は、つぎのように市の起業権に疑問を呈した。市長は、この問題を報償でなく市営で解決すると聞くが、今後の問題は、市が自ら起業したいとすれば、さらに競争的起業を政府が許可するか否や市自ら起業をしたいと思えば会社に対し道路使用を拒み会社の協議に応じないことができるのか否やという問題に帰する。この問題に論及するのに、まず独占事業というものの性質の議論がいる。鉄道・電灯・ガスのような事業を称して独占事業というのは、事業そのものが独占的性質を有し自ずとこれを経営する者の独占になってしまうからである。私営であれ、市営であれ事業を経営するものの独占になってしまうのである。したがって、もし同一地域で複数の起業を許すと、共に不十分なことになり住民の需要を充たせないことになり政府もこれを許さない。市営論者は、府はガス会社に独占権を認めたわけではないので、市が自ら起業すれば必ず許可される

というが、その論ははなはだ疑わしい。また市は自ら起業するという将来目的のために会社との協議を拒むこともできない。もしそのようなことになれば、会社はその理由を具して政府の裁断を得て工事を進行するほかないだろうとした。

　ガス事業の認可を受けたことは即独占の認可を受けたことを意味しないが、事業の性質上、独占にならざるを得ないという主張をしている。つまりガス事業は自然独占になる事業[131]だから、行政も同一地域のガス事業は1社に決めているので、新たに大阪市が認可を受けようとしても受けられないとしている。現在の法理論ではガス事業は特許事業として私企業が常態で、独占が法的に保障される代わりに公的規制を加える制度として認識されている[132]が、当時の事例でみても、第Ⅰ部第2章で触れたように大阪瓦斯の認可は明治29年に3社が競合して当該大阪瓦斯1社に絞られた経緯[133]がある。また、『阪神電気鉄道100年史』によれば、鉄道でも申請側が認可を受けるために1社にまとめようと努力した事例[134]や、競合のなかから、地域を限定されて1社が認可された事例[135]があり、当時も、理論はともかく政府も複数認可での共倒れの危険を経験的に認識し、参入規制で運用していたと考える主張は実態を踏んだ正論である。
　しかしこの頃はまだ事業法がなく、独占を容認する必要条件となる料金や品質などの規制法規もないので、資本の論理で市民が犠牲になるのではないかという大阪市長の心配も理解できる。

(6) 報償条件

　明治35年8月19日の『大阪朝日』は、つぎのように報償契約の具体的提案をしてきた。

> ガス事業のごとき独占事業は市民の公益上また市民の財政上も欧州の都市のように大阪市自らがこれを営むべきである。もし市営ができないようであれば第2の手段として市はガス会社に対し報償を求めざるをえない。報償の内容は4つある。①ガス料金の制限、②道路使用の報償とし

て会社総収入の幾分を市に納付させること、③独占の報酬として純益の幾分を納付させること、④特定の年限後、該事業を市営に移すことである。これらに対し反論はあろうが、会社は知事の指令を得たものの、独占権を得たものではない。だから大阪市がさらに市営ガス事業を発起することは市の自由で、市が発起すればその際は会社の協議には絶対応じないから会社は自滅せざるをえない。

これについて大阪瓦斯社長の片岡は、8月24日『大阪朝日』で、市の事情には同情するところもあるが、市のいうように市が自らガス事業を起業する決心ならば随意に起業してよいではないか、なにも会社から報償条件を提出してくるのを待つ必要はないと反発した。

市会では明治35年8月19日に市長派の市会議員の質問に答える形でガス問題の市長の考えを表明する段取りになっていた。とくに『大阪朝日』の8月19日の報償契約の記事は、本来は市長鶴原の提示することに先行し、あたかも市を代行しているような様子になってきた。これは数ヶ月後に初めて大阪市が提示した報償契約の内容とほぼ同じである。また片岡の発言も挑戦的になってきて、このやりとりを見るかぎり双方の歩み寄りは全く見られない。

(7) 外国人に対する不安

明治35年8月24日の『大阪毎日』は、同月20日の外国新聞のジャパンデーリーアドバタイザーのつぎの社説を紹介した。

> 日本は政治的には欧米列国と対等の班に列することができたが、商業的には列国と同等の班に列することができるか否かについて、外国人いずれもが注目している。今回のガス問題は、大阪市の名誉に影響を及ぼしたのみならず、日本が列国の商業界に仲間入りする時期は、この問題のために遠き未来に延期してしまった。

8月27日『大阪朝日』はこれに反論して、日本で発行される外国新聞は大阪市の方針を外資導入の妨害ととるが、大阪市の要求内容は、アメリカで

も健全なる世論になりつつある。アメリカのように競争者の多いところで競争してかつ報償金をとられるより日本は投資の危険も少ないとした。

　また鶴原市長自身も9月6日の『大阪朝日』で、「瓦斯会社は当面400万円の資本金であるが、ゆくゆくは1000万円の大仕掛けになり利益の多大になることは算盤を持たないでもよくわかる。この利益の多くをかの外人が持ち去るものと思うとどうして袖手傍観（しゅうしゅぼうかん）していられない。私は自分の方針をどんどん進めて見事あの破れ会社を叩き潰すと誓っている」と激しい言葉で反発している。

　この議論について、大阪朝日は、大阪市の一連の主張と行動は外資導入への妨害ではないという。しかし問題の核心は、政府の認可済みの案件に大阪市の市営論もしくは報償要求がでてきたことである。資本家のブレディはこの年初1月に当該案件が出資に適当か否かについて職員を派遣して実地調査をしている。その結果、6月1日に払い込みが終了した。以後2ヶ月以上も経った8月19日の市会での市長の意思表明の演説である。市会が報償契約の建議を可決するのはさらに遅れて12月1日である。

　問題は、『大阪朝日』のいう、大阪市の要求がアメリカでの健全世論であるか否かでなく、出資完了後に大阪市が大阪瓦斯の開業の是非に関わる条件を新たに出したことが、法治国ではありえない騙まし討ち、闇討ちではないかという問題である。日本の資本主義の公正さに疑問が出されたのである。さらにいうと日本の法令では大阪市に市営あるいは報償契約を主張する権限があるのか否かという問題でもある。外国紙のこういう批判はもっともなことであるが、これは外資であるか否かに限らず、国内の投資家であっても投資直後の投資環境の変更は許されるような話ではない。まさに原敬のいう「客来らざれば客の来るを望み、客来れば其門を鎖（とざ）すが如きこと」の実例で、国内の資本市場の未成熟を露呈し、それを外国紙に指摘されたのである。むしろ大きな出資環境の変更で、ブレディが何故資金を引き上げなかったのかが疑問であるが、この時期ブレディがどのように思っていたのかについての史料はない。

(8) 片岡社長の不満

明治35年9月15日の『大阪毎日』で、いままで外部に対して寡黙であった片岡がつぎのように愚痴を漏らしている。

> 市営とか報償とかに関して鶴原市長はとかく無鉄砲なことを吐露しているが、どう考えても彼の主張は的外れである。思い起こすと今年3月、会社は外人と外資導入交渉最中のとき、鶴原氏の私宅に行き、市に幾ばくかの大阪瓦斯株をもってくれては如何と相談した。そのとき、鶴原は市が斯かる株を所有することが合法的な行為かどうかが疑わしいというので、私は市が基本財産としてこの株を持つのは差し支えないのではないのかといって別れた。そして外人との出資交渉がいよいよできてきた5月、私は先般の話はどうなのかと聞いたところ、市費多難で株券所有の相談には乗れないという。私はその足で市会議長森作太郎氏を訪ね株式所持に尽力を頼んだが、はっきりした返答はなかった。このようないきがかりであるのに、今となって出し抜けに市営とか報償とか騒ぐのは実に呆れたことだ。

片岡は、既に3月に鶴原を介して市に大阪瓦斯の株式購入を持ちかけていたという驚愕する事実をここで吐露している。また別に、天川三蔵市会議員も新聞の取材で同様の発言をしている[136]。これらが真実であるならば鶴原は初めから株式所有（市有）を望んでおらず、報償契約の報償金のみに執着していたのか。片岡は内情を何故新聞に発表したのか。いずれにせよ、2人の仲は決定的な険悪状態となったことがわかる。妥協の道はますます遠退いた。

(9) 販売競争の余波

このように大阪朝日、大阪毎日の議論は連日続き、明治35年10月末頃まで紙上を賑わすが、主張は出尽くしてもはや法律論として新しい切り口はない[137]。とくに大阪朝日は重点を欧州の独占事業の話、自治体と市民の権利意識、ニューヨークのタマニー党[138]のような政党と独占事業の癒着とそれ

に対する大阪市議への警告など市民への啓蒙に重点を移していった。

　大阪朝日、大阪毎日の2紙の論争はジャーナリストとしての主義主張ではあったが、会社の発行部数競争の命運をかけた争いでもあった。営業を意識して紙面でも相手を名指しで酷評する、やや品格の落ちる論評になるのも、購読者増加のためにはやむをえない状況になっていた。

　大阪毎日は発行部数で大阪朝日の後塵を拝していたが、日露戦争の前後のこの時期に躍進し、大阪朝日の足元に迫る勢いであった[139]。大阪朝日の論調が法律問題よりも市民への煽動に移っていき、後述（第Ⅰ部第7章）するように大阪朝日主導の市民大会の開催や提灯行列も予定されて市民もこれに呼応するようになる傾向がでてきた。これを危惧した大阪毎日の業務担当、本山彦一[140]は社長小松原英太郎に手紙を書き、大阪朝日を相手にして市民を敵に回し、大阪毎日の人気を失うことの非を説き、手仕舞いを進言した[141]。紙面は議論の出尽くしたところでもあったのでこのようなアドバイスになったのだろう。

　これについて『新修大阪市史　第六巻』は、「大阪毎日新聞は8月上旬に社説や経済面トップで報償問題の意見表明を続けていたが、17日以降はなくなる。本山の注意が実現したものと思われる」としている[142]が、これは事実誤認で、大阪毎日のガス問題の記事掲載はその後も継続され、特に9月16日からは一面トップ二段をつかった社説が始められ、10月10日までほぼ連日続き、大阪朝日との抗争はむしろエスカレートしている。また実際の本山の手紙は11月11日付のことであり両社の戦いは時期的にも終了していたので、現実にはこの手紙の影響は認められない。ガス問題は両社にとって販売競争という経営問題でもあったことを覗わせる事例である。また両社の経営者は、大阪朝日新聞社が民権派と関係があった村山龍平、大阪毎日新聞社は内務官僚であった小松原英太郎であり、ここにも対立要因が潜んでいたという指摘もある[143]。

　以上のように大阪朝日、大阪毎日の両新聞の法律解釈をめぐる論戦は、主管する内務大臣の判断で大阪毎日、大阪瓦斯に有利な局面で終了しそうで

あった。しかし市民の納得に関わる問題として、府知事がガス管敷設の指令をするときに大阪市の意向は確かめられなかったのか。また指令が出た明治29年からこの35年まで6年もの長い期間があったのに、いよいよ事業を開始する段になって、なぜ大阪市は急にそれを反対したのかという疑問が残る。

前者の疑問、つまり府知事の指令が出されたとき大阪市の考えは無視されたのか否かは、当時の市制特例で内海忠勝府知事が大阪市長を兼ねていたことに関係する。つまり大阪府知事が許可するか否かを判断するとき、府知事と市長が同一人物、府の参事官（今でいう副知事）と大阪市の助役が同一人物の時代で、現代の法律用語でいえば民法上あるいは商法上の利益相反ないし双方代理の関係であったとしても、法制度的に大阪市がこの問題に参画していなかったと主張することには無理がある。

つぎに、後者の、なぜ大阪市が急に反対したのか。筆者は鶴原市長特有の都市経営の考え方、つまりガス事業を財源にするという着想に接するまで、市会を含め誰もそれには考えが及ばなかったからであろうと考える。当時の市制も行政実例も自治体の営利事業を想定していなかったし、他の都市での実例もない時代としては当然のことであった。

鶴原の市長就任（明治34年）時の大阪市は築港問題で破産状態であり、独占事業であるガス事業をなんとか市営化してその利益を大阪市の財政に組み込みたい。欧州の各国をみても公営化しているところが多い。しかし残念ながら大阪瓦斯は既に認可をもらっているので、それをやめさせる理屈もなりたたない。せめてこの際私営を認めるかわりに報償契約にもちこみたいとするのが鶴原の意思であった[144]。

大阪瓦斯は当時の行政手続きにしたがって開業準備を進めてきた。農商務大臣（当時）と府知事からの指令の形で認可を受け、会社が指令受領の受書（請書）[145]を出した時点で行政契約は成立した[146]。大阪市が財政問題を考えて独占事業の市営化をしたかったのはわかるが、常識的にいえば決断が遅かった。鶴原は既に営業している電灯事業とは違い、大阪瓦斯は認可を得たとしても工事を少々始めただけで未だ開業していないので、是が非でも市営

にしたいと思ったが法的論理で進めようにもうまくいかないので、残された手段は将来の需要家となる市民の感情に訴えるしか方法はなかった。その場合、意を強くしたのは市民の外国人への不信感で、アメリカの私営ガス会社と政治家との癒着の事実そして欧州での市営化の潮流である。このあたりを市民に訴える切り口と考えた。

　大阪瓦斯が現法体制のなかで実現を図るのを当然としたのに対し一方、大阪市長の代弁者の大阪朝日の主張は、英国グラスゴーの事例を理想とした[147]。大阪市は、「都市社会主義」をとりいれ府知事の監督干渉から独立して自治自助の精神で自治体としての権利義務を認識する必要がある[148]としたいわば立法論に立っていた[149]。当時の法制は明治21年公布の市制であり、市は中央の末端行政機関にすぎない[150]。

　しかし都市社会主義では公益事業の公営化を片山潜、安部磯雄などが主張していた[151]が、特に片山は、「都市は、国家と違って政治団体でなく行政団体として市民参加による自治」を考えている[152]。大阪朝日の主張はこの主張と同一で[153]、官の支配を脱せよと主張して大阪市民の反骨精神に火をつけた。これはジャーナリズムの心情としては理解しても、現実に問題処理にあたる末端行政庁の大阪市が大阪朝日と行動をともにし、市長自らが大阪朝日への依頼主であるところがこの事件の特異性である。つまり政府の決定に対し自治体が市民を煽って反抗するという特殊な構図である。この議論は新聞紙上でほぼ毎日続いたので、東京でも話題になったようである[154]。

2. 法律家の意見

　新聞の議論は言論人にも話題を提供した。その中で大阪の代言人（弁護士）で大阪市の主張に賛成する小島忠里の意見[155]と大阪瓦斯に賛成する善積順蔵の意見[156]を代表的な主張としてとりあげる。両人ともかつては自由民権運動で政府に対立して論陣をはった同志であるが、今回は意見が分かれた。両論の要約を紹介し筆者の論評を加える。

(1) 小島忠里の主張

　大阪毎日は市内の道路は全て官有であり大阪市は何の権利もないというが、市制第6条第2項に「凡そ市民たるものは此法律に従ひ公共の営造物並市有財産を共用するの権利を有し及市の負担を分任する義務を有するものとす但特に民法上の権利及義務を有するものあるときは此限りに在らす」とある。この場合の公共の営造物とは公用に供されて利用されている道路であって地盤の所有権（土地所有権）とは関係がない。このように大阪市の道路は大阪市民が使用する権利があり、内務大臣であろうと府知事であろうとこの法律に違反して他人に使用させることはできない。

　また民法265条では「地上権者は他人の土地において工作物または竹木を所有する為め其土地を使用する権利を有す」と規定されている。また明治33年法律第72号[157]第1条には「本法施行前他人の土地に於いて工作物又は竹木を所有するため其土地を使用するものは地上権者と推定す」と規定される。

　この2つの条文から考えると、大阪市は道路という工作物を明治33年以前から所有しているので、当然同市は地上権を正当に有しているといえる。この権利は物権であり、大阪瓦斯をつよく排斥できる。したがって大阪瓦斯が不服であるならば、先ず大阪市へ不服の訴願を出して、市の参事会がそれを採決し、さらに不服ならば府参事会、行政裁判所へと進むが、その間工事を進めることはできない。

(2) 善積順蔵の主張

　国家社会主義[158]の主張がなされる今日、独占事業の公有論は理解するが、大阪のガス事業の問題は理想の話でなく現実問題である。そのため現行法令の上から観察して結論を出す必要がある。

　大阪瓦斯は明治29年に法律上の手続きを終え、市の一部で工事を施工している。このときになって市が政府の許可を無効とするのは、自治体が国家の権能を干犯するものである。それは大阪瓦斯の問題でなく国家と自治体の争いである。市は既得権ある会社に対し突如報償論を提起しこれを拒否する

なら市が自ら事業を経営するという根拠は現行法のなかにはない。ただの壮言高論の理想論なのであり、もしそれを実行しようとすれば憲法をはじめ法律の改正が必要である。とくに論者は市の公共利益という好辞を標榜して社会主義を旗印に人気を引き立て、お味方新聞で市長派は正義派としてまた会社派を邪党と罵り頻りに煽動し、野次馬のお祭り連中は神輿を引きまわしガス会社を叩きつぶして満足せんとするは立憲法治の国民として痛嘆にたえない。

　現行法では、道路の処分権は主管大臣にあり、場合によっては府知事に委任されている。したがって地方自治体と私人とを問わず道路の使用には政府の許可が必要で、市町村の独占と規定される水道事業の場合でも上級官庁の許可が必要なことは法令上明記されている[159]。したがって府知事指令第1条但書の大阪市と協議とあるのは工事仕様の協議である。使用許可の権能のない市に対し道路使用の承諾を協議する筋合いはないからである。もし国家の権能が自治体の干犯に遇うようなことになると国の威信を失うのみならず国家統一主義の滅亡となる。

(3) 論　評

　まず小島の意見で肝心なところは、道路を営造物であるとしたことである。それが崩れると市制第6条の根拠も民法の地上権の根拠も全て崩れることになる。この史料で小島は、道路が営造物であるとした根拠を説明していない。現在の道路は路盤をつくりその上を舗装がなされているが、当時の道路のほとんどは自然に踏み固められた非舗装の道であり、昔から付近の町家が維持してきた。それは重量車両の通らないこの時代でも変わっていない。当時は営造物という概念が明確でなく、道路が明確に営造物になったのは、後年の大正7年の道路法である。それ以前の法解釈で、道路を営造物というのは疑問があると言わざるをえないし、そうなると地上権の対象ともなりえない[160]。現在の営造物という語は国家賠償法第2条にあり、道路管理者に責任規定を設けているが、当時は少なくとも行政実例としても道路は営造物に入れられていない[161]。

しかも善積が事例として指摘した水道条例の存在も、市町村の権限を明確に否定し、地上権云々の主張を打破するものである。市が自ら営業する水道事業での水道管の敷設であっても、府県知事の道路使用許可をうけることを必要とした。これには、法制度としては市が自治を認められた行政単位として未だ機能していなかったという時代背景がある。

この当時の中央権力支配と地方権力を規定するものとして、憲法発布に先立つ明治21年に市制が公布された。そこで男子の納税額による制限選挙制が敷かれた初の公選の市会議員選挙が執行された。しかし行政の長である市長は、市会から3人の推薦をうけ内務大臣が天皇に上奏して裁可を得ることになっており、推薦候補が適当でないと内務大臣が判断した場合は再推薦、再々推薦を繰り返した後裁可を得ることになるが、その間、内務大臣は臨時代理者を決めて業務を執行させることができた[162]。つまり公選選挙の結果に対し中央政権が市町村に介入または拒否できる余地が大きく残されていた。公選制は実行したが、行政権限のかなり細かいところまで中央政府の任命した府県知事（官吏）までに留め置くという考え方で、中央官僚が末端までの支配を続ける意思が明白である。

櫻井一久[163]著の『市制及町村制義解』の前文によると、「市会、町村会の議決する事項は、市参事会市吏員、町村参事会、町村吏員の執行する事件は皆行政の事件に外ならぬ。市会、町村会が議決の権あるを観て是れ即ち立法の権あるものとするは大なる誤りなり。蓋し立法の権は我国体に於いて之を中央に統括し地方に分割するを許さざるなり[164]」と解説している。

第6章　市長の決意

1. 大阪巡航汽船の報償契約

　大阪瓦斯問題が市会に取り上げられたのは明治35（1902）年8月19日で鶴原市長が議員の質問に答えたときである。大阪朝日、大阪毎日が激しい代理戦争を行なっている頃である。しかし報償問題を論ずるには、それをさかのぼる半年前の市内水上交通機関の問題が大きな伏線になってくるので、まずその問題に触れざるを得ない。

　当時大阪の物流の中心は河川であり、市内に縦横につくられた運河の使用はそれぞれ民間業者に許可が与えられていた。そこへ明治35年2月19日に市長から急に、「市内の水上交通機関は市の事業として経営するのが利益となるので、その筋へ出願したい」という議案が出された。

　市長はその説明として、昨今東京方面を初めとして水上交通の事業経営の出願をするものが多い。たしかに、大阪は水利の便が大で将来陸運よりも盛大になる可能性もある。現に東京のいわゆる一銭蒸気は意外と収益ありとの事実を得たので、この事業の優先権を（市が）獲得しておこうと希望するとした[165]。

　続いて同年5月26日にはその具体案が提出[166]され、6月18日の市会で議

論された。しかし大阪の市内の道路は狭隘なところへ電柱が林立して車馬の通行も妨げになっているので、儲けがなくとも収支さえ償えば十分であるという賛成意見や、巡航汽船の就航は一般の貨物運搬の妨げにならないよう運行計画を縮小せよなど修正の意見がでたので、この案件は調査委員会を設けて検討することになった。ところが春から既に報道で話題になっていた大阪瓦斯の件が初めて8月19日の市会で取り上げられたことがこの問題の議論の行先きを大きく転換することになった。

　9月1日の市会での水上交通についての議論では、調査委員会が東京・横浜・参州[167]を調査した結果が報告されて、この事業は小さくて収支が整うのは無理であるため、市長の市営化提案は廃案にし、民間で開業を希望し、資本、信用とも確実なところを選んで、報償契約を締結するよう建議して参事会に伝達することに決められた[168]。市が優先権をとって水上交通を自ら営業するという提案が、私営会社に経営させ、その会社と報償契約をする方向に変わったのには、ガス問題と関連してつぎのような市当局の裏事情があった[169]。

　前掲『鶴原定吉略伝』は、当初「市の直営案を立て市会に付議せしが、瓦斯会社問題が提起されて未だ幾ならず、市会議員中疑義を抱くものもあり或いは為にするところがあって反対するものもあり」、そこで「報償契約の新例を開き、以って対瓦斯会社問題の解決に資するところあらしむるは一挙両得の策なるを看取し、市会に於いて其提案〔水上交通市営案〕を否決せらるるを黙過し、一方巡航汽船の成立を助け、報償条件を協定して独占事業私営の範を示せり」[170]としている。

　つまり水上交通は当初市営化と考えたが、一方の大阪瓦斯に関する議論では、大阪市が報償条件を云い出す法的権限はなしとする意見も強く、前例も全て道路制度の異なる欧州のものであり、この際ガス問題という大きな話の前に、水上交通をわが国の報償契約の第1号の先例としてつくっておこうということになった。こうして市会は報償契約案を同年12月22日に可決した[171]。この契約の内容は、①巡航汽船の売上の10％の市への納付、②会社の組織変更、合併、料金変更の場合の大阪市の承諾、③10年の免許期間、

などであった（原文は巻末資料5「大阪市と大阪巡航合資会社との報償契約」）。

このような途中での大きな方針変更には市長と調査委員会幹部との話合いがあったと思われるが、史料は残されていない。ただ『鶴原定吉略伝』の上記の記述の信憑性は、著者の池原鹿之助が、この時期に市長の助役として大阪巡航汽船との報償契約を実行した人物[172]であり、この記述が伝聞でないことは明らかである。

わざわざ大阪瓦斯との対決のために報償契約の先例をつくっておくという方針変更は、直前のガス問題での内務大臣の発言が影響したものと考えられる。というのは鶴原にとって、ガス事業を大阪市営とするためには内務大臣の許可が必要だが、当該内海忠勝内務大臣はかつて府知事として大阪瓦斯に指令を出した本人であるし、『大阪毎日』8月15日の報道も内海は「該指令は正当という[173]」というので、大阪瓦斯と競合する市営の認可が大阪朝日の主張のようにはうまくいかないと認識したはずである。8月19日議会での市長の意思表明に際し、その重点を直営から報償契約に切り替える必要がでてきた。そこで報償契約の先例をつくるため、水上交通での9月1日の市長の変節がもたらされたと考えられる。

2. 市長の意見表明

明治35年8月19日の市会では、市長がこの問題について議員の一般質問に答える形で初めて市長見解を述べた[174]（巻末資料6「鶴原市長の意見表明」）。その要旨はつぎのようであった。

本市は財政困難な情勢にあり、これからますます公債の返済で支出が増えていくために、新しい財源が必要である。それには市がガス、電気事業を自営することが最も有利と考える。本市は区域矮小で人口過密なのでガス事業の経営に最も適当であり、1年に40～50万円も利益が期待できる。欧米都市でもガスを市営とするものが多い。市営にすれば公債利子の過半が支弁で

きる。しかし本市では数年前に私営のガス会社が設立され事業拡張の段階である。そこへまた市がガス会社をつくれば、私営ガス会社は解散せざるを得ないだろう。したがって市はその私営会社の存立を認める代わりに、同社の利益の幾分かを市へ提供させることを希望する。しかし私営会社がこの提案を拒否するようであれば、市も自らガス事業を経営する。

これに対して議員からの「瓦斯会社は目下増株募集中なり。市会に於いて斯かる問答を敢えてするは、同会社の事業を妨害するものである。また該会社に報償を要求せば、電燈会社に対して如何なる処置を採らんとするか」という反対質問に、市長は、「電燈会社に関しても目下考慮中なれども本会社〔電燈会社〕は既に営業を開始せるものなれば其既得権を侵害すること能わず。すなわち株式募集中に属する瓦斯会社と同一視すべからざるものなり、且つ瓦斯会社の有望なるは世人の認むる所なれば本会の問答の為に〔株式の〕応募者に影響するが如き是あらざるべし」と答えた。また他の議員から、「市長の意見を賛し市民と共に之を貫徹せんことを熱望す」あるいは、「市長の意見の公明正大なるを賞揚し、且つ本市財政状態の如何に関せず此処置に出でざるべからす」と賛成意見がでた。このように、市会では議員質問に市長が答えるという形式で市長の対処方針が披瀝された。

第7章　市長応援の大衆煽動

　独占事業であり市民の費用負担で維持されている道路を使いながら会社に対して規制が全くないという、法制度の不備への不信感が、形をかえて政府不信、外国人不信として現われてきた。とくに大阪の市民風土は歴史的に町人文化で育まれたものであり、江戸時代には、町年寄りを中心とした町人が町の行政を取り仕切ってきた歴史がある。そのためこの地ほど官の権威の低いところもない。明治13（1880）年の自由民権運動では、官僚支配の考え方に反発し、大阪太融寺に全国の運動家が集まり、国会期成同盟が旗揚げされた風土である。明治35年のこの当時でも市民の大半はこれらの時代を経験した人々で、認可された府知事の指令が手続的に合法であっても、官から認可を得たから正当であるという論理のみでは彼らを納得させられなかった。

1. 演出された「市民運動」

　大阪朝日と大阪毎日の論戦は市長の意思表明の後も過熱して続いた。しかしお互いの主張は出尽くしているので、むしろ新聞紙の販路拡大のために相手を批判して自らの主張を露骨に誇示することが多くなった。例えば、大阪朝日新聞は「我が同業大阪毎日は」とか「毎日子が瓦斯市営の実行難を唱えたる議論は其の根本に於いて破れたり」[175]と論じ、一方の大阪毎日新聞も

「大阪朝日の昨日の社説末項の如き何等狂妄の言ぞ」[176)]とか、「大阪朝日の所論は（略）徒に不条理の言をなし漫罵虚喝少しも恥ずるなき」[177)]というように罵(ののし)り合う紙面も多くなった。

とくに大阪朝日は、市長に賛動するように市民活動に火をつけるという意図から、大阪市の正当性を紙面で繰り返し訴え、市民活動に理論的根拠を与え続ける必要があった。大阪毎日も明治35年10月までは連日紙面で張りあったが、既に理論闘争も終了していたのでこの頃から大阪朝日の紙面を無視するようになった。

大阪朝日の市民に対する煽動の特徴は、
　①地域や業界の既設の団体、機関を説得し、市長支持の機関決定を取り付ける。
　②地域活動の狙いの中心を、権限はないが名望家である区会議員におく。
　③できる限り「市長に賛成する」決議をさせ、あらかじめ用意した陳情書をつくり、署名した個人名を新聞紙面に公表し、その後の転向を防止する。
　④団体、機関の意思で市長反対派議員の説得にあたらせる。
　⑤市長反対派議員は会社との癒着議員であるかの如き紙面誘導をする。
　⑥市長反対派議員の個人名を、紙面を使って炙り出し、市長支持派への転向を誘導する。
などであり、コミュニティのなかでの市民の心理をついた活動を行っている。そして最終的には市民を結集した大決起大会を開き、一気に大阪瓦斯に報償契約を納得させ勝利を得ることが目指されていた。

巻末の資料7「明治35年の「演出された市民運動」の拡がり」は各地域での上記①②③の成果であるが、団体の決議や陳情書が如何に多かったかがわかる。そしてかなり小さな会合であっても紙面に決議内容を載せ、陳情書に署名した全員の氏名を公表している。これは市長支持からの転向を防止するとともに、知人を呼び込む効果も期待したものである。

④は強く賛成してくれた団体には、会員から反対派議員の転向を誘導して

もらうよう依頼している。ここまでくると市長の考え方への絶対的信頼が揺らがぬよう、紙面でも正義の旗を出し続けることが必須であった。
　⑤⑥は、大阪朝日が持論として主張していた大阪市の市政腐敗の改革と連動している。大阪朝日は前年明治34年3月から5月まで「大阪市の現状」と題したキャンペーンを行なった。市制の腐敗と非効率を市民に訴え、来る市会議員選挙に向かって市民の自治意識を喚起し、市政の実態を市民の投票判断の資料として提供しようという試みであった。その結果大阪朝日は同年6月「市会議員の半数改選選挙では新進有力の議員多数選出せらるる」[78]という成果をあげ、また8月には田村市長を辞任に追い込み鶴原定吉を市長に就任させるなど、市政をリードし世論づくりの実績を誇ってきた。
　明治35年秋の大阪瓦斯問題についても、「市営論や報償論は正義で、規制のない私営は邪悪」という単純な構図を演出し、それが市長派対会社派という人物区分けになり、敵対関係を増幅し、紙面で個人名を出した、かなり露骨な人身攻撃になった。つぎのような記事がその例である。

　　南区に於ける瓦斯会社側の運動法をみるに市参事会員A、B、市会議員議長代理C、Dの4氏は公然〔と〕回章を以って明月楼に市会議員を招集し、夫の会社側の運動者たるE、Fと共に南区全体は同一の行動を取らんため非報償説を主唱せんと勧誘し日々宴会を催し居れり。然れどもG、Hは断然之に反対し居れり。また西区にてはI、J等頻りに奔走し居れるも、正義の反響は此處にも次第に声たかめつつありと云う。
　　　　　　　　　『大阪朝日』9月14日（A～Jは実際の紙面では個人名を掲載）。
　　南区豫選会員中にはタマニー党に属するもの今少なからずとの事なるが、人々は之を不快として豫選会より分離して新たに南船場実業会と云ふを組織し、飽く迄市長の意見に賛同し極力市長を補翼せんとの意を決したり。　　　　　　　　　　　　　　　　　　　　『大阪朝日』9月23日。

　つぎに、『大阪朝日』9月4日の社説で、ニューヨークの市政での腐敗分子としてタマニー党が市政を牛耳って、その不正資金は市内で営業する鉄道・電灯・ガス会社からの寄付・賄賂であるという事例を紹介し、大阪市でも少なくとも昨年までは同じであったという。そこで今回のガス問題の件は

大阪市会を浄化する試金石であり、市会でのタマニー党の残党の存否を確かめその勢力程度を占う格好の問題としている。

また同新聞9月22日の社説は、大阪瓦斯の過半筆頭株主のアンソニー・ブラディがニューヨークのガス会社の大株主でもあることを指摘し、「彼の米人ブラディーと称する者、紐育市(ニューヨーク)に於いて瓦斯事業を営み、タマニー党と気脈を通じ同市の市長や州知事を擒(とりこ)にして、以って自己の暴利暴益を謀り、紐育市政の大腐敗を致したる資本家の一人に非る(あらざる)なきや、縦令(たとい)然らずとするも（略）」という。このようにガス事業を私営化すると、其の会社は、大阪市の吏員や市会議員と癒着し、市民のことは考えないようになる。ニューヨークではタマニー党という民主党グループが公益事業から資金を提供されて市政を壟断(ろうだん)している。現に大阪瓦斯株の過半を持つブラディはニューヨークで、ガス事業を経営しているではないか。きわめて心配である。といったイメージを市民に植え付けていった。

巻末の資料8「明治35年における立会演説会」はこの間に開催された立会演説会の一覧である。ただこれらも大阪朝日が全て準備をして開催され、市長に賛成する弁士ばかりで、市と会社の双方の意見を聞く会ではなく、むしろ事実上の市長派決起大会であった。会社側賛成の演説会や両派の弁士を呼んだ公開討論会などは、大阪朝日、大阪毎日の報道を見る限りでは開催されていない。

『大阪毎日』は、9月23日の社説でこれらを「市長一派の運動」としてつぎのように痛烈に批判をしている。

> 近来市長一派が瓦斯問題に関して種々運動を為し煽動を努めて居ることは一般の認める所なり、現に市内各所より殆ど同一の陳情書を続々市長に提出せしめ、且つ市会議員に対して脅迫的議決を為し、又は反対派の議員を訪問して其行動の自由を妨害せんと努め居るにあらずや（略）市長として其株式の募集を妨害し会社を瓦解せしめんとするが如きは市長たる者の為すべき行為なるか。假令(たとい)ひ市のために大なる財源を得ても如此(かくの)目的を以って陰険の手段を施し偏狭なる我意を押し通さんとして法律も慣例も情理をも顧みず、口を公益に藉(か)りて自治体を攪(かく)乱せんとする所

業は「自治制の賊」と謂はざるべからず。〔鶴原発言の〕「私立会社は叩き潰して其利益を市に収めん」とするが如きは正理といふべからず。また外人に対する嫉妬、市の財政上困難を救済すべき財源、私立会社の多大なる利益の壟断(ろうだん)等の言は誠に人情の弱点に投じて俗耳(ぞくじ)に入り易き事柄なれども、市営ガス事業の計画はいつまでも出されずに「示威的運動によって横奪的要請」をしている。

また市長主導の市民運動については「大阪瓦斯株式会社社史」[179]もつぎのように非難している。

言うまでも無く新聞紙は社会の公共機関、宣伝機関として、一つの立派な武器である[180]。故にその運用如何によっては社会善導の効果も大なれば、また人心攪乱の巨砲ともなるのである。鶴原市長の強みは之を味方とせる点だ。提灯行列を以てする[181]は、市民の協調総和を第一義とする自治体に於る民衆的運動としては聊か度を過ぎ、識者の輿せざるところだとした。

2. ガス問題市民大会

(1) 実施組織の立上げ

こうして市民運動の最後の目玉の催し物としてガス問題を盛り上げる市民大会が企画された。先ず大阪朝日新聞は明治35年9月21日に大阪市民同志会という中核組織をつくった。市長派と称する法律家を中心に医師・売薬商に大阪朝日と同一行動をとらせ「瓦斯問題で主脳の行動を取らん為」の組織で、弁護士で市議の日野國明と大阪朝日の本田精一など25名が集合し、幹事を選んで市民大会の骨子をつくった[182]。大会は、同年11月15日午後1時から、市の公会堂と中之島公園を会場とし、予想人数を5千人として準備委員会で作業に入った。

(2) 提灯行列の企画と頓挫

　当日は大会の後、提灯行列を行う予定があり、行列の順路は中之島から堺筋を経て南下し、再び戎橋を北上し、川口江之子島の市役所前で解散という、約 8 km の長い行程であった[183]。この行事は広く市民に「公益問題で市民の意向を発表せんとする極めて真面目な催し」のつもりであったが、11 月 8 日に北警察署が大阪朝日の担当社員をよび出し、「不日挙行せらるべき提灯行列のことは未だ正式の届出なきを以て其内容は知り難けれども兎に角穏やかならずと認むるを以て治安警察法により、縦令届出あるも禁止すべき方針なるを以て念の為此事を通じ置くなり」[184]として届け出前に禁止措置がなされた。

　そこで大阪朝日は翌 9 日の紙面トップをつかいガス問題に関し「屋外運動の禁止」と題して警察行政へ抗議する社説を掲載し、かつ同日に土佐堀青年会館で「瓦斯問題政談大演説会」と称して警察への抗議集会を開いた[185]ものの、提灯行列はとりやめにした。

(3) 実施計画

　市民大会は会費 20 銭の自費参加の形をとり、「会場入口には一大緑門（アーチ）を造り、又公園中央には高さ数十間の一大柱を建て其絶頂に大アーク灯を点じ、之を飾るに数千百の國旗紅灯をも吊すべし、といえば其壮観は意想の外にあるべし」と、豪華な会場設営が企画された。しかし肝心の市民大会開催に対する警察の認可はなかなか下りないので心配されたが、演説の大綱を届けることと、午後 4 時には解散すること等の条件がつけられ許可された。当日の予定は「市民の声[186]」の吹奏、開会の趣旨説明、宣言書の朗読、市民同盟規約の決議、万歳三唱とされた[187]。

(4) 大阪朝日の当日の集客紙面

　大会当日の 11 月 15 日の大阪朝日の第 1 面は大阪市民大会の勝利宣言でもあった。「本日を以って大阪市民大会を中之島公園に開く（略）その壮観想ふべし、大会の目的は、夫の瓦斯問題に対し市民の意思を天下に表白し、併

せて瓦斯会社の反省を促すにあり、其目的より云うも、其方法より云うも、斯かる大会の開催は大阪市ありての以来、空前絶後の快挙たらずんばあらず(略)瓦斯問題に対する大阪市民の主張と熱誠とに至っては、即ち然らず、市を愛する念深く、自治制を思ふの心大なるに非ずんば何ぞ此の如きを得んや、全国市町村の模範たり、自治制擁護の先登第一たる光栄は、今や正に大阪市民九十萬人の上に輝けり」という。

(5) 主催者側の今後への不安

　当日は参加者5千人[188]を集めて主催者の予定どおり成功裏に終わった。翌日16日の『大阪朝日』紙面ではその盛会の模様を伝えるとともに、司会の山下重威の発言として「併しながら諸君、本問題は事、外国人にも多少関係あり而も或ひは一転して政治上の大問題とならんとも知れず、吾々同志市民は決して暗然晏然(あんぜん)長眠するの場合にあらず、此上十分所信を遂行する準備こそ肝要なれ。不幸にして府知事、内務大臣の反対を買はん暁には、吾々同志市民は此九十萬人の輿論を真っ向にかざしつつ整々堂々終局の大目的を遂行するの大覚悟を以って事に臨むべきなり」としさらに「本問題に対する市民の大責任は繋りて諸君の双肩にあり」と述べ[189]、市民の引き続きの意識の高揚を訴えかけている。

　この発言を分析すると、今まで市民運動の盛り上がりとしての最終頂点の市民大会まで成功裡に進んできた。しかし途中には警察の介入もあった。それでも会社は依然として報償契約に応じる意思を示していない。しかも大臣、府知事は、ガス事業の認可は法的に問題なく有効といっている。新たに併行して市もガス事業を市営事業の一つとして申請しても認可が下りるかどうかは疑問である。もし嫌気がさした外国人が資本を引上げれば大阪のガス事業は挫折し、都市としてのインフラ整備が遅れ、また国際問題にもなるおそれもある[190]。「府知事、内務大臣が反対をする場合は九十萬市民が大目的達成のため戦う」とは、主催者側のこうした手詰まり感がいわせているものと考えられる。

　一方の会社側は市民への刺激を避け反対行動を仕掛けない態度にでた。一

連の大阪市長の行動に対し、前掲「大阪瓦斯株式会社社史」は、つぎのように痛烈に非難している。

> 鶴原氏は学生時代から夙に政治的趣味を有し、一種の煽動政治家たるの観があった。即ち会社の態度如何では市自ら起ちて之を経営すべく、必然会社は土崩瓦解(どほうがかい)の運命に陥るが如く示唆し、或はまた一歩過しては九十万市民が一社の奴隷に化するかの如く力説高唱するところ、いかにも煽動的、威嚇的であり、市会議員個々の思想と欲求を此の一点に湊注(そうちゅう)し、延て集団的共同動作を可能ならしめ、瓦斯会社の根底を揺動するには絶好の題目であり(略)。

3. 市会のガス問題建議案可決

　大阪市も大阪瓦斯もお互いに様子見の膠着状態となり、最高潮の市民大会開催をみて、市会としても市長を応援する決議をすることになった。建議案は議員33名より議長代理者奥村善右衛門宛に同年11月29日に提出された。建議の本文[191]は次のとおりである。

　本市内に於ける瓦斯事業は左〔下記〕の方針に基き処理せられんことを望む
　一　大阪瓦斯株式会社に於いて、其の営業の為本市の管理に属する道路橋梁等に瓦斯管を布設せんことを求むる場合には、本市は同会社に対して本市及び公共の利益を保全するに必要なりと認める報償条件を要求すべし。若し同会社に於いて本市の要求する報償条件に応ぜざるときは、本市は同会社に対し道路橋梁等の使用を拒絶し且つ本市自ら瓦斯事業を経営する計画を為すべし。　　右〔以上〕建議致候也
　　　　　　　　　　　　　　　　大阪市議長代理者　　奥村善右衛門
　　大阪市参事会市長　鶴原定吉殿

第7章　市長応援の大衆煽動

　市会としてこの内容で決議して総意として議長代理者から市長宛に提出する旨を諮かることになった。市会開催日の12月1日当日は「550余名の市民同盟会員を始めその他にも傍聴に赴くもの多かるべければ開会前に於いて必ず満員になるべきか」[192]として、大阪朝日は市会に市長派市民の動員を図り示威行動をしたものと思われ、当日の混乱が事前に予想された。

　事実、この審議は喧々諤々の議論を招いた。それまでに新聞や有識者の意見は出尽くした感はあるが、議会での議論は当日が初めてであった。審議開始直後から、傍聴者の不規則発言で議場は騒乱状態になった[193]。途中十分間の休憩の後、警察官監視のもとに再開にあたり傍聴者の喧騒を戒めたと『大阪市会史　第五巻』も記載している[194]。しかしこの喧騒のなかでの注目すべき事実と意見も開示された。決議反対派の竹中議員が、「〔大阪瓦斯が〕本指令を受けたるは市制特例時代に属し府知事内海氏は同時に大阪市長たりしなり。故に府知事は〔大阪市の〕水道事務所に対し瓦斯事業が水道事業に及ぼす利害如何を諮問し、事務所長は会社と協議し指令に示せる項目を制定して〔府知事の指令が〕遂に許可せられたるものなればなり」と新事実を採り上げ、いまさらの大阪市の言い分は筋がとおらないと主張している[195]。

　それでも賛成派が反対派を押し切り、起立をもって採決し建議案は可決された。採決では定員55名に対し、賛成者39名、不得止賛成1名[196]、反対者3名、点呼に際し退席した者4名、欠席者8名であった[197]。賛成39名はともかく、点呼に際し退席した者4名や欠席者8名には反対者が相当含まれていたものとみられる。とにかく当日朝の『大阪朝日』の報道で「市民環視の裡（うち）に演ずべき市会議員の晴れの舞台なり。名誉職の本領を事実に発揮すべき好機会なり。（中略）自己の態度を曖昧にし、故らに議事に参せざるが如きに至つては、蓋（ただ）に議員の職責として欠くる（中略）最も陋劣（ろうれつ）の行為」と煽られると、選挙を意識する反対議員の困惑した行動が当初から予想されていた。

第Ⅰ部　報償契約の成立

第 8 章　報償契約締結への流れ

1. 仲介者の努力

　報償契約締結のために、鶴原市長を応援する市民大会が開催され、それを支援するべく市会の決議もなされたが、一方の大阪瓦斯側では報償契約への妥協を探る気配が全くなかった。大阪市長はもともと会社側からの道路の使用についての協議の申出を待っていたので、市も為すすべがなく全くの膠着状態になった。

　大阪商業会議所は、明治35（1902）年10月6日の役員会でガス会社問題の件をとりあげ「大阪市の権利を保全して、以つて斯業の成功を計画するには如何なる手段をとるべきかを講究せんため、特に7名の調停委員を選定することに決し、藤田傳三郎、中橋徳五郎、三谷軌秀、亀岡徳太郎、法橋善作、磯野小右衛門、浮田桂造の7氏を選定」[198]した。この7名が当初どのような動きをしたかについて記録はないが、早くも『大阪朝日』10月9日は、「瓦斯問題の現状は仲裁を容れる余地なく商業会議所は仲裁を試みる立場にない」とし、翌日の『大阪毎日』も同様に商業会議所は仲裁の立場ではないとした。しかし『大阪毎日』は同じ紙面で、「大阪市は市長一派が如何にさわいでも法律的に先が見えているのだから徳義問題として妥協すべきである

58

し、一方会社も市内に於いて市民を相手に営業するのであるから、大阪市公共の利益のため又は市民の便益のためにできるだけ貢献することで円満に事業経営するほうが得策だろう」から、「相当な人物が仲裁の労をとって調停することは可である」とし両者が妥協を探る潮時と言っている。

仲介は10月頃に始まったようで、大阪商業会議所の選んだメンバーでなく[199]、藤田傳三郎、中橋徳五郎という重鎮に加えて、利害代表として大阪朝日の村山龍平、大阪毎日の小松原英太郎、地元に影響力のある政治家原敬と金融界の小山健三の計6名が仲介調停の役を担った[200]。途中の仲介過程では一切の報道がない[201]が、後日談として『大阪毎日』の報じるところによるとつぎのようになる[202]。

この時の調停は藤田傳三郎[203]が中心になり、「法律上の議論は眼中に置かずして単に公平の見地より双方の主張を折合わしめ」、甲、乙2案の調停案をつくった。甲は、大阪市のために利益を主として会社の納金を多くした案、乙は、納金の歩合を低くして会社の大阪市への売渡期限を短縮した案であったが、大阪市長も会社も甲と乙のそれぞれから自分にとって得なことを主張して双方の距離は容易に接近する見込みがなかった。とくに会社側は大株主が米国人であるので、たびたび長文の電報でやり取りしたものの、時間もかかり誤解も生じたのであるが、12月に会社側が乙案を了解するといってきた。市長はさらに要求が多く、翌年2月にはほとんど調停が絶望となり仲介者も手を引く相談をしていた[204]。しかし、第5回内国勧業博覧会の時期と重なっていてこの問題の再燃はよくないとして、双方ともに熟考を求め未解決のまま引き伸ばしていた。そうした中で会社役員中、松本重太郎、阿部彦太郎、今西林三郎らが妥協説をとったので、遂にチゾンがブレディと打ち合わせのため帰米して、その後6月20日に仲介者と会社重役とチゾンが長時間の談判の上、市長の要求を全面的に承諾することになった。

2. 報償仮契約の締結

　報償契約の個々の約定の争点については途中の議事録は残されていないため、最終的に完成された報償契約の内容を検討し、その直前にできた大阪巡航汽船の事例や欧州の事例を参考にしながら条文の意義を考察していきたい。

①公共用の道路、橋梁及び公園等の灯火用ガス代を2割値引きする。

　公共用の割引を普通料金より何故2割引とするのかに関しては特別の根拠はなく、市民への献納の意と思われ[205]、仲介者の提案が基準になっていたのだろう[206]。公共用の定義も限定されて、市庁舎などの公共建物は適用外である。パリの事例では街灯以外の公共建物も値引き対象になっていてしかも一般家庭料金の半額とされている。ドイツでは公共用料金は製造供給実費とされている。ガスの需要がガス灯であったこの時代では公共用の街灯の占める比率が大きく、欧州では全売上の4分の1から5分の1を占めるので公共用の値引きは経営上にも相当影響する。大阪市にとっては街灯は犯罪の抑止となり[207]、公共サービスの大きな目玉で[208]ある一方、大阪瓦斯にとっても一般家庭への販売促進の起爆剤として大きな意味をもっている[209]。市、会社の双方にとり市民向けに欠かせない項目であった。

②開業50年後以降大阪市が希望すれば大阪瓦斯を買収することを可能とし、買収価格は株式時価とするが、その価格が配当の20倍以上の場合は20倍を限度とする。

　満50年後[210]市の希望で会社を買収できるとしたことは両者間のもっとも大きな争点の一つであった。なぜならば、この買収予約条項は、ガス事業は本来市が行うもので、暫定的に私営に委ねるという市の考え方を物語っているからだ。会社の価値を高めるにも買収価格の上限が決まっているので含み価値をもたらすことができない。この交渉では、将来に禍根を残すかもしれないと思う会社と市営への権利を残したい市の思惑とが交錯したことと思わ

れる。

　欧州のガスの事例でも、私営会社を買収した実績はあるが、将来に対する予約契約の形は紹介されていない。但し、ドイツの鉄道での事例では特許期限終了時に市営化されることが多い。また特許期限について、電灯契約では英国各都市においては42年とされている。また先の大阪巡航汽船については特許期間が僅か10年であるが、買収の予約はされていない。

　大阪瓦斯の場合、欧州諸都市と本質的に異なることは、免許権者は大阪市ではないので特許期間を云々する立場でもないものの、買収条項によって株式に50年という停止条件がつくということが交渉の高い障害となったと考えられる。しかし50年という時間の経過は、後年に想定を超えて会社側に俄然有利な歴史的結果となった[211]。明治36年当時、大阪瓦斯としては、期間の長さよりも、買収条項の存在そのものが、最後まで承服できない項目であったと思われる。

③会社は純益の5％を市へ納付する。

　この報償金比率の妥当性は議論を要するが、経費に減価償却が含まれるとの認識があれば[212]将来投資への弊害がなく、純益の5％は経営的には充分受け入れられる数値であると思われる。ただ後日市会で上納金が安いのではないかという質疑の対象にもなっている。欧州の事例としてパリでのガス管敷設権利料として年2万フランに加えて消費ガス100立方㍍につき2フランといういわゆる鉄管税的なものがある。大阪巡航汽船では売上の10％であった。

④会社が純益から5％を納付した残額から資本金の12％相当金額を、さらに法定準備金をそれぞれ控除して、なお過剰金があるときはその4分の1を市へ納付する。

　独占からの利益の配当は、一定の制限があって然るべしとし、それ以上の配当は市民と株主が利害損得を共にするというのがこの条項の根本思想である。ロンドンではスライディング・スケール条項といわれ、規定以上の配当をする場合は、その相当分を原資にして料金の値下げをすべし[213]という法令があるが、本報償金条項はその考え方に沿ったものである。

具体的には、法人税[214]などを控除した当期純利益の処分について、まず法定準備金を積み立て、配当所要利益相当分として12％を差し引き、残った未処分利益の4分の1を市に納付することを約定したものである。たとえば、原料価格が暴落した場合に巨額の利益が発生するが、その場合の利益の全てが株主のものになる[215]ことは不公正との指摘である。今回は独占状態の中での配当は12％までを妥当とした。ロンドンでは9％とされている。パリの事例では利益配当は13.3％、残余は折半とされている。大阪瓦斯の適正配当を12％としたのは仲介者が世間の相場からみて妥当と考えたのだろう。

⑤料金改定は市と協議する。

料金協議の規定である。これこそ市が市民に代わり事業規制をする重要な条項である。会社もこれを避けては通れない。パリやドイツ各都市でも料金規制条項は必ずはいっており、また大阪巡航汽船との契約にも規定されている。想起されることの一つは、急激な原料価格の下落があり、会社が大きな利益を出しても会社が料金値下げの協議をしないときである。その場合は前条項の報償金条項が間接的に効いて、市への多額の納付金が発生する。しかし逆のケースで急激な物価高騰のときに原料価格上昇分の料金値上げ協議で、市が承諾しないといったケースでは会社の経営危機を招きかねない可能性も秘めている[216]。

⑥資本増加、一定額以上の社債募集および合併は市と協議する。

増資、社債募集の市との協議の義務規定である。これは④の条項における抜駆け防止の意味もあるため増資の協議を求めている。パリの事例では資本金は一定額に固定されている。大阪巡航汽船との契約では合併のみが協議に入っている。この条項に関しても会社が大阪市域外への拡張や工業用需要の開拓などでの増資を考えると、大阪市に協議資格があるのか否かが判然としないという問題も出てくる。

⑦市はガス事業に特許免許料など特別税を賦課しない。

報償金以外の負担はなしという両者の了解事項の確認である。

⑧市の所有・管理する道路・橋梁などの使用を無償とし、会社に便宜をはか

る。

　道路は全て官有であり使用許可権も市にはないので、無償で使用させるとは表現されていない。しかし大阪瓦斯にとっては最も重要な規程である。
⑨市は自らガス事業を経営せず、他のガス事業の設立も承認しない。

　独占を認める大阪市側の義務であり当然の規定ともいえる。自らガス事業はしないという約束は私法上有効と考えるが、他のガス事業の承認云々となると、もともと事業認可権のない大阪市に適格性があるのか否かが問題になる。また大阪市域の範囲を特定する規定が入っていないことにも問題は残る[217]。しかしこの参入禁止条項は大阪瓦斯、とくに投資家にとって大きな安心材料になったことは間違いない。

　以上が、この報償契約の主な論点と思われるが、もともと欧州で報償契約ができた背景は、私営ガス会社の自由な経済活動からの市民の保護であった。つまり「市は勢ひ市民本位の立場に於て一般需要者の利益を主張すべきに反して、会社は株主本位の立場に於て会社の利益を主張せざるを得ないからで、此の利害相反する両者は容易に融合し難い事と思はれる。乍併此の間に在って、僅かに其の均衡を保ち得しむる役目をしているのが、所謂報償契約である[218]」。

　欧州ではガス灯による地域の治安確保や石炭の価格相場変動からの市民の保護、料金の低減化による生活の向上などの必要より、私営会社に対しても、料金をはじめ様々な監督や規制をしてきた。例えば、街灯の設置は、石油ランプの時代から都市で一般化していた照明の燃料をガスに転換し、街をより明るくして犯罪対策にもなったし、家庭燃料としてのガスの固定料金は石炭の相場価格の変動から市民をある程度は守っただろう。また、グラスゴーなどでは、料理用ガスストーブを市が自ら製造して実費販売やレンタルをして低所得者層のガス消費を助成し生活の向上をめざしている。そのため欧州都市の報償契約では市民の代弁者としての行政の役割が重視されてきた。例えばドイツでは会社の供給するガスの品質を日々検査して会社が劣等なガスで不正な利益を占めないようにすることや、パリでもガス製造上の検査、品質

効力の鑑定を始め街灯の点火など市のガスに関わる仕事を技師長以下技師、技手の100人が分担している。

このように欧州の報償契約では配当、増資を初めとする経営的規制以外に市民に直結する公共的規制として、料金規制の他にガスの品質確保義務、新規申込者の引用負担金、供給義務、地域開発としての供給地域の指定、広い道路へのガス管の両側敷設、保安義務などが多くあった。

しかし、本報償契約は大阪市の財政負担の軽減としての報償金確保が当初からの大目的であったので、公共的規制としては上記のなかの料金規制しか入っていないことが特徴である。

契約締結の手続きとしては先ず鶴原市長が参事会に諮り、そのうえで会社側と仮契約を結び、会社は株主総会に、市は市会の承認を各々経て本契約を締結することにした。この段階の仮契約案は巻末資料9「大阪市と大阪瓦斯の報償仮契約」のとおりである。

3. 報償契約の審議と調印

大阪瓦斯は明治36（1903）年7月9日定時株主総会で決算等の一連の予定決議を可決終了したあと、引き続き臨時株主総会を開いて仮契約の承認を求めた。前掲「大阪瓦斯日誌」の当日欄には、「対大阪市仮契約書締結の件に移り社長其顛末を報告し該条項の承認を求む。満場無異議之を決す」と、また「片岡氏、藤田傳三郎其他諸氏の尽力を感謝する旨議事録に特記したしとして株主の賛成を求めしに之亦異議なし。最後に岩下清周氏株主一同に代わり重役に対し謝辞を述ふ」と、記録されている。

一方市会では、仮契約は同年7月15日に提案された。市長は「本案は本職の理想より見〔れ〕ば頗る不満足なるも独占事業に対して報償の要求を為すが如き未だ前例あるをしらず然るに今や会社は其主張を抛ち多少の報償納付を諾するに至れり。是取りも直さず市民の宿論を貫徹せしものにして実に

市町村〔の〕対独占事業〔へ〕の勝利なりと做さゞるべからす（略）既に勝利を占めたり故に、その報償条件に就き譲歩し得らるだけの譲歩をなす、は則ち大阪市の寛量を指示する所の所以にして亦其当然の処置なり[219)]」、と提案理由を説明した。本案はまず委員会にかけられ、次章で述べるように「異論百出したる由なるが、結局多数を以って覚書案と契約書修正案とをつくり市と会社と双方の間に取換せ置くことに決したり」[220)] としている。結果的に修正案は一部字句の微修正で、本契約の別途に作成された覚書も内容の一部の確認のようなもので、市長の提案即ち仮契約どおりとなった。最終の契約書と覚書はつぎのとおりである。

報償契約書
　一、会社は道路、橋梁、及公園に於て公共用に供する瓦斯代に付市に対し普通料金より二割の割引を為すべき事
　二、会社は開業の日より満五十ヶ年の後に至り市の希望に依り買収に応ずべき事
　　　前項の価格は大阪市内の株式取引所に於る会社株式の其時より前三ヶ年の平均相場に依る但平均相場が右三ヶ年間の利益配当平均年額二十倍以上なるときは其二十倍額を以って買収価格と定むべし
　三、会社は其純益金の百分の五に相当する金額を市に納付すべき事
　　　前項の純益金は各事業年度における総益金より総損金を引去たるものとす
　　　但総損金中には各種の積立金及賞与金其他之に類する支出を包含せざるものとす
　　　損益計算は会社において証明の責あるものとす
　四、会社が純益金中前条の納付金を控除したる残額より払込資本額に対し年一割二分に相当する金額並びに法定準備最低額を差引き過剰金ある時は其過剰金の四分の一に相当する金額を前条の外市に納付すべき事
　五、会社が、開業の日より五ヶ年の後において瓦斯代価を引上げんとする

場合には其都度市と協議すべき事

但協議不調の時は市及会社において各自二名の調停委員を選定し其採決に従ふべく万一其調停委員の意見一致せざる時は該委員に四名において更に選定する一名の判定者の裁決により之を決す

六、会社の資本増加、会社株金払込額の半額以上の社債募集及会社の合併の場合には会社より市に協議すべき事　若協議不調の場合には前条但書により調停委員四名又は判定者一名の裁決に従ふべき事

七、市は一般の市税を除くの外瓦斯事業に関し特許料免許料又は何等の料金若しくは特別税を賦課徴収せざる事

八、市は其所有又は管理する道路、橋梁及土地等の使用及工作物等の付替其他に関し正当なる十分なる便宜を無償にて会社に与ふべき事　但市に於いて便宜を供する為特に要するす費用は会社に於て負担し又之が為に市の受けたる損害は会社に於て賠償するものとす

九、市は自ら瓦斯事業を経営せず又は他に向て瓦斯会社の設立を承認せざる事

覚書
- 契約書第一条の割引は道路上の公共用便所に点火する瓦斯代にも亦適用するものとす
- 同第三条の納付金納付の時期は株主定時総会に於会社の計算を決議したる日より一週間内とす
- 同条第二項中に所謂各事業年度とは会社の各計算期を云ふ　又総損金中には正当なる減価償却金を包含するものとす[221]
- 同第四条但書中法定準備金の極度は法律の改正に従ひ増減するものとす

（注）　報償契約書、覚書の原文は片仮名表示であったが筆者の責任で平仮名表示とした。

第 9 章　報償契約の妥結と時代潮流

1. 公営化の潮流

　鶴原大阪市長が勝利宣言で「市町村の対独占事業への勝利なり」と発したように、この契約はその後の各地の地方行政に大きな影響を与えた。当時は、行政制度として、公益事業に対する権限は内務大臣と府県知事に集中し、市町村の意向は反映されない仕組みになっていた。とくに大阪市の事例では、大阪瓦斯の事業認可時の知事は大阪市長を兼ねていたので、制度の形式としては大阪市も了解したことになっている。とはいえ、府の指令が発令された明治29年に仮に市が府から意見を求められたとしても、市営あるいは報償契約という発想は生じなかったと思われる。

　なぜならば当時の市制では、市の営利事業は全く想定されておらず[222]、明治25（1892）年の行政実例[223]でもそれは否定されていた。欧州の都市経営の考え方や報償契約も、片山潜が明治29年にアメリカのエール大学への留学から帰国し、整理研究の上、東京毎日新聞に掲載紹介したのが日本での初めである[224]。したがって鶴原は、都市経営の発想で実際に行政を運営した最初の自治体の長であり、それだけに時代を先駆けていた。

　道路整備の費用を負担しない中央政府や府県が道路の所有並びに使用の権

限をもっていて、道路費用負担者の自治体にはその使用権限がないという当時の法制度は、自治体にとって納得のいかないことであった[225]。とくに、ガス事業の場合は、自然独占的事業であり、鉄道や電灯と同じく地域の生活に直結し、市民には事業者の選択ができなかった。このような場合は、行政庁が住民の利害を代表して事業者に対して、料金や品質などの各種規制を、独占の代償として実現すべきであるが、当時の法制度では、競争原理のはたらく一般の業務の認可と同次元で公益事業も捉えていた[226]。したがって法律上の建て前では、ガス事業には法的独占が認められていなかったので公的規制もなかった。

　政府も、需要が限定されている市場に鉄道・電灯・ガスなどの事業者を複数認可すれば、競争の中で1社独占となるか、あるいは共倒れとなり、結局市民の便宜を果たせなくなることは容易に想像できた。そのため、運用としては、既に第5章で述べたように選別をはかり1社に免許を与え、結果として事実上の独占免許を出していた。それならば、独占を得る条件である事業規制をどうするか[227]が問題になるが、規制を可能にする法制度の未整備は当時の社会構造システムの欠陥であった[228]。そのため、大阪市の主張には充分説得力があったし、当時の公益事業の公営化の議論も世論として盛んになっていった。その公営化論の主張はつぎのようなものであった。

(1) 欧州での公営の普及

　当時、都市社会主義が盛んに叫ばれていて、日本でも明治30年代初めから、片山潜などによって欧州での都市の公益事業に対する考え方が新聞や雑誌に紹介されていた。その主張は、「市内交通機関、瓦斯、電気、電話、水道、下水、水利等すべて市内営業の特占に属する者を、市が相当の借料を以て市民の或者に貸与するか、又は市自ら経営することに依って、市民の負担を軽減するのは一挙両得の策と謂うべし[229]」としている。この片山の主張は、「都市と国家はその成り立つ基盤が根本的に違つており、都市は市民の家で、政治団体というより、行政団体であり、その経営は市民の自治であるべき[230]」だと論じていた。当時の片山の主張は都市社会主義といわれ、後年

の私有財産否定の社会主義とは異なり、改良主義であった[231]。分かりやすいため共鳴者も多く、鶴原もそのひとりであったようだ[232]。

(2) 市の財政への独占利益の吸収

　明治維新以来の急速な近代化は地方財政を圧迫した。教育・医療・水道・道路など都市化の動きに伴う財政負担が増大する一方、中央政府も、軍事費負担の増加により地方を支援できなかったので、地方政府はどこも新財源を求めていた。市民の負担も限界に達し、新しい機軸として独占事業が着目された。大阪市も築港事業への投資があったので、厳しい財政問題を抱えていた。ガス事業を水道事業のような全く競争がない事業であり必ず儲かるとする思い込みもあった。鶴原大阪市長も「1年4〜50万円の利益を受くべき望みあるものは瓦斯事業を於て他に求むべからず[233]」、また「瓦斯事業の如きは数年足らずして資本に対し1割乃至2割以上の利益あるべきは、苟も該事業に通ずる者の誰しも認め居る次第[234]」としている。

　このように鶴原は、独占事業だから誰がやっても利益がでるので市が自ら経営すべきと考えている。しかしそこにはいくつも不安定材料が孕まれていた。

　第1に、ガス事業は報償契約によって他のガス事業者が参入できないように独占を確保された。しかし燃料としてガスを使うか、薪炭を使うか、石油を使うか、電気を使うかの自由は市民の選択になる以上、水道のような必需品的独占[235]ではなく、常に変動する価格競争の市場にある。つまりガス事業は競争市場のなかの選択肢の一つにすぎないことへの理解が不足している。

　第2に、当時は経営体を維持するために必要な減価償却の概念が未熟で、かつ積立金の概念を確立しておかないと後年に問題を残す危険がある。とくに公益事業はインフラ産業なので初期投資が大きく、初期費用の大半は減価償却費といってもよい。鶴原のいうように市営にすることで全ての利益を市の一般財源とするのは会計的にも問題で、未償却資産問題で早晩破綻するのは明らかである。

第 3 に、原料価格の高騰である。石炭は世界的相場商品であるが、その原料相場が高騰するとき料金改定が適時になされなければ赤字への転落は必至である。

第 4 に、市営にすることによる市場の限定性である。ガス事業は規模の利益が経営を大きく左右するが、顧客獲得のために市を越えて近接地域にでていくと、他の自治体と間とに摩擦問題が生じる。

第 5 に、市場経済下にある工業用需要では、料金値上げは即需要減退に直結し石炭との競争性が働き[236]独占の考えに合致しない。

第 6 に、市営にした場合の公務員の生産性の問題である。公吏の責任のあいまいさ、前例主義とセクショナリズムが時代の流れに対応できない事実が露呈することは多い。鶴原の路面電車の市営化は賃金問題を内包しながらも数少ない成功例の一つ[237]である。しかしその後市が時代の変化に対応できたのか否かについては後述する[238]（第Ⅲ部第 1 章）。

(3) 私設公益事業と政治家・官僚との癒着の危険

第 4 章で触れたように鶴原はニューヨーク総領事の内田定槌（さだつち）から、前掲 *Municipal Monopolies*『都市の公共独占事業』という書籍を送られてガス事業への対処の仕方を決めたとされている[239]。この書籍は、6 人の学者がアメリカの公益事業の実情を、電灯・鉄道・電話・水道・ガスなどを分担し、多くの事例や数表を駆使して解説した大著である。先行研究では鶴原を刺激したとして書名が紹介されているが内容については触れられたことがない。公共独占事業の事業主体に関する考え方とガス事業に関する部分を巻末の資料 10「*Municipal Monopolies*『都市の公共独占事業』について」で紹介する。同書中、公共事業は、私設にすると資本の論理が大きく出て、政治家との癒着などの問題も多いので公営にすべきだとした編集者ビーミス（Bemis）の一貫した主張が鶴原をつよく刺激したようだ。

鶴原の市長就任までの大阪市政は、委員会が強い権限を持ち議員がそれぞれの分野で自らの役得を享受して市政紊乱が横行していたようだ[240]。そのため鶴原の市長就任時における市民の期待のひとつには市政改革があった。

当時は東京市政の紊乱[241]もあってアメリカ民主党のいわゆるニューヨークのタマニー一派とフィラデルフィアの市会議員が市民の利益を無視し公益企業と癒着しているという海外でのニュースが有名になっていた。そのためニューヨークのガス事業の資本家ブレディが大阪瓦斯の半数以上の株式をもっていることを不安視する声もあった。

(4) 外資排斥思想

　日清戦争の勝利で植民地化の恐れも遠退き、明治30（1897）年には金本位制も採用されて、政府の外資に対する政策が大きく変わったが、庶民の永年培われた排外思想は急速には転換できなかった。むしろ政府がそれを排除することに苦労するようになった。「外資導入といっても、外国人に利益を得させず、利用だけを策する外資導入論がもっぱら勢力をふるっていた[242]」というのが世間一般の風土であった。

　『大阪朝日』も、政府方針と異なり、外資導入については保守的で、外国人資本家には株式は所有させず社債権者に留めるべきで、とくにガス問題の外国人株主については、「是外資輸入の問題に非ずして、国家経済の根本問題なりとす、殊に況や瓦斯事業の如き、由来市の自営すべき独占事業の実権を挙げて之を外人に與ふるに於てをや」と否定している[243]。

　大阪市長の考え方も「名誉と利益を犠牲にしても尚外資を輸入せざる可からずとの議論は是れ実に九十万人の大阪市民に加へたる一大侮辱である」[244]とし、また市会で、某市会議員も「会社の全権が外人の手中に帰したる場合等にありては、会社全体として奸悪の手段にでることなきを保せず[245]」と、外国人株式所有への不安感を表明している。

2. 仲介の好機

　攻防を重ね、新聞では人身攻撃にまで燃え上がった案件であるのに藤田傳三郎らの仲介が成功したという事実は注目すべきである。事の性格上、関係

者の本音にふれた史料はないし、また先行研究もないが、傍証となる史料を使って大阪市、大阪瓦斯の両者が置かれていた立場を考察したい。

(1) 大阪市側

　まず公営化をめぐる議論では、大阪朝日も市長も市自らがガス事業を行うのが本来の姿で、報償契約はやむをえない代案であるという主張であったが、鶴原市長の市営の目論見が果たして存在したのか否かについて考察したい。

　第1に、市の財政状態である。日露戦争が予想されるなか軍事施設としての築港問題が重大化し[246]築港投資の増加で財政は破綻状態であり、金融機関の倒産もあり[247]景気回復もはかばかしくない[248]。そのためガス事業の公債募集が成り立たないことは十分予想された[249]。当時鶴原は都市経営策の目玉として、既に市域の市営路面鉄道の全面開通を考えて[250]いたため、ガス事業も含めると投資額が巨大になりすぎた。

　第2に、ガス事業が自然独占事業であるだけに大阪市といえども先発の大阪瓦斯に競合して政府の事業許可を取るのは簡単ではなかった。

　第3に、より本質的な論点であるが、大阪市のような自治体による営利事業が許されるのか否かについての問題があった[251]。市制88条の第2項で、「市は其財産より生ずる収入及使用料、手数料並過料、過怠金其他法律勅令により市に属する収入を以て前項の支出に充て猶不足あるときは市税及夫役現品を賦課徴収することを得」として市の収入の順位を定め、営利事業を含めていない。行政活動は実費主義を原則としていたのである。内務省も行政実例として市町村の営利事業を否定している[252]。司法裁判所の判断[253]や学者の意見[254]もこの当時では一致していない。

　第4に、ガス事業の技術的問題である[255]。当時日本でのガス事業の営業事例は、外国人居留地で限定的に営業をしていた兵庫瓦斯を除くと東京瓦斯、横浜瓦斯[256]、および当時直近に開業したばかりの神戸瓦斯だけであり、生産設備・供給設備の資材、工法、技術の全てを欧米に依存せざるをえず、大阪市はこの点につき具体的準備をしていなかった。

こうした理由で鶴原は大阪瓦斯への牽制のために本来は市営と主張はするが、実際は最初の市長見解表明以来、一貫して市営を宣言しながら一方では必ず報償契約に触れている。また市営のガス事業の具体的な実施計画を永らく提出しない点や上級官庁に対し市営ガス事業の認可申請の準備をしていない点からみても、当初より目的のひとつが報償契約にあったことに間違いない。しかし正当な法的手続きにより上級官庁が認可した大阪瓦斯案件に対し、下級官庁自らが、事業者に対して報償金を納付せよとする報償交渉は切り出せない[257]。そのためには大阪瓦斯側で報償契約を言い出して大阪市が応ずる形にしないことには認可官庁の内務省と府の権能を侵害することになり目的達成は不可能になるという心配が鶴原の本音であった[258]。

　市長は、新聞をつかって市民の感情を市営論あるいは報償契約論で刺激してしまったため、中途半端な妥協ができなくなっていた。一方の大阪瓦斯は、外資導入後は多少抗争が長引いても資金的には余裕ができ、また知事指令をだした大阪府も工事延期について大阪瓦斯に理解を示していた。そのためか大阪瓦斯側からの協議の話は全くなく、そうしたなかで鶴原は、藤田傳三郎らの仲介の申し出は好機と考えたと思われる。

(2) 大阪瓦斯側

　一方の大阪瓦斯の片岡社長について、前掲「大阪瓦斯株式会社社史」は「自由に外字新聞を読み欧米の事情にも精通していたから、深く時勢の動きを洞察し、根本的にあながち報償論には反対ではなかつた」と記している。彼の一時在住したパリは、大阪朝日も推奨したように、電灯とガスに関しては私営で報償契約を締結している模範都市であり、片岡は海軍パリ駐在武官としての経験から規制をさほど違和感なく捉えていたとも考えられる。

　さらに大阪の市民運動が激化してきたとき、彼の心情について、当時警察部長であった池上四郎は前掲『片岡直輝翁記念誌』で、「片岡から『決して輿論に反対してまで主張を貫徹しょうという意志は持たぬ』ということを再三聞いていた。現に其往復文書も手許に保存している[259]」ともいっている。

　同じく前掲「大阪瓦斯株式会社社史」でも、「当時本社の取締役岸清一氏

が我邦の道路制度を基礎として、その蘊蓄（うんちく）を傾倒して法律上ならびに条理上報償要求の不当なるを確信すと断定し論鋒犀利（ろんぽうさいり）を極めしに拘わらず、片岡社長は、時に主義として報償契約を是認するかの口吻を他に漏らせる事実があった」としている。

　これらの史料から察するに、第1に、片岡は、海軍や大阪府の書記官の経験を通じて、会社のみが得をするという考えは到底社会が許さないと認識していたように思える。そのため「鉄管税に至りては、たとえ甚だ高きも甘んじてこれを受けざるべからず。然れども報償条件如きは断じて排斥せざるを得ず[260]」とした。つまり道路使用料としての市に対する相応の支払いは当然としても、株主でない大阪市に利益配分をせよという報償契約の考え方は、資本主義の私的所有の根本原理のなかの経営権と株主権の一部を市に譲ることとなりとうてい承服できなかったと思われる。これは現代であっても経営者としての常識的な考えであった。

　第2に、片岡は市民の反対を前提にした開業は不可能と考えていたのだろう。市民の動きは不買運動に発展するきっかけにもなりかねない。現在とは違い当時のガスは必需品ではなかった。その需要の中心は照明であったが、一般に普及していたのは明治維新以降に海外から移入された石油ランプであり、それも一時代前の菜種油を用いた行灯（あんどん）の10倍以上の明るさで、それなりに十分な満足は得られていた[261]。ガスのマントルをつかった明るさが如何に画期的であっても自己体験のないものは必需品ではない。したがってガス事業の営業はその効用を味わうことから始めねばならぬ新規産業であった。もし市民の反対があるとすれば、それが販売促進への致命傷と考えたのは当然であろう。法制面では岸清一の主張のように裁判に訴えれば勝訴の可能性は甚だ高い。しかし反発する市民との関係は大阪朝日の煽動を再燃させて時間、費用ともに釣り合わないことも予見できた。

　もう1つの隠れた大きな問題は、知事指令の工事着手期限の到来[262]という問題である。それは期限内に着手しないと指令そのものの取消に直結する重大問題である。大阪瓦斯は大阪市との摩擦で工事の打ち合わせができないことを大阪府にも配慮してもらい、幾度もガス管工事着手期限の延期の許可

をうけている[263]。しかしそのままでは万一の可能性として認可の取り消しもありうると危惧していたのではないかと推察される。それまでにも「片岡社長就任とともに、認可の失効を防ぐため、製造設備のないまま、明治34年12月初めから35年1月末にかけて松島堀割川東雲橋（しののめ）に16インチ本管を仮設し、他に松島町、花園町など7ヶ町に6インチ、4インチ、3.5インチの導管を敷設完了して急場をしのぐ有様であった[264]」。したがって認可継続も大阪府の意向次第という不安定な状態が続いていたので、片岡社長も藤田の仲介は潮時と考えただろう。問題は報償条件であった。

　ここで気になるのは株式の過半以上を持つアメリカ人資本家ブレディの考えである。彼が報償契約をどのように考えていたのかを直接示す史料はない。仲介交渉でも6月にブレディの意向を確かめに第一副社長のチゾンが一時帰国して急に調停が解決に近づいた[265]とされるので、ブレディも今までの長い抗争劇には辛抱強く耐えていたようだ。

　前掲「大阪瓦斯株式会社事業沿革史」には、「米国資本家ブレディ氏は米国に於る常例（じょうれい）〔慣例〕である、対市〔の〕報償契約に慮る（おもんぱか）ところあつたが、片岡社長は〔かつて〕大阪市も外資を歓迎すべく、市の関係は顧慮に及ばざる旨述べたのに〔反して〕本会社と市との間に争議を醸した為米国資本家は市長の意外なる反対に驚き、一時は失望の模様であつたが、此の問題も遂に解決を見、本契約が締結され、瓦斯事業の独占権が確立したので其意を安んじた」とある。

　さらにブレディの資本家としての行動については、大阪朝日の懸念を払拭するつぎのような記述もある。前掲「大阪瓦斯株式会社社史」は、「斯くの如き勢力あり実権あるブレディ氏が未だ一度も会社の内容を質問したこともなければ、一度も自己の注文を発したる事もなく、経営者の成すが儘に一任して何等の干渉がましきことを主唱しないのも亦（また）同社の特徴である」とした『大阪時事新報』の記事を紹介している。

　片岡の友人平賀義美[266]は、前掲『片岡直輝翁記念誌』中の追悼文で、「あすこ〔大阪瓦斯〕は重役に外人がいたので、普通の会社と違つて遣（や）りにくい点もあったであろう。然るに故人は、仏国語は公使館付きであつた関係から

堪能であり、英語も可なり出来たからお手のものだつたのと、あゝした厳格な性格は外人の信任を博し、故人の発言に対して外人重役は一言も反駁も加へたことがなかつたと聞いている」と賛辞を贈っている[267]。追悼文には通常多くの世辞があるものであるが、これら一連の史料から少なくとも片岡はブレディおよびその派遣役員の信頼を得ていたと考えられる。

　以降もブレディは経営のパートナーとして片岡の要請で開業への支援[268]を惜しまなかったが、経営が軌道にのると過半数以上の株式をもつにもかかわらず経営に介入せず、投資家としての姿勢を貫いたようである。

　このように大阪瓦斯側の経営者と株主も藤田の仲介での円満な解決を望んだのであろう。

3. 報償条件の直接的評価

　仲介者藤田傳三郎は、大阪市と大阪瓦斯の両者にとって現実的で公平妥当な結論を引き出したと思われるが、鶴原市長には、市民の期待に比べて成果は「大山鳴動して鼠一匹」の感があった。市会は審議に4日間もかけた。なかにはつぎのような厳しい質問もあった。「我大阪市は来る明治三十八年には五十万円以上、四十六年には百万円以上の市債利子を支払はざるべからず。而して市長はさきに是等支払に充つべき財源は独り瓦斯会社の報償納付金のみなるを以つて極力之が報償契約締結の遂成を期すべしと断言せり（略）然るに本報償契約案に依るに会社の純益を資本の一割即ち四十万円とせば報償金は僅かに二万円に過ぎず豈心細き次第にならずや」と[269]。しかし鶴原市長は原案に近い形で報償契約案を可決させた。

　後年、關一（せきはじめ）市長は、この報償契約の評価についてつぎのように触れている[270]。「鶴原市長は財政上の見地から契約の締結の必要性を力説したが、報償金の実際は最初の一、二万円から始まってその後漸増したが最高でも昭和四年の二十八万円余（巻末資料16「大阪市報償金等推移表（明治38年〜昭和29年）」参照）で、「収入から考えると道路占有料としてとったほうがよかつた。

しかしこの契約の意味は事業の監督権を市の手中に把握すること、一定期間後事業を市に買収する権利を認めたことにある」として、鶴原市長が報償契約のなかに料金規制と買収条項を入れたことを評価している。とくに「市が有する事業の監督権中の最顕著なるは実に会社が瓦斯料金を値上せむとする場合に市の同意を要することとせる点なり。此の規定あるが為に市民が享けたる利益は蓋し計算し難き程莫大なるものあり。若し此の規定にして存せざりしならむには世界大戦中の後半大正八、九年の物価暴騰時代に於て会社は欲する儘に瓦斯料金を引上ぐることを得。市民は之を甘受するの外なかりしもならむ」とした。しかし關の助役時代[271]にも、ガス料金の速やかな値上げを認めなかったことは瓦斯事業法の成立の引金のひとつになり、料金協議について鶴原の勝ち取った権限を今度は明確に中央官庁に戻す皮肉な結果となった。また買収権問題も50年という長い時間が、ガスの用途拡大と市域の拡大によって事実上風化してしまった（後述第Ⅲ部第3章）。

第10章　報償契約の伝播と歴史的評価

1. 報償契約の全国への流布

　大阪瓦斯問題が解決した直後の明治36（1903）年11月に早速、大阪電燈に対する報償契約を締結する旨の建議案が大阪市議会にかけられた[272]。大阪市が創業直後の市営路面電車の大拡張を考えていた時期でもあり、その電源問題でもあった。折しも大阪電燈はその直前に漏電による死亡・火災などの事故[273]、電柱税の脱税問題[274]が重なり、市は財政収入の見地に加えて事業監督の必要性も認識し報償契約の締結を望んでいた。ただ大阪瓦斯の場合と違って既に営業している会社に対する契約締結はもともと至難の業であり、交渉には足かけ4年にわたって協議が続いた。しかし経営環境の変化は大阪電燈にとって不幸の連続であった。第1に、宇治川電気との競合、第2に、日露戦争の影響による原料の高騰、第3に、大阪市営鉄道の電源として市営の電気事業の計画、等で多難ななか、明治39年7月報償契約が締結された[275]。

　大阪電燈との報償契約は、既に営業している事業を自治体の監督下にいれたことと、電気事業者へ契約を適用したこととの両面で我国の初めての事例となった[276]。大阪瓦斯とともに大阪電燈との報償契約は、全国の自治体か

ら注目され、法整備の不備を埋める手法としてこの契約を全国の公益事業に伝播させる先導役となった。

この動きには「政府当局に於いても、都市に対し、公益企業に関しては特別税を廃止して、報償契約を締結すべき旨依頼通牒[277]を発したるに負う所も少なくなかつた[278]」こともあり、とくにガス事業では明治40年頃、全国での私営ガス事業の勃興と時期が一致して、大阪市にならって24社が60余りの事業地にわたって報償契約を締結していった[279]。名古屋市と名古屋瓦斯、京都市と京都瓦斯、神戸市と神戸瓦斯、岡山市と岡山瓦斯、豊橋市と豊橋瓦斯、堺市と堺瓦斯、広島市と廣島瓦斯、仙台市と仙臺瓦斯、姫路市と姫路瓦斯、秋田市と秋田瓦斯、東京市と東京瓦斯、和歌山市と和歌山瓦斯、浜松市と濱松瓦斯、徳島市と徳島瓦斯、下関市と下関瓦斯、静岡市と静岡瓦斯、奈良市と奈良瓦斯、松山市と松山瓦斯などが代表例[280]である。

電灯事業でも、名古屋市と名古屋電燈、豊橋市と豊橋電気、岐阜市と岐阜電気、岡山市と岡山電気軌道、横浜市と横濱電気、大阪市と宇治川電気、浜松市と日英水電、長野市と長野電燈、東京市と東京電燈および日本電燈、小樽市と小樽電気、甲府市と甲府電力、姫路市と姫路水力電気、出石町と但馬水力電気、函館市と函館水電、熊本市と熊本電気、長崎市と長崎電気瓦斯、高田市と越後電気、津市と津電燈、金沢市と金澤電気瓦斯、武生市と越前電気、松本市と松本電燈、福知山市と三丹電気、岡崎市と岡崎電燈、奈良市と關西水力電気、福岡市と福博電気軌道、八幡の八幡電燈など多くの事例がみられる[281]。

また鉄道事業へも幾分影響を与え、名古屋市と名古屋電気鐵道、横浜市と横濱電気鐵道、函館市と函館水電、神戸市と有馬鐵道などがその例である。

こうして報償契約は後年の各事業法に代替するものとして実質に機能し、事業者側も受動的ではあったものの契約内容は遵守されていった。しかしこの契約は公益事業の許認可権のない自治体が、私法上の契約の形で事業者を規制するという超法規的側面をもっていたので、法律の整備に従って契約自体の有効性が法律家の間で大きな議論になった[282]。なかでも道路法の成立により道路管理の主体をめぐって議論が沸騰し、既存の報償契約をこのまま

有効とするか否かをめぐる紛争にまで発展した。

報償契約に関する裁判事例として唯一、東京市対東京瓦斯の事例[283]があるが、「道路法施行の結果、東京市は道路の管理権を失ったので報償契約は失効する」という東京瓦斯の主張に対し、東京市は「この契約は私法上の契約ではなく公物の特別使用を特許したる行政処分であり司法裁判所の管轄に属さず」と裁判権で抗弁した[284]。しかし後述のように、会社側が判決を見ずに訴訟を取り下げたので、司法判例としては成立していない。

2. 報償契約の主要論点

このように多くの報償契約の成立をみたが、大阪市・大阪瓦斯の報償契約を原型としつつも全国に流布されていく間にその時々の自治体と事業者の事情が影響して多様化していった。

もともと報償契約は事業を始めるために必要な国の認可要件ではない。しかし自治体から締結を申し出られると現実に道路占用を必要とする事業者は、目先の開業のためやむ得ないものとして自治体の要求を受け入れていった経緯がある。そのため自治体と事業者の力関係が交渉力に現れ、それが締結した約定の内容に響いたことはいうまでもない。また自治体は先行した他の自治体の事例を研究しそれらより有利な結果をめざす傾向になり、その分事業者への要求は強くなっていった。また電気と比べるとガスは相対的に規模が小さく、その自治体の行政地域の範囲内に収まることが多いため、自治体は事業者を直々の支配下に置こうとする。大阪瓦斯の堺瓦斯合併が大阪市の反対で挫折した問題はその典型である[285]。さらに象徴的な事例は後述（第Ⅱ部第1章）の東京瓦斯である。千代田瓦斯という競業者の出現という苦境のなかで、多くの報償契約の実績事例を検討した東京市からより厳しい要求をされ、独占の保証を確保するためやむなく妥協したことが後々まで尾をひき東京市と融和できず訴訟問題に発展した。

以下項目毎に事例の多い電気とガスに関する報償契約の主要論点について

論及する[286]。

(1) 独占の保証

　公益事業による過度な競争は、投資を重複させてその重圧に耐えられずに終に合併するか、料金、区域の協定をして共存をはかるか、あるいは一方が倒産するかの自然独占の道をたどることになる。その間の競争による過剰な費用や不良資産の消却は、結局料金の形で消費者が負うことも多い。道路行政からみても同じ道路にいくつもの導管を入れることの社会的不合理が指摘される。自治体にはもともと公益事業を認可する権限がない。しかし事業者は現実に、市の管理する道路を占用使用しなければならないため、報償契約と引き換えに、「当該会社以外には同一の目的の営業者に対し承認せず、かつ自治体も同一事業を経営せざること」として約定することで独占的地位が与えられる。

　この規定をもつ自治体は、電気では名古屋、長崎、函館、八幡など数例であるが、ガスでは一般的な条項となっており、大阪、名古屋、京都、長崎、広島、函館、仙台、小樽、八幡など多くある。ただこのような公法的私契約が上位法の根拠なしで自治体の契約行為として許されるのか否かについては疑義を呼ぶところであった（後述第Ⅱ部第2章）。

(2) 道路の使用許可と使用料

　道路の占用は報償契約のもっとも重要な部分で、とくに事業者にとっては目的ですらある。そのため報償契約は必ずこの条項をもっている。また占用する物件は自治体の所有ないしは管理する営造物[287]および工作物で、その占用範囲は事業に必要なものを限度と規定しているのが一般的である。道路使用のため事前に設計書を出すなどの手続き規定をいれているところも多い。ただ使用料については通常は免除されている。例えば大阪市は、大阪瓦斯との間で「正当なる十分の便宜を無償にて会社に与える」とし、大阪電燈との間では「使用料を付加徴収せざること」と約定している。というのは報償金を道路使用料相当分として徴収しているからである。

(3) 報償金の納付

報償金は道路使用の対価である。この報償金条項によって自治体は事業者を規制し事業の成果の配分をうけた。報償金の算定方法は純益金または総収入の一定比率かあるいは一定額の納付などがある。電気事業の大多数は純益金を基礎にしているが、大阪電燈と横濱電気は総収入を基礎とし、また熊本電気や福岡電気のように収入や利益に関係なく一定額とする場合もわずかにある。ガス事業では一様に純益金を基礎にしている。

このように道路使用料を収入や利益の成果配分として支払う仕組みは、収入あるいは利益が多くなると報償金が多くなり、それが少ないとその支払いも少なくなるので、経営の安定に寄与するという側面もあった。特に既に開業していた電気事業者やガス事業者は、それまでの道路使用料としての電柱税、ガス管税が自治体の都合で一方的に増額されてきた経過から逐年の増加に不安を感じていた[288]。報償契約では報償金以外の特別税が賦課されないことも魅力でもあった。また大半のガス事業者は事業開始段階であったため、償却が多く利益の出ない期間に、道路使用料が安く設定されることは好餌となった。

当時、経営成果で道路使用料を決めるこのシステムに加えて、新しい仕組みとしてイギリスのガス法で認められたその考え[289]が入ってきた。それは自治体から保護をうけた独占的事業では自由な競争が制限されるので、株主は他の事業より投資リスクが少ない分株式配当率は一般より制限されるべきである。また配当したあとの利益は株主だけのものでなく消費者のものでもあるという理論である。いわゆるスライディング・スケール条項である。そのため株主への配当を一定額に制限し、配当支払い済みの利益の残額は株主と自治体が分け合うとした。この考え方は直ぐに最初の大阪市・大阪瓦斯の報償契約に導入された。

本書ではこの2種類の報償金の説明のため、最初の純利益または総収入の一定割合額という計算での納付を報償金Ⅰとし、制限された配当を実施してなお残った利益金の中で自治体に配分する分の報償金を報償金Ⅱとする。

先ず報償金Ⅰの場合、総収入を算定の基礎とするのは電気事業での横濱電

気（5％）、宇治川電気（3.6％～5.4％）、大阪電燈（6％から逓減制）の3社のみであり他は全て純利益を算定基礎としている。利益のなかの配分比率は、電気事業では、岡山電気が3％、長崎電気瓦斯が4％、八幡電燈が5％、東京電燈が6％、で3～6％の範囲内であった。ガス事業でも仙臺瓦斯は例外的に1.5％であるが、他は上記の範囲内で、熊本瓦斯・八幡瓦斯・岡山瓦斯が3％、小樽瓦斯・函館瓦斯・長崎瓦斯が4％、大阪瓦斯・名古屋瓦斯・京都瓦斯・廣島瓦斯が5％、東京瓦斯が6％である。これらをみると大都市で比率が高くなる傾向がある。人口密集度が投資効率にプラスに働くと思われたのがその理由である。また上記報償率をランク別に区分することも多い。例えば、東京電燈では配当が10％未満のときは5.5％に減額している。長崎瓦斯では報償金の最低額を約定し、また岡山瓦斯の場合は配当が一定率をこえると報償金も増加するように設計されている[290]。

　報償金Ⅱについては大阪市・大阪瓦斯の12％の配当相当分と法定準備金を控除した残額を超過額としてその4分の1を市に納付するとする超過利益額の配分規定が典型で、大阪瓦斯と同じ4分の1が京都瓦斯、長崎電気瓦斯、廣島瓦斯、3分の1は函館瓦斯、5分の1は小樽瓦斯、八幡瓦斯、熊本瓦斯などである。超過額の計算では役員賞与は算入しないなどの細部での取り決めをしているところもある（京都瓦斯、名古屋瓦斯）。なお電気事業の場合、報償金Ⅱは一般的ではなく、長崎電気瓦斯、廣島電気軌道、函館水電、岡山電気軌道などの併営会社で若干認められるが、東京電燈、大阪電燈、名古屋電燈などの大手電燈会社にはこの条項はない。

　このなかで特記を要するのは、東京市・東京瓦斯のスライディング・スケール条項である。約款第6条で配当の標準は9％とし、なお過剰あるときは其の過剰額を会社及需要者に均分するの主義に拠り次の事業年度に於ては該過剰金の半額に準する料金を引下げるとされている。これは配当と料金を関係づけたスライディング・スケール方式を採用した唯一の例である。この9％という配当率が他社に比べて極めて低く、後年関東大震災後に資本充実の足を引っ張ることになった。

　こうして算出された報償金Ⅱを報償金Ⅰに加えて市に納付することにして

いる。

(4) 公用料金の割引

　自治体の管理する公用物件への料金の割引は広範に規定されている。まず公用の定義であるが、典型的な条項は東京電燈の「市の所有または管理に属する道路、橋梁、公園其他市有物件に供給する電燈料」とするが、横濱電気のように施設名を列挙して限定している場合もある。また名古屋電燈や名古屋瓦斯の場合には、「市有物に対する料金の外に市の補助する事業等に対する料金」と逆に範囲を拡げている。最初の契約となった大阪瓦斯の場合、「道路、橋梁及公園に於て公共用に供する瓦斯代」と極めて限定的であるため、屋外の公共瓦斯燈に限られ、市庁舎などの公用建物でのガス代は割引適応外である。後年には屋外灯がガスから電気に変わり、大阪瓦斯には公用割引が一切なしという現象が生じた。

　使用目的として電灯か電力かについては、当時の電気は概ね灯用を意図していたため電灯料と明示されている。但し宇治川電気のように電灯でなく電力供給の分野を志向した会社に限り電力料とされている。ガスの場合は灯用とか燃料用とかを限定した契約はない。

　割引率は、電気もガスも、大半が大阪瓦斯の20%引を踏襲している。例外として長崎電燈、長崎瓦斯の30%引、名古屋電燈、名古屋瓦斯の40%引、熊本電気の50%引がある。特異な例として八幡電燈と熊本瓦斯は一定量まで無料としている。

(5) 料金協議

　公益事業者と消費者をつなぐのは料金である。消費者は安い料金を、事業者は利益の増大を望む。公益事業では市場競争による価格調整が期待できない以上、自治体の料金調整は最も大切な機能である。事業者、消費者の双方に共通するのは安定供給と安全であり、そのためには中立的な調整とスピードが求められる。

　しかし報償契約による規定は、多くの場合、「料金の引上または引下をす

るときは市の承認を得る」というように漠然としている。当時は、未だ総括原価方式[291]のような原価査定手法が開発されていなかったため、申請があったときの自治体の対応も泥縄式で、査定に説得力もなかった。そのため議会の権力争いに翻弄されて、検討期間も長くかかり、そのうちに事業者の経営悪化を招くケースもみられた。消費者にとって重要な条項でありながら事業者の抵抗と査定技術の曖昧さから、この条項を欠くこともあった。電気では東京電燈、廣島電気軌道、熊本電気、八幡電燈が、ガスでは熊本瓦斯、仙臺瓦斯、八幡瓦斯が料金条項をもっていなかった。

(6) 事業買収

　報償契約が締結された明治末期から大正初期にかけては公益事業の公営化論が激しく、公益事業は公営が理想とされる傾向があった。自治体の財政面から考えると当面の私営はやむを得ないが、それは一時的な姿であり、将来の公営化のための橋頭堡を築いて置いておくという考え方であった。

　ただ電気とガスでは事情が異なる。電気の場合は事業者の規模が比較的大きく、行政区域を超えた営業をしているものがあり、買収には近隣市町村との合意や、財政的能力などの問題などからこの条項がない場合も多い。大手の東京電燈、横濱電気などには買収規定がない。電気で買収権を自治体が留保しているのは大阪電燈、名古屋電燈、長崎電気瓦斯、函館水電、小樽電気との契約である。ところがガスの報償契約では、ほぼ全てが買収約款を包含している。ガス事業は人口稠密なところでの拠点投資に合致する性格があり、事業の地理的範囲が行政サイズと一致していたので買収条項は現実味をもっていた。

　通常の買収条項は一定の据置き期間をおいて自治体に買収権が発生するとした規定である。電気事業では、大阪電燈に30年の契約期間途中の15年後というのがあるが、報償契約の期間満了時に市が希望すれば買収が可能とするということが多い。名古屋電燈は25年後、長崎電気瓦斯は30年後、函館水電は約17年後、小樽電気は35年後としている。一方ガス事業では、熊本瓦斯が15年後、仙臺瓦斯が20年後と短いが、その他は25年後以上か30年、

最長が大阪瓦斯の50年後である[292]。

特例として東京瓦斯の場合は「市に於て会社の営業物件の全部を買収せんとするときは、会社は之を拒むことを得ず」としたため、期限の定めなしに何時でも買収可能と取れる条項が入っている。このような一方的な片務条項はその実現が法的に可能なのか否かの疑問[293]が残る。

期間の定めのない東京瓦斯とわずか15年程度と短い期間の大阪電燈と函館水電の3社でいずれも後年大紛争が生じたことは、契約締結過程で自治体の要求に事業者側が、独占の保証のためやむなき妥協をせざるをえなかったことに起因した。

3. 大阪市報償契約締結の歴史的評価

ある時代の歴史は常に次に続く時代を方向付けるが、なかでも明治時代という期間の意義の重大さを改めて認識させられる。この期間に日本は鎖国から脱皮して近代産業国家への道を歩み始めた。横浜と東京のガス事業は公営事業として先行し、私営であった電灯事業は当初は規制のない産業の一つとして定着していた。ところがガス、電灯、鉄道のような自然独占になりがちな事業を私営に任せ、資本の論理だけで事業を継続することは社会にとって将来禍根を残すという当時の欧米の考え方が紹介された。片山潜や大阪朝日の本田精一などがそれを、都市社会主義として地方自治権の要求とともに声高に主張したのが明治30年代の後半であり、大阪瓦斯の開業の時期と一致した。大阪瓦斯はガス事業の創業を目的として設立された最初の私企業であり、かつ資本の過半を外資が所有していることは市民に不安をもたらし、新聞がそれを増幅した。ガス事業という新しい生活文化の導入にかかわる公益事業、独占、規制などの概念も、他の成文法と同じく、欧米の経験を輸入して急拵えでつくらざるをえなかった。

こういう中でガスの報償契約は、生活文化の向上と法的未整備というアンバランスの空白を埋める形で形成されたものである。鶴原定吉は、大阪市が

第 10 章　報償契約の伝播と歴史的評価

財政破綻状態のときに市長に就任した。最大の任務は財政再建であり、財源として目をつけたのがガス事業の利益である。永らく資金不足であったガス会社もようやく外資を導入してこれから開業しようとしていた時、市営か報償契約かという選択をせまられたのであるが、鶴原も他の法的解決策を持たなかった。大阪市は道路の維持管理を市費で賄っているのに、それをガス会社が無償で使うことの不当性を主張する手立てがない。道路の所有権と使用許可の権限は全て国にあり、市にとって自らを主張する合法的手段は残されていなかった。そこで新聞と手を組み市民の興論を喚起して法的不備を補おうとした。それが大市民運動となり、民心を敵にして商売は成り立たないと感じたガス会社と契約自由の原則に沿った私法上の契約の形で市は報償契約を結ぶのである。

　しかし、こうした公益事業初の報償契約の結実には、今まで詳述してきたように、鶴原の激しい個性に負うところが大きい。彼の存在がなければ報償契約はなかっただろう。大阪市史は、鶴原のことを財政の専門家で「名市長と呼ばれ評価が高い」と実務能力を評価している[294]。しかし一方では若年期の極貧生活のなかでの艱難辛苦のためか、かなり特徴ある個性の持主であったようである。前掲『鶴原定吉君略伝』では、若き鶴原について、敵対者へ深い怨念をもち、謀略好き、煽動的、威嚇的、粗暴などの性癖への論及が散見される。そのためか日本銀行の理事時代には、いわゆる日銀ストライキ事件を首謀し日本銀行史に大きな汚点を残した。また政治好きの一面があり立憲政友会総務委員を経験して以来、常時政友会と関係をもっている。

　当時人物評論で人気のあった吉本義秋の著書『大阪人物小観[295]』によると、「鶴原は、伎倆もある代わりに随分油断ならぬ。彼を畏れる者はあるけれども心服する人が少ない」と、仕事の能力が評価されている一方人格面での難点も指摘されている。この個性の強さ、つまり威嚇、煽動、執念は、報償契約のために新聞を動員して、策謀をめぐらせて「市民の公益のための思い」を実現するのに必要な原動力でもあった。鶴原は「法律論は抑も末なり、もし阻害するものあれば、是法律の不備なり[296]」として中央政府に反発し、市民の絶対的支持を得て自身の考えを貫徹することは、ただの円満なる神経

87

ではできるものでない。明治38年6月の市長退職にあたり市会は、「市長として勤勉公に奉じ、清廉己を持した」とした感謝状を贈呈している[297]。鶴原の一徹な頑固さを守ったものは、仕事一途で私心のないことにあったのだろう。

鶴原と大阪瓦斯社長の片岡は、報償契約を通じて大きく対立するのであるが、ここで最後まで問題になったのは報償契約に対する鶴原と片岡との思想的立脚点の違いであった。鶴原はガス事業は本来公営であるべきで50年後は大阪市営とする。つまり民営はそれまでの仮の姿であるので、当然その期間も利益の一部は市へ納付させる、という認識に立った。一方の片岡は、会社は株主のものであり市への道路占用料は支払うが、経営成果の配分はありえない、とした。鶴原はいわば公益事業については私有否定の社会主義の考え方であり、片岡は伝統的な資本主義的考え方で、本来両者は折り合えなかった。しかし道路使用の必要性を目のあたりにして、片岡は鶴原に妥協せざるをえず、鶴原の論理を認める代わりに減価償却や買収期間で実利をとった。

法は時代の変化とともに実用面で必ず劣化する。法の未整備を修復する作業は、社会の変化にあわせて常に続けられる必然性がある。現在でも経済法などは目まぐるしく改正されている。法治制度であるかぎり、現実社会で生ずるアンバランスは新たな法制化によって解決されるのがルールである。しかし、報償契約の場合は、市民運動を背景にして、契約者双方が自由意志の下で合意するという私法上の契約の形をつかって解決する道がとられた。一見中央政府の認可権限を侵犯しないこの巧妙な方法は、全国の自治体にとっても好都合であり、以後電気およびガス事業では報償契約を結ぶことが慣習化され全国に伝播していった。

このように報償契約の成立過程がもともと超法規なものであったのに、いつのまにか市民権を得て急速に全国に広まったのは、報償契約に法を超える説得性があったためである。「法は人間の作品であり、各人間作品と同様に唯その理念からのみ理解され得る[298]」と言われたように、法理念のなかでのもっとも重要な要素である法的安定のための合目的性と正義が報償契約の

なかにあった。それがまず大阪瓦斯を、次いで市民を、さらに全国の自治体を納得させ、最後は国法が道路法や瓦斯事業法などの形で追認したのである。その理念とは、「独占は規制を伴なう」ということで、報償契約の思想は既に欧州で経験された合目的性と正義に由来した作品と言えるだろう。多くの自治体が報償契約を採用した多数の事実は、その存在自体が慣習法として大きな力を持つようになり、法制度が整備される大正末期まで、いわば私設事業法として日本に定着していった。この動きは、「中央集権化により、漸次減少を示す公共団体の権限をひきとめようとするレジスタンス[299]」であるともいえた。鶴原の行動も正にこのレジスタンスの側面をもっていた。

しかし自治体が立法という正面からの解決を避け、いわば姑息ともいえる私人間の契約の形で行政行為を約定することの是非は後年、法制上の大問題になった。美濃部達吉は、報償契約は行政上の約定を私法上の契約の名をかりて実質に実行したものであり、契約自体が無効であると主張し、田中二郎は、大阪市・大阪瓦斯間の報償契約をたとえ私法上の契約として認知しても大阪市が支配者の立場から大阪瓦斯に強制したとして、一部の条項は民法の契約自由と平等の原則に反し効力に疑問があるとした。しかし多くの報償契約の存在は、これらの反論にも微動だにしなかった。

報償契約がもたらしたいま一つの重要な理念が、都市を経営するという思想である。財政の専門家である鶴原は、報償契約をめぐる行動をとおして、都市は市民の負担で経営するものではあるが、その負担を最小化するために市自らも独占事業を中心に営利事業を行い、その利益を市の財政に還元すべきであるとした。

鶴原のこの発想はアメリカの学者であり行政管理者でもあったビーミス（Bemis）の著書『都市の公共独占事業』（*Municipal Monopolies*）の影響を受けたとされるが、鶴原自身には「余は大阪丸の船長、市民は乗客、吏員は船員」と比喩したように、潜在思想として、日本的家父長意識があり、「これ以上に市民に税負担をもとめると市の繁栄を阻害する」とした感覚があったようである[300]。「財政破綻のため投資を控える」とした定石的考えを超越して、この矛盾を解決するのに鶴原は行政の提供するサービスメニューを増やして

利用者から応分の対価をとるという発想にいきついた。「会社を経営する」ように「都市を経営する」という企業家的発想がでてきたのである。当時の市制も行政実例も行政の営利事業は想定外であった。

　行政には法定で決められた便益を提供する以上のことが求められていないなかで市長になった鶴原は、市民への公益という概念をもち、独占事業の市営化を標榜したが、市長に就任するのが少し遅すぎた。電気は既に私営事業者が営業しており、ガスも国からの認可をうけて工事に着手していたため、やむをえず報償契約の形をつくり後年の市営化への道を残した。しかし市街鉄道は道路が狭隘であったため、未だ民営の手がつけられず残っていた。電車を市内で走らせるためには、先に道路を拡張する必要がある。そこで、道路拡張の費用をも電車経営の利益から捻出するという破天荒で壮大な計画を実行した。

　都市経営の着想は、理想論として片山潜も既に紹介していたが、行政の首長として日本の法制度の未整備のなかで鶴原が強行し、地方自治体の営利事業の突破口を開いたのである。後年、司法も、行政も、各地で始まった市営市街化鉄道の普及を営利事業として追認した。鶴原の5代後の市長關一が、当時の日本一の都市経済力を背景に「大大阪構想」と呼ばれる都市計画を実現して、御堂筋を拡大し地下鉄を通したことは有名であるが、この道路拡張の資金を受益者負担として求める考えは、鶴原の敷いた都市経営の路線が下敷きになっていることは間違いない。

4．拡大する大阪市の財政規模

　鶴原が大阪市の財政破綻を解決するために市長に就任して市営の営利事業や報償契約にこだわった当時の大阪市の財政規模はどのようなものであったのだろうか。

　日清戦争後、政府は軍備拡張、殖産興業、植民地領有、教育振興の4つを柱とする国策を展開した。その結果国家財政の規模は明治26（1893）年から

33年の間に一挙に3.5倍に膨れ上がり、その財源確保は酒税、登録税、営業税、タバコ専売、法人税などの新税と内外債募集によった。

大阪市に市制が施行された明治22年以来第一次大戦終了翌年の大正8年までの30年の期間[301]の大阪市の財政の概略を巻末資料12「大阪市の歳出歳入額（明治22年～大正8年）」に示したがその特徴は次のとおりであった。

市制が施行された明治22年当時、市の歳出入決算額はわずか20万円であった。しかもその内容も教育費が50％以上を占めていた。当時は、松方デフレのなかで発足した大阪紡績や阪堺鐵道の成功に刺激され紡績各社や鉄道会社が相次いで創業され、大阪はその後東京を凌ぐ全国一の工業都市となり明治維新の頃に進行した経済の地盤沈下を完全に克服した時期でもあった。「東洋のマンチェスター」と言われるのもこの頃からであった。以降市勢の発展とともに財政も極度に膨張を続け累年増加して30年間に歳入、歳出ともに250倍の膨張をしている。

この膨張は人口の大都市集中と大阪市域の拡張と経済発展によるものであるが、それを支えるために近世商業都市としての大阪を一挙に近代工業都市として造りかえる大きな基盤づくりの時期であったといえよう。そのなかには、道路、河川、港湾、役所の諸施設、学校、図書館、病院、社会福祉施設などの公的施設や電気、ガス、通信、市内交通や市場などの都市インフラなど前時代の社会資本遺産の蓄積を一から改造するものであった。

まず市制当初の10年間は財政支出が増加しているとはいえ規模が小さかった。しかし30年に市域拡張が行なわれ翌31年に市制特例が廃止された。この普通市制施行により普通経済（一般会計）[302]では市役所、区役所の整備や道路建設、ペスト流行による衛生費の急増などの事業の拡張が続いた。

一方特別経済（特別会計）は、当初は24年から始まった上水道建設だけであったが、30年には懸案の築港工事に着手した。港湾投資の大きさは市財政の姿を一挙に変えた。20年代末には市の歳出総額が200万円に達しなかったものが30年から34年の僅か5年に700万円近くの規模に増大した。

この港湾工事は綿紡績をはじめ諸工業を支える原材料の輸入、製品の輸出

両面で大阪経済の発展にとって欠かすことのできない重要投資として認識され隣の神戸港を大きく意識したものであった。さらに軍事的要請も加わった。大阪港は淀川の土砂の流入が多くかつ遠浅のために港づくりの自然条件としては恵まれていなかった。それを克服するための技術的にも資金的にも先の見えない大事業であった。工事に投じた歳出はにわかに激増し毎年異常な伸び方をしている。

築港事業は大阪市財政にとっていかにも大きかった。事業開始初年度の30年度をみると工事の投入額118万円はその年の普通経済52万円の2倍以上であり、市税収入の78万円も大きく超えた。そのため当年の公債収入は前年の3.4倍の114万円という膨張であった。とくに32年のように港湾費だけで400万円のピークに達し、歳出総額の7割を占めた年度もある。これらの大型投資は40年までつづき以降徐々に減少している[303]。

鶴原が財政再建の期待を担って市長に就任する34年頃の財政はこのように港湾費が増大し、市の財政は異常な形で負債が増加し以降何年間も返済と利子の支払いに追われるといういわば破綻状態であった。

港湾費用が少し落ち着いたのに代わってでて来たのが市街電車の建設費用であった。40年に工事が本格化して市の全体の歳出規模は一挙に900万円を超え、44年には2000万円に近づくという急激な増加であった。

このような歳出増大を可能にしたのは公債の発行であった。その元金と利子返済のため公債費は急激に増加し歳出総額に占める割合は明治40年には23％、大正元年には38％まで上がっている。いずれにせよ一挙に近代工業都市への変貌を遂げるための苦渋の財政運営であった。

当時政府も日露戦争遂行のため、38年に非常時特別法を改正して大増税を行なったので国民の負担は急増した。その反動として自治体の経費を極力緊縮させるとともに、地方税としての国税付加税の賦課に制限を加えた。このため大阪市でも36年から3ヵ年は歳出総額が減じている。そのしわ寄せは民生部門とくに衛生費[304]や教育費にきている。

また政府は戦争遂行のために増税政策をとったがそれでも資金が不足した。その不足分を内外の国債に依存したので国民の手持資金は疲弊し市町村

第 10 章　報償契約の伝播と歴史的評価

の起債を困難にした。37 年の大阪市の電気鉄道公債も容易に進捗せず翌年募集条件を変更して再募集した状態であった。

　一方大阪市の歳入の特徴は税外収入の使用料収入の増加が著しいことである。28 年以降水道の給水事業が始まりに着実に収入実績をのばした。さらに 41 年以降は電車収入が急増している。これらの税外収入は明治 41 年以降市税収入を上まわり大正 8 年まで増えて毎年市税の 2〜3 倍の規模に達している。鶴原の都市経営がめざした市営の営利事業収入が大阪市の歳入の主流になっていった証左である。

　大正期に入っても、続く人口増加は無秩序な市街化と過密化で都市問題を激化させたが、不況の影響で財政規模は急激に縮小せざるを得なかった。大正 2 年から 4 年間は徹底した財政の整理と緊縮財政に終始した。大正 6 年になってやっと明治 44 年の規模にもどり景気の上昇にともなう増収も期待され積極財政に舵を切り換えた。大正 7 年、8 年度は大半の費用が増加した。特に目立つのは普通経済の勧業費および社会事業費や教育費、特別経済の上水道費、電気軌道費である。歳入でも大正 8 年に公債収入が急増している。

　以上のように行政需要の激増は主に公債の発行で賄われ、好況と増税による税収増がこれを補い、次いで使用料・手数料の増加によったものである。

　つぎに市営事業について触れてみる。

　まず上水道事業である。元々大阪は井戸水の水質が悪く、水資源は河川に頼っていたが、コレラをはじめとする伝染病と連続する大火に襲われてきた大阪市民にとって水道創設は長年の夢であった。市制では自治体の営利事業を想定していなかったが、政府は現実に発生する伝染病対策の必要から自治体の専任事業として水道法を創設して、上水道事業を普及のために自治体に補助金をつけて事業化を推奨した。

　これにより大阪市の水道は早くも明治 25 年に起工し 28 年に竣工した[305]。総額 222 万円の事業費の約 90 % を公債発行で調達し、残りは国庫補助金と市税で依ることにした。当初は資産家や料理店に需要が限られていて水道料金で経常経費を賄うことはとてもできなかったが、31 年日清戦争後の物価高騰のため平均 60 % の料金改定が実施されて経営余力が増した。水道経営

を補助する市税の繰り入れは 32 年を、国庫補助金は 38 年をそれぞれ最後に打ち切られた。34 年にも料金改定が行われさらに自立経営の基礎が確立された。つづく 41 年にはそれまでの定額料金制の放任給水から計量給水制が採用され、そのための新料金の採用で財政は比較的余裕のある状況となり、以降の水道事業は昭和 20 年までの長期間毎年繰越金が増加していった優良事業となった。

つぎに電気鉄道事業である。日本で最初の市街電車は明治 28 年に京都での民営会社から始まった。大阪でも一部私設請願運動があったが、鶴原市長は鉄道公有説を抱いていたため、それらの請願を抑える形で大阪市営電気鉄道が創業された。当初は 36 年の内国勧業博覧会や築港工事の一段落を睨んで、西区九条の花園橋から築港埠頭までの第 1 期分で開業した。この成功をみて私設請願はさらに激化したため、民間資本の建設を封じて市営主義の徹底をはかろうと 40 年までにやつぎばやに第 2 期、3 期、4 期の計画を市会に提案して決議した。これには市営主義に疑義をもつ内務省や私鉄各社との対立も惹起した[306]。しかし鶴原の考え方は市街鉄道を道路拡張事業と同次元でとらえたものであり、地元住民に土地売却の負担を求める代わりに交通の利便と地価上昇の利益を与えるという革新的な発想であった。電鉄料金の負担で道路拡幅、整備を進めることは市営主義でこそ初めてできる方式であった。

大阪市電は創業期の明治 36 年度こそ赤字をだしたが以降経常収支では黒字経営を続けた。市電 20 周年の記念として出された『大阪市営電気軌道沿革誌[307]』の序文で、大阪の市電事業は東京、京都、神戸より料金が安く、市税を全く使わずに市内の道路を拡築し、さらに 20 年間に築港事業、下水道事業などの他事業へ 323 万円を支出している超優良事業であると豪語している。

注

1) 東京瓦斯『がす資料館年報　NO 5』東京瓦斯、昭和 52 年刊、pp. 3-4。
2) この計画が軌道にのらない間に島津斉彬が死亡し中止されたことが知られている。
3) 横浜の材木商。政府高官・外国人相手の旅館業なども手広く商う。のち北海道炭鑛鐵道社長、東京市街鐵道社長。高島易断の創始者でもある。
4) 清国上海居留地での清国官吏とフランス領事の道路紛争事件のことが影響したとされる。東京ガス『がす資料館年報 NO 14』東京ガス、平成 7 年刊、p. 19。
5) 日本ガス協会『日本都市ガス産業史』日本ガス協会、平成 9 年刊、p. 19。
6) Pelegrin Henri Auguste　上海フランス租界のガス商会の頭取で、パリ中央工業学校の卒業生。横浜、東京のガス事業にも貢献している。前掲、『ガス資料館年報 NO 14』p. 4。
7) 主に商人組合や地域の公的な集会をする建物で、横浜の場合は税の取立てにも関与しており、県の準出張所ともいえる。前掲、『ガス資料館年報 NO 14』p. 42。
8) 神戸瓦斯『神戸瓦斯四十年史』神戸瓦斯、昭和 15 年刊、pp. 3-5。
9) 福島大「社齢六十年　第一章 ガスの夜明け　承前」『がす燈』大阪瓦斯、昭和 29 年 7 月号、p. 11。
10) 府民の共有金の公的管理組織として明治 5 年に東京営繕会議所が設立され、同 6 年東京会議所と改名。
11) 共有金からの累積支出総額は 62 万円である。前掲、『がす資料館年報　NO 5』pp. 54-57。
12) ガス灯の点火口にかぶせ、熱すると白光を発生する網状の筒。
13) 大阪ガス『大阪ガス 100 年史』大阪ガス、平成 17 年刊、pp. 5-6。
14) 諸侯の委託を受けて蔵屋敷の米を販売する蔵元に対し、その売上代金を保管し江戸の藩邸へ送るのが掛屋である。蔵元、掛屋は同一商人が多く著名な両替商が掛屋になった。
15) 福島大「社齢六十年　第二章 維新前夜」『がす燈』大阪瓦斯、昭和 29 年 9 月号、p. 13 によると「鴻池以下 15 軒に 10 万両、三井、島田、小野の 3 家で 5 万両、造酒仲間、両替仲間、質屋仲間その他 87 仲間より 34 万 4 千両を調達」。
16) 石井寛治『経済発展と両替商金融』有斐閣、平成 19 年刊、pp. 82-87、p. 279 では、現存する古文書を分析した結果、大阪の両替機能は「十人両替」というトップ両替商人を中心に中小の両替商を含んだ総合ネットワークで運営されていたが、維新で幕府方に与したこれらの両替商を薩摩藩兵などが「分捕」したためネットワークが機能しなくなり連鎖倒産が始まったもので、大阪両替機能の破壊は銀目廃止に先行したとする。
17) 銀目廃止は、関東が金、上方は銀で品物の値段を表したのを、新政府が金貨通用の制度に統一したもの。既往貸借契約も金貨単位への書き換えを求めるものであったが、恐怖心理が働いて大阪の金融界をパニックに陥れた。両替商を支払人として発行された銀目手形所持人の多くが、その手形が銀目廃止で無効に

なると誤解して正貨との交換をもとめて殺到したもの。両替商の休業、倒産が40軒を超えた。日本銀行金融研究所「銀目廃止と太政官札」『日経金融新聞』平成18年から19年の連載。
18) 明治13年に2000錘規模の澁谷紡績が開業していた。
19) 前掲、石井寛治『経済発展と両替商金融』p. 245は、これらの銀行の多くは両替商出身が多く、「銀行への転換は、社会的資金の集中を飛躍的に推し進めることにより近代的工業化のための資金需要に応ずることを可能にするためのものであり、明治初期に両替商が進めつつあった蓄積基盤の転換をさらに推進するものとなった。」としている。両替商出身の銀行は、住友家（住友銀行）、鴻池家（鴻池銀行）、山口家（山口銀行）、平瀬家（浪速銀行）。
20) 大阪瓦斯「大阪瓦斯株式会社社史」（創業40年史として昭和20年作成の未刊の稿本）。
21) 神戸では、居留地以外にガスを供給する会社として明治31（1898）年神戸瓦斯株式会社が設立され明治34年に創業している。（明治39年に、居留地区を営業区域としていた兵庫瓦斯を買収する。）
22) 前掲、『日本都市ガス産業史』p. 32。
23) 前掲、「大阪瓦斯株式会社社史」。
24) 前掲、『日本都市ガス産業史』p. 33。
25) 同上、p. 36。
26) 鎌田慶四郎『五十年の回顧』朝日新聞社、昭和4年刊、p. 124は「日清戦役の齎した悪方面への影響は、万事が浮つ調子に流れて、諸会社が濫設され、人心ただ射利に趣き軽佻浮薄に奔ったことである。これは独り民間のみ認められた現象でなく官辺にもその弊風にかぶれた傾向が見られたのであった」という。
27) 松田平八（大阪製綿常務取締役、監査役）、志方勢七（日本綿花社長）、廣海二一郎（輸入業）、法橋善作（市会議員　大阪商業会議所会員）、星丘安信（大阪ホテル支配人）、遠上善次郎（大阪製綿取締役）、名越愛助（回漕業）、北村正治郎（材木商　大阪市会議員　大阪実業銀行取締役）、冨士田九平（材木商）、大家七平（回漕業　日本海上保険取締役）。
28) 大阪瓦斯「大阪瓦斯株式会社事業沿革史」、（昭和6年作成の未刊の稿本）。
29) 明治23年公布の最初の商法は、株式会社設立については主務官庁の認可、株主募集、創立総会後、主務官庁の免許を経て成立する免許主義制をとっていた（商法159、166条）。
30) 商法167条では資本金の1/4以上の払い込みで会社の運営が開始できる。
31) 社長：小泉清左衛門（積善同盟銀行取締役、大阪市会議員）、専務取締役：松田平八（大阪製綿監査役）、取締役：大家七平（前掲）、星丘安信（前掲）、松村九平（大阪運河取締役、市参事会員）、監査役：北村政治郎（前掲）、幡本孝良（日本紡績取締役、大阪府・市会議員）、遠上善次郎（前掲）。
32) 前掲、「大阪瓦斯株式会社事業沿革史」。
33) 松村九平は社長兼専務であったが、会社事情に通じていることで以降も専務として前役員中でただ一人のこり、片岡を補佐することになった。前掲、『大阪ガ

ス 100 年史』p. 17。

34) 明治 3 年、ロンドン、100 万£の九分利付外国公債（13 年もの）。
35) 明治 6 年、ロンドン、240 万£の七分利付外国公債（25 年もの）。
36) 宇田川勝「戦前日本の企業と外資系企業（上）」『経営志林』法政大学経営学会、第 24 巻第 1 号、昭和 62 年刊、pp. 18-20。
37) 宇田川勝「第 3 章近代経営の展開」『日本経営史新版』有斐閣、平成 19 年刊、pp. 209-210。
38) 田中朝吉『原敬全集』原敬全集刊行会、昭和 4 年刊、pp. 361-435。
39) 石川辰一郎『片岡直輝翁記念誌』石川辰一郎、昭和 3 年刊、業績篇、pp. 8-9。
40) 明治 23（1890）年村井吉兵衛が京都で両切りタバコの製造を初め、輸入葉と欧米の最新機械をつかい東京の岩谷煙火「天狗屋」と覇を競う。明治 32 年米国タバコと合弁し、村井兄弟社を設立。サンライス、ヒーローなどのブランドとユニークな宣伝で評判を呼ぶ。明治 37 年のタバコ専売法で廃業。その補償金で村井銀行など多くの企業を創立するが、昭和 2（1928）年の金融恐慌で倒産。
41) Alexander Tison　明治 22 年〜27 年帝国大学法科大学法律学科教授の後ニューヨークで弁護士開業　大阪瓦斯への投資をアメリカの資本家ブレディに紹介しブレディの代理人として大阪瓦斯第一副社長に就任　岸清一、渡邊千代三郎（のち大阪瓦斯副社長、社長）の恩師。前掲、『片岡直輝翁記念誌』pp. 9-13 および前掲、『大阪ガス 100 年史』pp. 18-19。
42) 慶応 3〜昭和 8 年　弁護士　民事訴訟法の権威　大阪瓦斯の外資導入に尽力し大阪瓦斯取締役。日本スポーツ界でも日本体育協会会長で岸記念体育会館に名を残す。前掲、『片岡直輝翁記念誌』pp. 9-13 および前掲、『大阪ガス 100 年史』pp. 18-19。
43) Anthony Nicholas Brady　1843 年フランス生まれの移民。13 歳以降学歴なし。茶の販売から始めて成功しオーバニ、トロイ、シカゴでガス工場、路面電車を買収、ニューヨーク、ワシントン、フィラデルフィアで電車網を整備。ニューヨークエジソンの社長など 7 社の社長を兼ねた立志伝中の人物で、アメリカ経済界の大立者。(Who's Who in America, 1913 年版)、なお本書では Brady を『片岡直輝翁記念誌』によりブレディと表記し、『大阪朝日』引用部分のみ新聞紙面表記のままブラディとする。
44) Carroll Miller　リッチモンド生まれの技術者、当時 26 歳　のち大阪瓦斯初代技師長。前掲、『大阪ガス 100 年史』p. 19。
45) 前掲、「大阪瓦斯株式会社事業沿革史」。
46) 澁澤榮一も「瓦斯事業に二百万円、三百万円は無謀として」賛成していない。前掲、『片岡直輝翁記念誌』業績篇、p. 10。
47) 前掲、「大阪瓦斯株式会社事業沿革史」。
48) 同上。
49) 当時の大阪瓦斯は先の資本金 35 万円に関しても未払いがまだ 21 万円もあり、その入金督促と処理は明治 35 年 6 月 14 日までかかった。
50) ブレディ所有の株式はチゾンの名義になっていた。またチゾンは大阪瓦斯第一

第Ⅰ部　報償契約の成立

　　　　副社長であるが、取締役ではない（アメリカの習慣という）。前掲、『大阪ガス100 年史』p. 65 および前掲、『片岡直輝翁記念誌』p. 313。
51）詳しい経緯はわからないが、外資が導入された他の会社と同じく技術と会計に関する専門家の派遣を要請したものと思われる。大阪瓦斯では昭和 30（1955）年代に至るまで技術用語や、会計用語の一部に英語が使われていたことからみても、草創期のこの 2 人の足跡は大きい。
52）現在の大阪日本橋は、旧長町と称して江戸時代末期から木賃宿を住居とする無頼漢の巣窟として既に有名で、町のイメージを変えようと、住民の訴願で明治 5 年日本橋筋と改称。明治 18（1885）年のコレラ患者約千人の半数近くは日本橋筋の住人であったので、特に劣悪な木賃宿を撤去し周辺に移転させた。さらに明治 36 年の内国博覧会の工事でスラムの除去が叫ばれ一部の住人は釜ヶ崎へ移住した。長町は大阪スラムの基点となり周辺に分散していった。木曾順子「日本橋方面・釜ヶ崎スラムにおける労働＝生活過程」杉原薫・金井金五編『大正・大阪・スラム』新評論、昭和 61 年刊、p. 63。
53）東成、西成両郡の 28 ヶ町村を天王寺、浪速、港、此花として 4 区に併合。市域面積は一挙に 3 倍の 55 平方キロとなった。
54）鶴原市長の提案で市内の路面電車を全て市営にしてその運賃収入で併せて道路拡張もするというアイデアがこの解決に大きく役立った。市営路面電車の開業 20 年記念として出版された大阪市『大阪市営電気軌道沿革誌』大阪市電気局、大正 12 年刊（平成 12 年復刻）、p. 2 は、「東京より安い運賃で道路拡張の費用まで賄った」と誇っている。
55）公益事業の定義　大日本帝国憲法 27 条は、日本臣民はその所有権を侵さるることなきを定め、公益のため必要なる処分は法律の定むる所による、としている。その法律は①土地収用法と②労働争議調停法であり、各々に具体的に業種が列記されている。鉄道、電気、ガス、水道などはそのなかに規定されている。
56）前掲、原田敬一『日本近代都市史研究』p. 270 は、「鶴原定吉の場合は、都市経営論的な発想が確認できる」という。当時は市が営利事業をすることが法制では予定されていなかったが、全くの否定もされていないため、鶴原市長の一念で大阪市の市街鉄道の開設は強行された。
57）明治 10 年東京大学発足に際し前身機関のひとつ東京開成学校の普通科と中等教育機関の官立東京英語学校を併せて就業期間 4 年の「大学予備門」として再編された。当時の唯一の大学（東京大学）の予備教育機関であり後の第一高等学校。
58）池原鹿之助『鶴原定吉君略伝』池原鹿之助、大正 6 年刊。
59）前掲、『片岡直輝翁記念誌』。
60）同上、業績篇、p. 57。
61）大阪市は明治 22（1889）年に誕生したが、特例によって府知事が市長の職務を行い、職員もすべて府の職員の兼務という変則的なものであった。明治 31（1898）年特例廃止で独立の市長、職員、庁舎をもつようになった。
62）前掲、『片岡直輝翁記念誌』pp. 319-325。

63) 片岡が取締役として懇望され就任した会社は次のとおり（＊は社長として＊＊は相談役として）
函樽鐵道、九州鐵道、廣島瓦斯、廣島電氣軌道、堺瓦斯＊、東洋木材防腐、阪堺電氣軌道＊、阪神電氣鐵道＊、浪速銀行、大阪株式取引所、大林組＊＊、日本郵船、猪苗代水力電氣、大阪織物、日本染料製造。
64) 阪神電気鉄道『阪神電気鉄道百年史』阪神電気鉄道、平成17年刊、p. 70。
65) 明治23（1890）年の恐慌に対し、日銀は株式担保での資金貸出しを大々的におこなった。吉野俊彦『歴代日本銀行総裁論』毎日新聞社、昭和51年刊、p. 43。
66) 「国債公募を日銀が引受けそこで生じた政府資金が民間に散布されて銀行預金が急増する頃を見計らって、国債の売オペレーションを行う」とした仕組みをつくった。同上、p. 47。
67) 「日清戦争のときに首相であった伊藤博文は、川田総裁の京都の私邸をわざわざ訪問して、なんとかして戦費を調達することに骨を折ってもらいたいと依頼した。」同上、p. 50。
68) 重役局長連中から見ると「山本は川田、岩崎という大総裁に対比すると貫禄が足りない印象強く何事も他の重役と意見交換して仕事をやってもらいたい、またやるであろうと期待した」と記す。同上、p. 76。
69) 鶴原は、山本が「自ら職権を振るはんことを欲した」という。前掲、『鶴原定吉君略伝』p. 95。
70) 「鶴原定吉が昇格して理事になったあとの営業局長の後任について鶴原は西部支店長の志立鐵次郎を推したが、山本総裁は名古屋支店長の首藤諒を任用した。しかし鶴原は〔総裁より〕先に志立に営業局長にすると約束していた。」と鶴原の専行ぶりを指摘している。高橋是清『高橋是清自傳』千倉書房、昭和11年刊、pp. 594-595。
71) 日銀へ課せられる配当率についての意見の相違。
72) 当初高橋是清は横濱正金銀行副頭取の立場から仲介役を買ってでた。日銀ストライキ事件で、理事として残ったのは山本総裁と三野村理事だけで重役の定数が足りないため高橋が理事副総裁となり日銀に戻った。小坂順造『山本達雄』信越化学、昭和26年刊、pp. 222-223。
73) 高橋是清も山本総裁と造反リーダーの鶴原と話し合いをしたが、鶴原からは「もう口を出さないでくれといわれた」と述べている。前掲、『高橋是清自傳』p. 585。
74) 吉野俊彦『日本銀行史　第三巻』春秋社、昭和52年刊、p. 530。
75) 東忠久『日銀を飛び出した男たち』日本経済新聞社、昭和57年刊、pp. 40-59。また吉野俊彦は自らが日銀理事であっただけに、この不祥事について、銀行史として書くべか否かを悩んだことを吐露し「キレイゴトだけで歴史をすませない」とした。前掲、『日本銀行史　第三巻』p. 525。
76) 前掲、『日銀を飛び出した男たち』pp. 67-68。
77) 前掲、『日本銀行史第三巻』p. 528 で、吉野は、山本達雄の伝記の一説として「日銀未曾有の幹部ストライキは一言でいえば、総裁と幹部の感情の衝突で、その萌芽は岩崎総裁時代に現れた官学出身と私学出身の勢力争いと見ることができ

る」と紹介している。またこの事件が感情論であることは鶴原も認めているようだ。前掲、『高橋是清自傳』p. 585。

78) 「これら幹部職員は伊庭貞剛が迎えたもの。当初は鶴原も予定されていた。」という記述もある。山本一雄『住友本社経営史上巻』京都大学学術出版、平成22年刊、p. 73。また『国民新聞』昭和3年6月5日～8日、日本銀行騒動（1～4）によると「当時大阪に於て飛ぶ鳥を落とす勢力を有した住友本店には総理事に伊庭貞剛あり。人物経済に通じた男で、一山いくらという夜店の果物見たいに〔日銀退職者を〕一手に引き受けた」という。

79) 渡邊千代三郎は北海道支店長で退職し、後年大阪瓦斯に移り片岡直輝のもとで副社長をやり、片岡退任時に2代目社長に就任。

80) 明治26（1893）年市営水道入札でジャーディン・マジソン商会が落札したが、代価支払い方法についての規約の改正要求をして期間内に契約手続きをとらなかった。市側は落札決定が慣例上口頭でなされたことで証拠能力の欠陥を衝かれ、違約保証金を没収できなくなった。

81) 府知事は山田信道、府書記官は片岡直輝（後の大阪瓦斯社長）である。

82) 前掲、『新修　大阪市史第六巻』p. 8。

83) 同上、p. 11。

84) 心斎橋丸亀呉服店3代目当主。川端直正「大阪の行政」『毎日放送文化双書2』毎日放送、昭和48年刊、p. 130。

85) 前掲、『新修　大阪市史第六巻』p. 14。

86) 前掲、原田敬一『日本近代都市史研究』pp. 269-270。

87) 「市長交代の気運は、反田村派の政友会員を中心とした動きがあり、次期市長の候補者として鶴原定吉を擁立しようとし、これを政友会総裁の伊藤博文も了承していた」とする。前掲、『新修　大阪市史第六巻』p. 14

88) 『大阪朝日』明治34年4月11日。

89) 前掲、『鶴原定吉君略伝』p. 101。

90) 前掲、『新修　大阪市史第六巻』p. 15によると、47票中46票を得た。

91) 菅沼は東京帝大をでて日本銀行に入行し、2年目に日銀ストライキ事件が起こった。この事件当時は責任のある地位でなかったが、片岡の直系で帝大卒ということもあり、事件の1ヶ月後に退職して山口銀行に入った。前掲、『日銀を飛び出した男たち』p. 73。

92) 前掲、『鶴原定吉君略伝』p. 102。

93) 大阪市『大阪市会史　第六巻』大正2年刊、p. 159では、明治38（1905）年市長辞任に対し議員からの慰留への答弁の中で「余ニシテ獨立生活ヲ營ミ得ル資力アラバ引續キ勤務スベキモ従来ラ月給ニ衣食シ豪モ老後ノ計策ニ想到スル所ナクシテ」と心情を吐露している。

94) 明治20年12月設立許可取得、22年5月送電開始。

95) 前掲、『鶴原定吉略伝』p. 104。

96) 慶応1年～昭和17年　豊前小倉出身の外交官。明治22年に東京帝国大学法科大学を卒業して外務省勤務、上海副領事、ニューヨーク領事、ブラジル公使、

スウェーデン公使、トルコ全権大使を歴任。
97) Edward W. Bemis (ed.), *Municipal Monopolies*, New York: T. Y. Crowell, 1899.
98) 前掲、『片岡直輝翁記念誌』業績編、p. 12。
99) 前掲、『五十年の回顧』p. 125 では「明治三十四年東京市の名誉職から公盗を出す者十一名、大阪市にも同様の疑獄があり、その年六月二十一日には星亨氏が東京参事会の秘密協議会の最中に刺されて死ぬやうなことになり」としている。また都市経営研究会「地域経営思想の系譜」『都市政策』神戸都市問題研究所、54巻、昭和63年刊、p. 83 は、東京市について「明治二十八年は水道疑獄により市会解散の屈辱、明治三十二年は府知事より市政怠慢の意見書を受領」と記述した。
100) 片山潜は『東京毎日新聞』の連載を纏めて『都市社会主義』社会主義図書部を明治36 (1903) 年に発刊した。
101) 逆に澁澤榮一などは公共性の高いインフラ事業をあえて多数の民間資本で実現し、ビジネスの地位を高めることに留意した。島田昌和「渋沢栄一とインフラストラクチャー」『日本経営史の基礎知識』有斐閣、平成16年刊、p. 30。
102) 先行研究では『大阪毎日新聞』のスクープとしているものもあるが、同日『大阪朝日』、『時事新報』も同内容を報道しているので、恐らく数紙に発表したものと思われる。先行研究として前掲、原田敬一『日本近代都市史研究』p. 277 にはこのあたりが詳細に記載されている。
103) 朝日新聞社『朝日新聞社史 明治篇』朝日新聞社、平成2年刊、p. 405。
104) 前掲、『片岡直輝翁記念誌』業績編、p. 12。
105) 大阪市『明治大正 大阪市史 第二巻経済篇上』日本評論社、昭和8年刊、p. 723。前掲、青田龍世・竹中龍雄「我公益企業に於ける報償契約の起源と背景」p. 78 も同じ主張をしている。
106) 宮本又次「片岡直輝の生い立ち」『大阪商人太平記明治後期編上』創元社、昭和37年刊、p. 72。
107) 大阪瓦斯「大阪瓦斯日誌」明治35年1月9日。(この史料は明治29年から昭和39年までの会社の、一日数行の簡潔な業務記録であり、代々の秘書の社員が引き継いで記録したものと推測される。史料は非公開。)
108) 後日、明治35年9月15日の『大阪毎日』は、片岡は外国人と交渉の最中に、鶴原氏の私宅に行き、市が幾ばくかの株をもってくれては如何とのことを相談した、と報道している。
109) 後年発行された前掲、『新修 大阪市史第六巻』p. 664 ではこれを修正した。
110) 東京帝国大学で法律、経済を学び同志社で教鞭をとっていたところを、大阪朝日の経済面拡充のため迎えられた学究人、号は雪堂。前掲、『朝日新聞社史 明治編』p. 405。
111) 前掲、『片岡直輝翁記念誌』業績編、p. 13。
112) 『東京経済雑誌』明治34年6月8日号は、大阪市政の腐敗が『萬朝報』に連載されたが、大阪市会の不条理は、府知事にも監督の責任があると指摘した。
113) 『大阪朝日』明治34年4月29日。

114) 前掲、『朝日新聞社史　明治篇』p. 399。
115) 両紙の社説の表題を紹介すると、
朝日側から「毎日新聞を諭す」「悪俗を醸成するなかれ」「可憐なる毎日子」
毎日側から「朝日の毒手段」「朝日の仮面」「朝日の厚顔」「朝日の頑迷」
116) 前掲、『朝日新聞社史　明治篇』pp. 398-406。
117) 孔子の「之を道くに政を以てし、之を斎うるに刑を以てすれば、民免れて恥ずることなし」という言葉は当時の漢文に素養のある人々に膾炙されていた。
118) 工事の発注は全て築港事務所長の西村捨三に予算の執行権と人事権が任され迅速な工事執行に効果があったという。例えば石材の運搬奨励金については、「運搬単価が四割弱に減少した」とされる。大阪市港湾局『大阪築港100年　上』大阪市港湾局、平成9年刊、p. 60。
119) 明治35年2月19日の市会で市長は、大阪の水利の便が多く、横堀川以外は私営業者に許可しているが、東京の一銭蒸気は意外と儲けているので、大阪でも市の事業にしたいと市営を提案したが、調査委員会で検討した結果、後述するように、私営を認めて報償契約になった。大阪市『大阪市会史　第五巻』大阪市、明治45年刊、p. 26。
120) 『大阪朝日』は8月2日掲載予定の大阪瓦斯の株式公募の新聞広告原稿を受け入れているため、事前に公募日程を知っていた。
121) 池田宏は、『報償契約について』東京市政調査会、昭和8年刊、p. 5で、「〔報償契約とは〕地方自治体と公益企業との間に成立せる取極で、当事者間に互いに対等の関係にある双方の義務を設定し、且つ忠実なる履行に依て双方の存在目的と其職能とを両全するための合意である。之が形式は必ずしも報償契約と題することなくして、或は協約、若は協定と称し、時には覚書とも称している」と定義している。ちなみに報償契約という言葉は、大阪瓦斯問題で大阪朝日の本田精一（雪堂）がcompensationという言葉を仮に訳した（『大阪朝日』明治35年8月30日）のが定着したもの。
122) この「名誉職」という言葉は違和感があるが、単に市会の幹部のことを指すと思われる。ちなみに当時の市制61条では市の参事会員や委員会の委員は「名誉職」として無給であることを規定した。
123) 前掲、『片岡直輝翁記念誌』業績編、p. 13。
124) 大阪府指令第599号　明治29年7月1日。「第一　瓦斯管の敷設修繕の為め道路を掘鑿せんとするときは其町名位置を、瓦斯管橋を新設せんとするときは其川名位置を詳記したる図面及工事仕様書設計図を添へ、当庁へ願出で許可を受くべし。但し大阪市の管理に属する上下水道道路橋梁其他の工作物に関係する箇所に在りては出願前大阪市と協議為すべし。」（巻末資料1「農商務大臣の発起認可書と府知事からの指令書」）
125) 『大阪朝日』は、内務省訓令第462号（明治24）「路盤の官有に属する堤塘道路並木敷道の件」の第一項に「地盤の官有に関する堤塘道路並木敷の使用は自今其費用を負担する府県及び市町村において処分すべし」とあることを紙面で紹介している。

126) 明治29（1896）年の大阪瓦斯の設立免許交付の当時は内海忠勝が大阪府知事であり、大阪市長でもあった。彼は市長として市水道の責任者にガスの免許について諮問した結果が、大阪瓦斯への指令に反映されているとする指摘もある。
127) 『大阪毎日』明治35年8月10日。
128) 安部磯雄『都市独占事業論』隆文館、明治44刊、pp. 327-340で東京の市街鉄道の私鉄東京電車鐵道（東鐵）と公営大阪市電との生産性を比較して大阪市電をより高く評価している。
  前掲、高寄昇三『近代日本公営交通成立史』p. 41も安部説を紹介し評価している。但、当時の大阪市電の生産性の高さは労働者の酷使に依存しているとした異論もある。
129) 第一次桂内閣内務大臣（明治34年6月～39年1月）　元長州萩藩士　大阪府知事（明治28年10月～30年11月）として当該大阪府指令を交付。
130) 当時の欧州では公営の営利事業は普及途上にあったが、日本の法令（市制）では市町村の営利事業は想定されていなかったし、内務省の行政実例でも否定したため、この当時は「現代の原則」というのは妥当ではない。
131) 植草益『公的規制の経済学』NTT出版、平成12年刊、p. 14では、市場の失敗事例を9項目あげて、そのひとつとして自然独占を次のように説明している。「資源の希少性や規模の経済が作用し、市場が売手1社の独占になり、その下での強力な市場支配力が競争均衡の価格からかなり乖離した独占価格を形成させる可能性を与える」としている。
132) 今村成和「公企業及び公企業の特許」『行政法講座第6巻』有斐閣、昭和41年刊、pp. 176-180。
133) 『大阪朝日』明治29年3月11日は、松田平八以下10名が2月18日に大阪瓦斯株式会社としてさらに扇谷五平以下6名が3月7日に同名の大阪瓦斯株式会社としてそれぞれ出願したと報じた。また同紙明治29年4月6日は大矢幸八以下数名が4月5日に大阪瓦斯応用株式会社として出願したとした。同紙明治29年8月4日は、結局3社のうち先願の大阪瓦斯株式会社に認可されたと報じた。
134) 阪神電気鉄道の前身は神戸経済人の設立した神阪電気鐵道と大阪経済人の設立した坂神電気鐵道が競合し、両社が統一され攝津電気鐵道として農商務大臣に設立認可の申請をしている。阪神電気鉄道『阪神電気鉄道百年史』阪神電気鉄道、平成17年刊、p. 18。
135) 当時阪神間では類似路線の出願が10数件も殺到していたといわれ、その中で灘循環電気軌道が辛くも認可され、しかも特許された区間は山手線部分の葺合－西宮間に限定され、「阪神電鉄との競合線である西宮－神戸間の海岸線は不認可となった。」同上、p. 81。
136) 「余は先に鶴原市長に対し市に〔大阪瓦斯の〕株券の買収の気なきかを質せしに、少なくとも総株数の三分の一とか半分位なら買取るも苦しからず、と答へながら其の後再び交渉をなせし時は、全然これに応ぜざりしは、何か其間に消息の存することと思はる」と天川三蔵市会議員が語った。『大阪毎日』明治35年9月20日。

137) 前掲、『新修大阪市史 第六巻』p. 667 は、法律論としては大阪毎日の主張が正しいとした。
138) ニューヨーク市の民主党の政治団体はタマニー協会と呼ばれていたが、19世紀後半の同市の市政はこの協会の汚職ボスのもとにあった。そのためタマニーという語は「汚職まみれのボス政治」の別語とされた。
139) 毎日新聞社『「毎日」の3世紀』毎日新聞社、平成14年刊、p. 373。
140) 嘉永6（1853）年〜昭和7（1932）年　大阪毎日新聞第5代目社長　小松原社長の後任。
141) 「瓦斯問題も鶴原市長と会社との間に止まらず、大阪市民の問題と相成候上は、先日一寸申上候通、今後は不問に置き、朝日を相手にせざるを得策と相考申候（明治35年11月11日付）」。毎日新聞社『毎日新聞七十年』毎日新聞社、昭和27年刊、pp. 86-88。
142) 前掲、『新修大阪市史 第六巻』p. 665。前掲、原田敬一『日本近代都市史研究』p. 281 も同じ指摘をする。
143) 前掲、『新修大阪市史 第六巻』p. 666。
144) この決意は大阪朝日が明治35年8月1日、2日の紙面で市長を代弁するが、市長が自ら表明するのは、同年8月19日の市会であった。前掲、大阪市『大阪市会史 第五巻』pp. 222-223。
145) 府指令は、「本指令受領の日より七日以内に本命令を明記したる受書を差出すべし」とした。巻末資料1「農商務大臣の発起認可書と府知事からの指令書」。
146) 行政契約の解除は、相手方に不正行為があるなど法定の事由がある場合でなければ許されない。鈴木雇夫他編著『目で見る行政法教材』有斐閣、平成5年刊、p. 89。
147) 前掲、片山潜『都市社会主義』p. 116 では、都市ガスは市営主義のグラスゴーを理想とし、ロンドンは私営で苦労していると記述している。
148) 『大阪朝日』は明治35年8月20日の社説「都市発達の条件」のなかで、「現行法に拠れば市行政は府県知事の監督の下にあり先ず市政に対する政府の迂闊なる干渉を排斥せざる可からず」として市制の改正を要求している。
149) 地方自治体の中央からの独立の考え方が実現されたのはGHQの影響のあった現日本国憲法であり、法律として実現されたのは実に110年以上後の平成12年施行のいわゆる新地方自治法が地方と中央が対等であることを規定するまで待たねばならなかった。
150) 大石嘉一郎『近代日本地方自治の歩み』大月書房、平成19年刊、p. 74。
151) 松沢弘陽『日本社会主義の思想』筑摩書房、昭和48年刊、pp. 88-93。
152) 前掲、片山潜『都市社会主義』p. 2（序文）。宮本憲一は、『都市政策の思想と現実』有斐閣、平成11年刊、p. 160 で、この片山の文献を「日本の都市政策の思想の始原をなす」ものと指摘している。
153) 前掲、片山潜『都市社会主義』の前書きで、「我市民は、自治制度の経験を有するも日尚浅く、往々利己的政治家と、貪欲饜く無き資本家等の為に、市的公共の利益を犠牲に供せられんとする観あるは、畢竟するに、市民が都市問題の何

たる乎を、充分に知悉せざるに起因せずんばあらず、即ち要之、自治市民たるの本分を解せざるに依るなり」と主張している。

154) 『東京経済雑誌』明治35年9月27日は、「大阪市於ける瓦斯問題は、同市に於けるよりも、さらに喧しく東京に於て論議せらるゝに至れり」とした。
155) 小島忠里『大阪市対大阪瓦斯株式会社事件法律論』平田博文堂、明治35年刊。同『大阪市対大阪瓦斯株式会社事件基本財産増加市税廃止論』平田博文堂、明治35年刊。前者は10/7道頓堀角座、後者は10/23大阪区堀江明楽座での立会演説会の議事録である。なお、小島忠里は大阪弁護士会の第3代会長。
156) 善積順蔵『大阪瓦斯論』大阪同志会出版、明治35年刊。
157) 地上権に関する法律（明治33年3月27日）。
158) 善積のいう国家社会主義とは、ラッサールの主張した議会制民主主義による改良主義を想定していると思われる。当時流布していた片山潜や安部磯雄のいう都市社会主義とほぼ同義である。ソ連型社会主義やナチスあるいは北一輝のいう国家社会主義はこの時代では考えにくい。
159) 水道条例　法律第9号（明治23年2月13日）第3条。
160) 鈴木慶太郎「道路占用に関する報償契約について」『道路の改良』道路改良会、第21巻第3号、昭和14年刊、p.62は、「道路、公園等の如き営造物が、原則として私法的法律行為の目的となり得ない所謂不融通物なることは、ローマ法以来の一大原則であり（中略）事実行政裁判所の判決例も、之等公物の使用関係は公法の分野に属する旨示している」とする。
161) 『大阪朝日』明治35年10月10日で、大阪府知事高崎親章はガス問題での市長派委員の営造物についての質問につぎのように答えている。「〔道路は実務上〕実際に於ては別に営造物としては取り扱ひ居らざる事と為り居れり」と。また『大阪毎日』明治35年10月3日も「我国に於て市内の道路は凡て官有に属し、市有に非ず、而して公共道路を以って市町村の営造物とすることに就いては定論あるに非ず、内務省に於ては従来未だ市町村制の所謂営造物として之を認め居らざるが如し、随って市町村に於いても道路を営造物として取扱居るものなき筈なり」と述べている。
162) 市制第50条。
163) 安政5（1858）年〜明治43年　法学博士、神戸始審判事。
164) 櫻井一久『市制及町村制義解』大淵濤、明治21年刊、p.11。
165) 前掲、『大阪市史　第五巻』p.26。
166) 甲線は天満橋、国津橋間、乙線は東西横堀川、道頓堀川に定員32名の船を32艘配置する計画。同上、p.157。
167) 参州（三河）については他の2都市に比べて調査先として違和感があるが、詳細は不明。
168) 前掲、『大阪市史　第五巻』pp.226-227。
169) 關一は前掲、「大阪市に於る瓦斯事業報償契約に就いて」p.88で「大阪巡航汽船の報償契約締結は大阪瓦斯より先立っているが、提唱されたのは大阪瓦斯のほうが先である」ことを指摘している。

第Ⅰ部　報償契約の成立

170) 前掲、『鶴原定吉略伝』p. 112。
171) 明治 35 年 12 月 22 日可決、『大阪市会史　第五巻』p. 279。
172) 同上、pp. 279-280。大阪巡航汽船との報償契約（後日大阪瓦斯との契約の雛形になるべく、運輸総収入の一定割合の市への納付、船賃の変更・組織変更・停船場の変更などで市の了解をとることや帳簿の大阪市の検査など）についての市側の説明は担当として池原助役が行っている。
173) 『大阪毎日』明治 35 年 8 月 15 日。
174) 前掲、『大阪市会史　第五巻』pp. 222-223。
175) 『大阪朝日』明治 35 年 9 月 18 日。
176) 『大阪毎日』明治 35 年 9 月 20 日。
177) 同上、明治 35 年 9 月 22 日。
178) 前掲、『鶴原定吉君略伝』p. 100。
179) 大阪瓦斯創業四十年史として、昭和 20 年に発刊予定のものが終戦で未刊となった稿本。
180) 公共事業への外国人の投資に対し、新聞が先頭に立って反対した例として、サイモン・ジェイムス・バイスウェイ『日本経済と外国資本』刀水書房、平成 17 年刊、pp. 178-179 は、明治 36 年『報知新聞』が東京電気鐵道に対し、「帝国臣民に與えられた公道専用の特典を外国人に売渡すに在りて、殆ど売国の罪悪を犯さんとしつつあり」と痛罵するだけで、導入された外資のもたらす新たなインフラストラクチュアの発展という観点に立った評価をしようとはしなかったと紹介しており、これは大阪瓦斯の事例に酷似している。
181) 結局は治安警察法 8 条に抵触するとして警察の禁止命令が出て提灯行列は実現せず。
182) 『大阪朝日』明治 35 年 9 月 22 日。
183) 同上、明治 35 年 11 月 8 日。
184) 同上、明治 35 年 11 月 8 日。
185) 同上、明治 35 年 11 月 9 日。
186) ガス問題の提灯行列で市民が歌うために大阪朝日がつくったものを改題して「市民の声」とした。吹奏は大阪朝日音楽隊で当初 11 月 5 日の大阪市市民同志会の演説会で披露された。
　　　歌詞　1.　時しも秋気は凛々と　正義は凝りて健全に　唱へ出せる輿論には　靡（なび）かぬものゝあるべきか
　　　　　　2.　いこまの山の峰高く　淀の川波末遠く　大阪全市の幸福を　誰かは擁護せざるべき　万歳々々万々歳
187) 同上、明治 35 年 11 月 12 日。
188) 『大阪毎日』明治 35 年 11 月 16 日は 2000 人という。
189) 『大阪朝日』明治 35 年 11 月 16 日。
190) 外資ブレディの代理チゾンはガス問題で 8 月に内務大臣に面会したが、その仲介者は小村寿太郎外務大臣であり、会談内容も報道されている。明治 35 年 8 月 15 日『大阪毎日』。

191) 前掲、『大阪市会史 第五巻』p. 266。
192) 『大阪朝日』明治35年11月29日。
193) 『大阪毎日』明治35年12月2日の記事によると、「建議案反対者の口より発案者又は市当局者に向かって続々〔発言が〕放たれるが、就中天川三蔵氏〔が〕卓を拍って起立し何事か発言せんとする刹那聴衆は俄かに騒ぎ立ち、暴言を吐露するものあり、冷評を試みるものあり、只譯もなく銅鑼声を発するものあり、喧騒喧騒、囂々として百雷の落ちたらんが如く、尚ほ傍聴席の柵を飛越えて議席に乱入せんとする暴漢さへ現はれしは、如何にも大阪市の対面を穢したるものといふべく（略）議長は人を馳せて急を警察に報ぜり」と報じている。
194) 前掲、『大阪市会史 第五巻』p. 267。
195) 同上、p. 269。この発言を正しいと見ると、確かに大阪府知事指令には水道管との取りあいの施工上のことが多く入っている（第1条、第3～6条）ことがわかる。
196) 「市は瓦斯事業をする資金はないし報償契約のような迂遠な方法をとらず、料金を制限して一定年限後の市の買収でよい」とする赤田議員を指すと見られる。同上、p. 269。
197) 『大阪朝日』明治35年12月2日。
198) 大阪商業会議所「10月6日役員会議事録」『月報第百拾四號』明治35年11月刊、p. 7。
199) 『大阪朝日』明治35年9月29日は大阪商工会議所の仲介をつぎのように忌避している。「由来商業会議所は〔今まで〕何事に関しても袖手傍観の地位に立ち、市民の利害に直接関係を及ぼすべき商工業上諸般の実地問題に対する研究に冷淡なる誇りを免れず会員中には大阪市の要求に反対しつつある者尠なからず」と。
200) 同上、明治35年10月21日は仲介メンバー名を「噂である」と断って先に報道している。藤田、中橋という大阪商業会議所代表に村山（大阪朝日社長）、小松原（大阪毎日社長）と夫々の利害代弁者を配置し、鶴原に近い原と金融業界の小山と、バランスも考えてある。
201) 仲介者に大阪朝日、大阪毎日の社長が名を連ねていたため、両新聞は立場上折衝中のこの件についての途中報道は控えた。
202) 『大阪毎日』明治36年6月23日。
203) 大河内翠山『藤田傳三郎伝』東京鐘美堂、明治45年刊、p. 188では藤田の功労の一つとしてわずかに触れている。
204) 前掲、『片岡直輝翁記念誌』業績編、p. 15で中橋徳五郎は、「一体、鶴原と片岡とは親友の間柄であるのに相会するも目礼をする位にて打解けて談話を交えぬなどとは、困つたことなり」と感想をもらしていた。
205) 東京市政調査会『瓦斯事業報償契約』東京市政調査会、昭和3年刊、p. 49 も、「恐らくこれは事業者が市に対する御礼的又は体裁上の割引であって、合理的基礎によって決められたものではないだろう」という。
206) 以降の全国の報償契約はほとんど2割引となり、この契約が前例になったと思

207) 「市内一個の点灯は一人の巡査に比適せり」とグラスゴーで云われている。前掲、片山潜『都市社会主義』p. 116。
208) 明治29年の設立願の第5項目に、「雑踏を極むる場所数ヶ所を選び燭力大なる瓦斯燈を建設し無料にて点燈し通行人の便に供す」と市民へ約束している。大阪市も中之島公園、天王寺公園などの公有地に155基のガス灯を設置。また日本銀行大阪支店前の日露戦争勝利の凱旋門や国鉄大阪駅前の各プラットホームにも設置された。前掲、『大阪ガス100年史』p. 25。
209) 「大阪瓦斯中之島本社〔当時大阪瓦斯本社は渡邊橋北詰西にあった〕では煌々たる瓦斯燈で室の内外を照明したので鮮やかな白熱の燈火に見せられた群衆が渡邊橋の上に人の山を築き、夜空に浮き出た不夜城に驚異の目を見張っていた」、また「心斎橋筋の大阪瓦斯陳列場には毎夜瓦斯燈を点火した」という。前掲、『大阪ガス100年史』p. 25。
210) 据置期間50年の起算日は「開業日」としているが、何時を開業日とするかについて問題になったようで、結局起算日を「会社登記の当時の意義にあらずして其会社が営業を開始し瓦斯の供給販売を始めた時日を指示するものなり」とした仲介者全員の名前のはいった解釈メモの写しが大阪瓦斯に残っている。結局契約後約2年を経た供給の開始日、つまり明治38年10月19日が起算日となり、50年後の昭和30年10月18日が満期日にあたることになった。大阪瓦斯の場合、設立登記日が明治30年なのでこの8年の差は当然問題となった。
211) 大阪電燈は明治39年の報償契約で15年という短期の買収予約となり大正11年に買収された。大阪瓦斯の場合の50年後というのは昭和30年にあたるが、この50年の変化はあまりにも大きく、条項そのものが現実的でなくなってしまった。その大きな理由は、①瓦斯事業法の制定により買収が政府の認可条件となったため大阪市の自由にはならない、②第二次世界大戦の終戦直後の合併で、大阪市域のみへガスを供給する会社でなく神戸、京都その他も供給地域に含む近畿一円の大会社になっていた、③家庭用ガス以外の工業用ガスや副産物の売上が増大し、公益事業以外の部分が多くなったなどである。なお、田中二郎は「報償契約に関する法律問題」『ジュリスト』有斐閣、昭和31年6月号、p. 7で、大阪瓦斯の買収条項について「会社側は、事業の経営に絶対必要な道路等の使用の許可を得るために、ことに買収といっても五十年後のことであったために、あえてこれに反対せず、これを承認したということも想像される」とした。
212) 報償契約に付属する覚書きで確認されて、減価償却額控除後とされている。
213) 田川大吉郎「瓦斯報償契約に於けるスライディング・スケール方式について」『都市問題』東京市政調査会、第4巻4号、昭和2年刊、pp. 30-33では、この方式は1875年にイギリスのガス法に規定されたと紹介している。
214) 日清戦争後の財政難で明治32年から、法人税が新設された。
215) 配当の増額支払いをせず利益積立てにした場合でも株式の含み価値が増え株価が上昇するため株主の利益になるのでこの上納方式の存在がある。
216) 具体例として第一次世界大戦後の物価高騰で石炭価格が3倍になり、大正6年3

月大阪市へ料金改定を申込んだが、数ヶ月を経ても市会へ提案されずやっと同年11月に同意の回答があった。この間の経営悪化の責任をとる形で片岡社長は辞任するに至った。前掲、『大阪ガス100年史』p. 46。また前掲、池田宏『報償契約について』p. 15 は、「報償契約の職能とする處は、決して所謂政治目的に悪用すべからざるは勿論、公共団体の一時の財政目的に供し、若くは其官僚的行政の欲望を満足せしめたりする為に存するものに非ずして」と行政を戒めている。

217) 後年実例が出てきた。大正14年に大阪市に編入された西成、東成両郡には既に浪速瓦斯があり、大阪市のガス会社は2社体制になった。但し此の時は直前に瓦斯事業法が制定されていて報償契約の有効性が論議されている時であり、かなりの条項が死文化されていたので、「大阪市は敢えて報償契約を締結することを希望せず、単に道路占用料を徴収することに止めた。単に金額の点より論ずれば道路占用料は報償金より遥かに多額なり」と、関一は「大阪市に於ける瓦斯報償契約について」『都市問題』東京市政調査会、第17巻第1号、p. 95、で述べている。
218) 前掲、天利新次郎「瓦斯報償契約の解剖」p. 53。
219) 前掲、『大阪市会史 第五巻』p. 480。
220) 『大阪毎日』明治36年7月29日。
221) ガス事業は初期投資が巨大な設備産業であり、減価償却を含むとしたこの条項による確認の意味は非常に大きい。
222) 市制88条。
223) 明治25年12月24日行政実例。
224) 宮本憲一「都市政策の課題」『立命館大学政策学部紀要』立命館大学政策科学会、平成20年3月号、p. 183。
225) 高寄昇三『近代日本公営交通成立史』日本経済評論社、平成17年刊、p. 57。
226) 法制度では規制されていないが、独占即規制という考え方は当時でもあった。關一は『鐵道講義要領』同文館、明治38年刊、pp. 123-124でつぎのように述べている。「今翻て鐵道の経済上の本質を按ずるに独占的性質を有し之を一般企業の如く自由競争に一任するを能はざるを以て、其独占を認識して発達を助長すると共に国家の権力を以て独占に対する必要なる制限を設け其専横を防止するに非ざれば、鐵道に於ける資本的勢力が都市を起倒し他の産業を支配する弊害を生じ国民経済上の危機を醸すを免れず」。
227) 前掲、池田宏『報償契約について』p. 6 は、「いずれの国に在りても成法の上のみに於ては必ずしも十分に独占的性質を保障していない。併し経営の実際は（略）悉く主管官庁の統制に服せしめ、其の経営の常に公益を害することなく、且く公益企業としての職能を充たす場合に於てのみ、企業としての存在を保護するを統制上の理念としている」と述べている。
228) 私営鉄道については私設鐵道条例（明治20年）、私設鐵道法（明治33年公布）による規制が早くからあった。
229) 前掲、『都市社会主義』p. 22。

230) 同上、pp. 6-9。
231) 前掲、宮本憲一「都市政策の課題」p. 184 で、「片山はこの時代には社会改良主義者であったのだが、なぜ、その後共産主義者となったのか。これは改良主義が育たない原因にもつながる興味深い問題だ」と言っている。前掲、松沢弘陽『日本社会主義の思想』p. 43 も片山の改良主義に触れている。
232) 片山は、前掲、『都市社会主義』p. 6 で「都市は市民の家」といい、鶴原は、前掲、『鶴原定吉君略伝』p. 222 で「余は大阪丸の船長となれり、市民は是れ乗客、吏員は是れ船員なり」といっている。
233) 前掲、『大阪市会史 第五巻』p. 222。
234) 『大阪朝日』明治 35 年 8 月 29 日。
235) 水の都と呼ばれた大阪の井戸水は飲用に適さず、一方河川には恵まれていたため川の水を生活用水として使っていた。しかし人口増大で水質汚染がすすみ、「水屋」と呼ばれる清浄水を売る商売（淀川上流から取水）も繁盛した。しかし明治 12 年大阪にコレラが流行し河川水の危険が指摘され明治 28 年に念願の水道事業が始められた。以降水道水だけが市民の唯一の水資源となった。
236) 山崎廣明は、「慢性不況下の帝国主義」『講座 帝国主義の研究 第六巻』青木書店、昭和 48 年刊、pp. 154-155 で 5 大電力は工業用電力料金値下げ競争の原資のため、独占的立場の強い電灯料金を値上した大正末期から昭和初期の事例を紹介している。
237) 成功例としては、安部磯雄は前掲、『都市独占事業論』pp. 327-340 で、明治 40 年時点で、生産性の高さや労働条件の良さの両面で、私鉄の東京電車鐵道に比較して大阪市電を評価している。しかし前掲、『新修大阪市史 第六巻』p. 411 は、大阪市電は「開業当初の日給は車掌、運転手 32 銭で日雇い労働者に近いもので運輸現業員の賃金の低いのが目立った。また競争的労働強化策とくに運転マイル数による採点は事故の増発を招き、後日廃止された。明治 41 年以降過度労働を不満とするストライキが発生」としている。関野満夫「関一と大阪市営事業」『経済論叢』京都大学経済学会、第 129 巻第 3 号、昭和 57 年刊、p. 87 も、「大正 13 年の時点で、市電労働者の低賃金、長時間労働という劣悪な労働条件」の存在を指摘した。また安部磯雄の評価は東京の私鉄と大阪市電との比較であり、大阪の路面電車も一般にはその労働条件は劣悪とみられており、労働者の犠牲のうえでその生産性があがっていたといえなくもない。いずれにせよ大阪市電の生産性の高さは評価できるが、その労働条件については主張が分かれる。さらに当時の大阪の労働環境からみて雇用の安定確保としての社会政策面の評価も必要であると思われる。
238) 後年、第 7 代市長關一は、「この状態が果たして今後も続くかどうかは一つの疑問である。大阪の市営電車が今日まで財政的好成績を挙げておった種々の条件はまさに消滅せんとしつつあるのではないか」と言ったと紹介されている。谷本谷『都市の公営交通政策』公営交通研究所、平成 4 年刊、pp. 49-50。
239) 前掲、『片岡直輝翁記念誌』業績編 p. 12。
240) 前掲、『鶴原定吉君略伝』p. 99 は、「當時大阪市は特別市制撤廃以来僅かに 3 年

余、第一代市長任期の末期にして、市長の権威全く地を払ひ、市政紊乱の声喧(かまびす)しく」と述べている。

241) 東京の市政紊乱は有名で、片山潜も前掲、『都市社会主義』p. 10 で、「高級市会議員中には星亨の如き公盗の巨魁を出だせし」と指摘している。
242) 前掲、『毎日新聞七十年』p. 57。
243) 『大阪朝日』明治 35 年 10 月 7 日。
244) 同上、明治 35 年 8 月 29 日。
245) 前掲、『大阪市会史 第五巻』p. 482。
246) 大阪市『大阪築港 100 年上巻』大阪市港湾局、平成 9 年刊、p. 49 は「日清戦争後の経済発展や軍事上の必要といった観点からもっと大型の艦船が出入りできる本格的築港を設けるべきという声が高まってきた」と記している。
247) 明治 34 年春には第七十九銀行、難波銀行、北濱銀行など大阪銀行界で、銀行の取り付け騒ぎが起こり破綻が相次いだ。
248) 高橋亀吉監修『財政経済二十五年史 第七巻』実業之世界社、昭和 27 年刊、p. 578 の株式市況は、「明治 36 年は露国との外交問題勃発のため市況の回復なし。37 年は時々の戦報に一喜一憂して相場は小高下を為すにしかず」としている。
249) 前掲、『明治大正 大阪市史 第二巻経済篇 上』p. 547 は、この 2 年後の「明治 37 年 8 月大阪市は電気鐵道公債条例案を議したが、偶々日露戦役に際会して容易に進捗を見ず、戦後に及んでも起債に不利なる事情が多かった」として鉄道の公債募集の環境の悪かった状況を述べている。
250) 大阪市は、市会に西区九条から築港までの鉄道事業を明治 35 年 12 月に提案し、また翌年 11 月には大阪市内での市街鉄道は全て市営とする旨を市会に提案し、それぞれ可決了承されている。
251) 路面電車の市営化についても同じ問題があった。
252) 明治 25 年 12 月 24 日行政実例では「単に営利を目的とする事業は、市町村に於いて施行し得べきものにあらず」と定められ（前掲、關一『市営事業の本質』p. 3)、市営事業の経営原則は実費主義であつた。今回の大阪市のガス事業の場合の目的は市の財政立直しのための利益還元を標榜した以上まさに営利事業である。
253) 裁判所が地方自治体の営利事業を認定したのは、大阪瓦斯事件の 15 年後の大正 6 年 2 月 3 日の大審院の東京市営電気鐵道事件を嚆矢とする。判決要旨には「東京市内に於ける電車設備は市の営造物なるも、之によって経営せられる電車事業は営利を目的とする運送事業にして、其賃銭は市の営造物の使用料にあらずして」としている。判決理由のなかで「東京市営鐵道の如き主たる目的は東京市の営利にありと雖も、然れども公共の利益なること亦尠からざる」としている。この判決について美濃部達吉など行政法の学者は必ずしも賛成していない。
254) 明治 32 年 10 月の社会政策学会の市街鉄道問題に関する意見書は、「市街鐵道は公共の性質を有し独占事業たるをもって市有とするの必要を認めたるのみならず、其収益は確実にして其営業は容易なるを以て之を市の財源とし、市税に待たずして市の経費を支ふるの道を開くべきと主張している」としている。前掲、

關一『市営事業の本質』p. 26。

255) 外資の導入論では資本面が強調される傾向があるが、実際は大阪瓦斯には技師長としてキャロル・ミラーが派遣されているし、ブレディの斡旋で海外の機械や資材の購入を果たしておりその他の技術的指導についてもブレディの協力が大きい。前掲、『片岡直輝記念誌』業績編、p. 18。

256) 横浜瓦斯も東京瓦斯も上海から招聘したフランス人技術者プレグランが指導している。東京ガス『がす資料館年報　NO 5』東京ガス、昭和52年刊、pp. 54-56。

257) 市制の第2条では「市は法律上一個人と均しく権利を有し義務を負担しすべて市の公共事務は、官の監督を受けて自ら之を処理する」とあって、市の業務は全て上級官庁の指揮下に置かれていた。

258) 鶴原市長は市民同志会の代表委員との会合で、仲裁に対する貴見如何という委員の質問に、「大阪市の名誉を汚さざるの条件なりと信ずるものを提出し来るときは何時にても其交渉に応ずべし」と答えている。『大阪朝日』明治35年11月2日。

259) 前掲、『片岡直輝翁記念誌』p. 230。

260) 『大阪毎日』明治35年8月10日。

261) 『新聞集成　明治編年史　第13巻』財政経済学会、昭和9年刊、では明治41年12月9日の『東京朝日』のつぎの記事、「瓦斯や電気は場所によると引用に高い経費を要する」として最初の引き込み工事費が高いことをあげ、そのために「瓦斯・電気の大敵出現にも拘わらず軒燈は依然として石油独占」を掲載している。

262) 本来、府知事指令第19条（巻末資料1「農商務大臣の発起認可書と府知事からの指令書」）で、「指令から起算して10ヶ月以内に事業に着手しないと効力を失う」とされていた。

263) 前掲、「大阪瓦斯日誌」では鉄管敷設延期願について明治35年7/8、10/8、明治36年2/8、5/9　に記述がある。

264) 大阪ガス『明日へ燃える　大阪ガス80年』大阪ガス、昭和61年刊、p. 9。

265) 前掲、「大阪瓦斯株式会社事業沿革史」。

266) 安政4（1857）年〜昭和18年　東京帝国大学教授　染色術の権威で日本初の工学博士　片岡とは平賀が大阪陳列所所長になってからの友人。

267) 前掲、『片岡直輝翁記念誌』pp. 79-80。

268) 大阪瓦斯の開業準備の工事は日露開戦の時期と重なったため外国品の購入に支障がでて、片岡は渡米してアメリカ、ドイツからのガス発生資材、メーターなどの供給資材の調達と建設請負の支援をブレディに要請している。前掲、『片岡直輝翁記念誌』業績編、p. 18。

269) 前掲、『大阪市会史　第五巻』p. 482。

270) 前掲、關一「大阪市に於ける報償契約について」pp. 88-9。

271) 大正7年10月から同12年11月まで。

272) 前掲、『大阪市会史　第五巻』p. 536。

273) 同上、pp. 562-6。

274) 前掲、『大阪市会史　第六巻』p. 479。電柱本数を過少申告した脱税事件。

275) この点に関する先行研究として前掲、梅本哲也『戦前日本資本主義と電力』および前掲、高寄昇三『近代日本公営交通成立史』がある。
276) 別に明治38年7月の佐世保市と大阪電燈佐世保支店との契約を電気事業での報償契約の嚆矢とする指摘もある。関西電力『関西電力五十年史』関西電力、平成14年刊、p. 52。
277) 報償契約締結方大蔵大臣通牒、明治44年3月31日（一発第3078号稟）大蔵次官より東京市長へ「特別税、電話税及瓦斯管税変更及増額の結果は非税者たる電燈、瓦斯会社の負担をして著しく其の権衡を失わしめ（中略）明年度以降は電燈、瓦斯会社に対し同一歩合により其の割合の一部を納付せしむる制度に改め会社との間に報償契約を締結し右特別税は廃止相成様致度此談依命及通牒候也」と通達した。
278) 鈴木慶太郎「道路占用と報償契約」『道路改良』道路改良会、第21巻3号、昭和14年刊、p. 66。
279) 前掲、本間武「瓦斯事業と報償契約」p. 42。
280) これらの事例は電気経済研究所『報償契約質疑録（Ⅲ）』電気経済研究所、昭和8年刊および東京市政調査会『瓦斯事業報償契約』東京市政調査会、昭和3年刊を参考にした。
281) これらの事例は、前掲、『報償契約質疑録（Ⅲ）』および東京市政調査会『電気事業報償契約』東京市政調査会、昭和3年刊を参考にした。
282) 先行業績としては法学界の多くの議論がある。その代表的な主張をあげれば、美濃部達吉は「市は法律上このような契約をする権能がない」とした無効論を、田中二郎は「各々の条文には私的契約をもっているのもあり、当然無効とする理由はない」の一部有効論を主張している。
283) 大正12年7月10日大審院判決。
284) 岸同門会『岸清一訴訟記録』巌松堂書店、民事編第3輯、昭和11年刊、p. 5。
285) 大正3（1914）年大阪瓦斯は原価低減のため堺市の堺瓦斯を買収合併することを決し、報償契約の約定により大阪市へ協議を申し込んだが、供給地域に堺市がはいると買収や報償金の大阪市との配分問題で調整問題が生ずるなど「堺瓦斯合併は瓦斯事業の市営主義に反するのみならず後日紛議の原因たるべき種々の事情存する」ことになり「会社の利益になっても大阪市に不利益になる」として市会は否決した。『大阪毎日』大正2年7月16日。
286) 主要論点の考察については、前掲、『報償契約質疑録（Ⅲ）』と前掲、『電気事業報償契約』および前掲、『瓦斯事業報償契約』を参考にした。
287) 大正8年の道路法の成立までは、道路が営造物かどうかは法的に明確ではなかった。
288) 東京ガス『東京ガス百年史』東京ガス、昭和61年刊、p. 47、p. 51。
289) 1875年イギリスガス法に規定された。田川大吉郎「瓦斯事業法に於けるスライディングスケール」『都市問題』東京市政調査会、第4巻4号、昭和3年刊、p. 30。
290) 岡山瓦斯の報償金は利益の3％であるが、配当を7％以上した場合は5％に増額することとなっていて、報償金Ⅱの考え方が混入している。

291) 総括原価方式とは、公益料金の算定に、サービスに必要な費用と適正利潤を丁度賄えるように設定する方式。戦後、GHQ の手法を改良したもので、鉄道、航空、ガスなどの料金設定に使われてきた。
292) 大阪瓦斯の場合は契約満了の期間の定めがなく、買収条項のみ 50 年後としている。
293) 株主総会の特別決議などの手続きを必要とするのではないかなどの疑念。
294) 前掲、『新修大阪市史 第六巻』p. 16。
295) 吉本義秋『大阪人物小観』吉本義秋、明治 36 年刊。
296) 前掲、『鶴原定吉君略伝』p. 108。
297) 前掲、『大阪市会史 第六巻』p. 202. 。
298) ラードブルッフ/田中耕太郎訳『法哲学』酒井書店、昭和 39 年刊、p. 5、pp. 104-105。
299) 電力政策研究会『電気事業法制史』電力新報社、昭和 40 年刊、p. 67。
300) 前掲、『鶴原定吉君略伝』p. 104。
301) 本書では概ね大阪市の財政を、大きく第一次世界大戦までと両大戦の間の期間（戦間期）と、第二次世界大戦以降の 3 区分にして述べる。したがってここでは第一次世界大戦までの大阪市の財政を記述する。区分については、阿部武司「戦間期における長期不況とその克服」『新版日本経済史』放送大学教育振興会、平成 20 年刊、p. 98 による。
302) 大阪市では国家財政と同じく、一般行政に関する収支を経理するための普通経済と、公企業その他の各種事業をそれぞれ別に独立して会計処理するため特別経済を設けてきた。
303) 明治 36 年に一部完成をみて開港したが工事は続行された。しかしその後の財政の窮迫は工事の続行を許さず、大正 4（1915）年度限りで工事を一時中断した。しかし第一次世界大戦による経済が好況に転じ、大正 7 年に工事を再開して昭和 4 年に完成した。
304) この削減の影響でペストの予防対策が不十分となり明治 38（1905）年に大阪でペストが大流行したため衛生費予算は復元している。
305) これは 1 期工事であるが、明治 33 年、41 年、大正 15 年と人口増大にしたがって拡張された。
306) 前掲、大阪市『新修大阪市史 第六巻』p. 403。
307) 大阪市電気局『大阪市営電気軌道沿革誌』大阪市、大正 12 年刊。

第Ⅱ部
大正・昭和初期の報償契約

第Ⅱ部　大正・昭和初期の報償契約

第1章　報償契約をめぐる紛争

　報償契約は、私設の会社に公益事業の独占を認める反対給付として、地方自治体が未整備な国法に代替して事業を規制する仕組みであった。しかし国の法規は電気・ガス・鉄道のそれぞれで規制の強さが異なった。ガスについては事業規制のための法規が全く無いのに対して、電気では明治24年に保安対策を主眼とした電気営業取締規則、明治29年に電気事業取締規則が公布され、明治44年に事業の許可制・料金届出制を盛り込んだ電気事業法が公布されている。また鉄道ではさらに遡って、当初から軍事産業としての色彩もあり、私営鉄道には明治22年に私設鐵道条例、明治33年に私設鐵道法が公布された。開業時には詳しい計画書とその実施報告書の提出が義務付けられ、運賃も規制され、なによりも免許後25年経過での国の買収権が入っているほど統制色の強いものであった。ちなみに鉄道は電気、ガスとちがって国営が中心で私営鉄道は例外的扱いであり、したがって鉄道という事業を束ねる鉄道事業法という名称の法令は昭和61（1986）年の日本国有鉄道の民営化までは存在しなかった。

　したがって報償契約は、それらの規制法規を補完する部分に存立していたので、ガス事業、電気事業、鉄道事業の順で伝播していった。

　報償契約を巡っていくつかの紛争も発生した。契約形式は自治体と事業者間の対等な私法上の契約であるが、道路の「占有許可[1]」という事実上の絶対的権限をもつ自治体と全く対等な交渉はありえなかった[2]。そのため事業

第1章　報償契約をめぐる紛争

者側にかなりの負担が生じ、後日の紛争になることがあった。報償契約の約款のなかで、事業者にとってもっとも抵抗があったのは買収権条項と料金協議条項の2つであった。

　まず前者の買収権とは当該自治体が希望すればその事業を買収できる権利を留保することである。しかし買収条項があれば、会社の成長による将来のキャピタルゲインが期待できないため、株主の投資意欲が下がり当然株価は下がる。つまり純然たる営利事業から今日でいう BOT[3]（Built Operation and Transfer：民設民営／一定期間後の公有化）に転じてしまうことになるので、会社の株式は大きな制限をもつことになる。いわば一定期間後道路になる予定の用地を買うのと類似している。とくに報償契約が会社設立時でなく株式払込後に起こる場合には株価下落のリスクが残る。当然、総会の決議事項である[4]。買収の据置期間が大阪瓦斯のように50年という長期間を経た場合には経営環境の変化への漠然とした期待もでてくるが、短い期間の場合には現実問題として紛争が表面化する。事例として後述の大阪電燈と函館水電がその代表的事例である。

　つぎに後者の料金協議の問題である。料金の問題は自治体にとっては市民生活に直接に関わり、その監督業務は自治体の重要な使命である。一方会社の経営面から考えても、料金政策は、経営要素としてもっとも重要なものである。報償契約では料金変更に関して市との協議が義務化されるので行政の公正迅速な判断が求められるのである。実際に、大正7～9（1918～20）年の物価暴騰のときの全国のガス事業の事例が挙げられる。それは第一次世界大戦時以降に、原料の石炭価格の高騰に際して、自治体が市民向けの政治的配慮から料金値上げに受身になりすぎ各地のガス会社の倒産を見たことである[5]。大阪瓦斯の社史『明日へ燃える大阪ガス80年』ではその時の状況をつぎのように記している。

> 大正6年末1000立方フィートあたり2円に対し30銭の値上げが、申請以来8ヶ月を経てやっと同意を得るといった状況で、〔その間に〕経営はさらに悪化をたどり、配当もかつての10％を5.6％に低減せざるを得ない状況となった。またこの間高騰し続ける他燃料と比べて、〔価格凍結

117

されている分ガス料金が相対的に〕低廉となり、かつ便利さからもガスの需要は増加する一方であったが、販売すればするだけ赤字になるため、ついには新規顧客の勧誘を中止した[6]。

このようにガスの生産販売だけでは経営が行き詰まり、コークスなど副産物の収益[7]でようやく経営が維持できた状況であった[8]。

帝国興信所発行の『財界二十五年史』は、「欧州大戦勃発以来物価の昂騰空前と称せられ就中瓦斯事業に最も必要な、否唯一の原料たる石炭市価の暴騰に累され、各会社ともに経営漸く困難となり其の大部分は欠損に甘んずるに余儀なき状態に陥つた」として巻末の資料11「石炭価格とガス料金」の数字をあげ、「炭価の昂騰と瓦斯料金の値上が其率の相伴はざる甚だしきを窺がい得るであろう」としている[9]。この資料によれば、石炭価格の上昇が4倍前後であるのに対し、ガス料金は50％増しか認められなかった。石炭の相場価格はガス会社にとって市場操作できないだけに、相場の大きな変化をガス価格に反映する仕組みが報償契約の中に入っていなかったことにこの事件の原因があった[10]。この経験を経て事業の育成の見地からもガス事業法の制定を望む世論が強くなってきた[11]が、その実現は大正12（1923）年まで待たねばならなかった。

これらの紛争の中で特に大事件となった大阪電燈事件、東京瓦斯事件、函館水電事件、名古屋鐵道事件について各社の社史などを参考にしながら以下に詳論し、その結果に至った要因を分析したい。

1. 大阪電燈事件

明治20（1887）年頃の大阪は、都市圏を形成しているが、東京に比べると照明の分野では相当遅れていた。東京は既に石油ランプの時代も峠を過ぎてガス灯の時代が始まっていた。一部には電灯の世界も出現していた。大阪では一部有力者がガス会社の設立を企画しようとしたが、東京電燈が短期間でガス灯市場を侵食する勢いをみて電灯事業のほうがはるかに勝るとの主張も

あり、土居通夫が経済界を意思統一して電灯会社の創立を図った。発起人には鴻池善右衛門、住友吉左衛門ら18名の大阪を代表する経済人が名を連ねた。明治21年に土居が社長に就任して大阪電燈は設立された。

発電機には、東京電燈の直流低圧方式に対してトムソンハウストン社の交流高圧方式を採用し、翌22年5月に発電能力30kwで営業を開始した。開業当初には経営危機に直面したこともあったが、明治30年以降は大きく成長し、同37年に堺電燈、翌年に浪花電燈をそれぞれ買収してその地位を確かなものとした。発電規模も4発電所合計で2万5千kwの東洋一の火力発電所をもつことになった[12]。

さて明治36年に大阪市と大阪瓦斯との紛争はようやく解決した。大阪市の鶴原定吉市長は、公益独占事業は公営であるべきだという持論をもっていたため、未だ民営の手がつけられていなかった市街鉄道は大阪市営で開業することとし、第Ⅰ部第8章で触れたとおりガスは50年間に限り私営を許し報償契約方式で契約した。さらに電灯についても、既に開業して15年を経ている大阪電燈と報償契約を結ぶことを図った。しかし大阪電燈は大阪市に対し道路使用料とし電柱税を支払っていたため[13]、大阪瓦斯のように「道路使用に便宜を与える」ことを契約交渉の口実にはできなかった。ところがたまたま大阪電燈が大きな漏電事故を起こしたことで、行政としての「安全監督権」を新しい切り口とした。

まず市会は、明治36年11月9日に「電燈会社に関する建議」として、「数日前、電燈線の惨事があり、多数の生命財産が灰燼に付した。大阪市長は充分これを監視し注意を加えることが当然の義務である。近来〔大阪瓦斯が〕報償契約を履行せんとする時に際し、電燈会社に対しても市長は決して黙視すべきでない」として、大阪電燈と報償契約を締結し電燈会社を監視すべき旨を決議した[14]。

同月鶴原市長は大阪電燈社長の土居を招致して、市と会社との間の報償契約の締結を提案した[15]。内容は、①公共街灯の料金の20%引、②料金値上げの際の市との協議、③純利益の5%の報償金、④配当、準備金を差し引いた残額の4分の1の納付金、⑤資本、社債の増加および合併の場合の市と

の協議などを会社の義務とし、市側の義務は、①電灯事業の独占の許容（但し市営の場合は除く）、②道路の無償使用などである。大阪瓦斯との違いは、独占を許容はしているが、一部市営による発電・配電の道を残していること[16]、電灯を除いて電力はこの契約の対象外であること、営業年限を30年としていることであるが、ここでは買収権条項[17]のが入っていないことに注目すべきである。この内容で両者は明治38年7月に仮契約をしたが、その後の鶴原市長の辞任や市会の修正要求で調印に至らなかった[18]。

その均衡を破ったのは、翌年の明治39年3月、大阪電燈が市に収める電柱税の脱税事件が発覚したことと、同年5月大阪市が電気鉄道の付属事業として電灯および電力の供給事業を自らも経営することを決議した[19]ことであった。これらは大阪電燈に大きなダメージを与え、同社と市との交渉は急速に進み同年7月に契約締結に至った。会社側は、不幸な事件が重なったため交渉力が弱くなり、前年の仮契約よりも会社にとって不利な条項を呑まざるを得なかった。

その内容は、①街灯の公用料金を30％引とする、②大阪市内の過去5年の電灯売上高平均額から電柱税を控除した残額の6％ないし2％のランク別報償金を支払う[20]、③料金の引上げは市と協議する、④水力を電源にする場合、料金引下げについて市と協議する、⑤市の要求する供給地域へ電灯線路を拡大する、⑥15年後市の希望によっては会社を買収することに応ずるなどを会社の義務とした。市側の義務は、①電灯事業の独占を許容する、②道路を無償使用させるなどである[21]。大阪瓦斯の場合との大きな違いは、買収条項の満期が大阪瓦斯は50年であったのに対し、この契約では僅か15年であった点である。

報償契約の成立で大阪市は、大阪電燈による電灯事業の独占を認めたため、明治39年9月市営による電灯事業の計画を放棄し、電力事業のみを市営することにした[22]。そのため市内では、電灯事業は大阪電燈、電力事業は市がそれぞれ営なむことによって棲み分けることになった。

一方、既に明治39年に宇治川流域での水力利用を目的とした宇治川電気が設立され、大阪電燈には大きな脅威となっていた。結局明治44年に両社

間に電力供給契約が結ばれ[23]、①大阪電燈は宇治川電気から 20000 kw の電力供給を受ける、②電源開発については、大阪電燈は火力に、宇治川電気は水力に各々特化する、③事業分野は、大阪電燈は電灯、宇治川電気は電力の各事業を各々専業とするとした分野調整が行なわれた。

　宇治川電気も、大阪市内への電力供給を目論んで、明治45年に大阪市との間に報償契約を結んだ。この契約は大阪電燈に対するそれに比べ市は妥協的であった。市営電力の供給地域は市街電鉄の周辺に限るとして棲み分けをしたことや買収条項が挿入されていないことなどが特徴であった[24]。買収条項がなかったのは、もともと宇治川電気は京都、滋賀及び東京の経済人がつくり淀川流域の数府県にまたがる電源開発を主眼としていたので、大阪市だけの地域の会社とは考えられなかったことによる。ちなみに契約締結当時の宇治川電気社長は大阪市会議長の中橋徳五郎であり市との交渉能力も強かったといえる。

　電力供給契約により大阪電燈は、宇治川電気から電力供給を受けるにあたり、大阪市との報償契約第6条に「会社に於て水力を原動力に使用せんとする場合は予め電燈料金に関し市の承認を経べし」とあるため、明治44年に市に対し料金の値下げ改定を申請してきた。しかし、市は更なる値下げを主張し、併せて既存の報償契約に加え、①増資及び社債発行の場合は市と協議する、②電灯25万灯増加ごとに料金を値下げする、③経費節減による料金値下げを市と協議するという新たな3条件を追加要求[25]した。会社はそれらを認めず膠着状態になった。

　大正2年になり、市は料金改定で交渉しているよりも、むしろ一挙に会社を買収しようと方針を変更し買収交渉を行った結果、土居社長もついに、市と争いを長く続けると市民の反発を呼ぶことを危惧し、提案に応ずることになり漸く成案をみた。しかし市会は買収価格が高すぎるとして否決し、このときは買収には至らなかった。そこで会社は再度料金問題に戻り料金改訂の再申請をした。しかし市会は、会社が宇治川電気から電力を購入すれば、料金をさらに下げる余地があるとして応じなかったので、紛争になり、大阪府知事の斡旋で、仲介者として村山龍平、本山彦一、小山健三が選ばれた。調

停の末同年秋に値下げ改定が可決成立した。このとき会社は契約の追加覚書として、資本金および社債についての一定[26]以上の増加と合併の場合は市と協議するという追加項目を容認せざるを得なかった[27]。

　第一次世界大戦期に日本経済は活況を呈した。大阪電燈も火力発電所の充実に力をいれようとした。しかし報償契約による料金の硬直化と石炭価格の上昇とによって収益が落ち込んだことと、前述の報償契約の追加条項による資金調達の制約から設備更新、増設の投資は進まなかった。その上、土居社長が死去し、代ったトップ経営者と大株主との意見対立や労働争議の発生等さまざまな難問が生じた。

　大正9（1920）年大阪電燈は原料高を理由とする電気料金の値上げを申請したが、市が申請額を圧縮査定したため、今度は逆に会社が市に買収を求めた[28]。同年買収交渉が行われたが、送電線の査定評価と発電所のどこまでを買収するかが対立点になった。交渉過程には大阪電燈側に大きな抵抗があったことが新聞報道で窺える。大正11年10月17日『大阪毎日』は、大阪電燈側の交渉委員の発言として「報償契約を結んだ当時と今日では事情が相違している（中略）大正9年の増資の際の株主総会に於て社長が〔電気事業法、道路法の成立で〕旧報償契約は無効だという意味のことを述べて〔増資の〕承諾を得たのだから会社側として買収は困る」とし、また「報償契約による全部買収の価格算定方法では（中略）会社側の不利益は免れない。（中略）あの報償契約は土地に対して市が拒否権を持っていた時代の産物であって電気法実施[29]とともに市の拒否権は消滅し之が監督権は逓信省に帰しているから旧契約は亡んだものであるとするのが大阪電燈の解釈である」と主張したと報じている。交渉は一時決裂したが、結局大阪府知事の斡旋で大正12年3月に買収は成立した。大阪市では電気局を新たに設置して約1000人の大阪電燈の従業員が転籍した[30]。

　『関西電力社五十年史』は、大阪電燈の買収に至る評価として「第一次世界大戦前後までの大阪電燈は良好な経営数値を示していたが、大戦後には経営危機が顕在化することになった。これは直接的に日露戦争後から進めてきて大容量火力発電所の負の効果によるものであったが（中略）土居通夫が死

去したことも交渉力低下に影響した」としている[31]。

そのうえで大阪電燈の歴史を見て、既に開業して15年も経ち隆々と活動を続けていた会社が、報償契約を締結し、買収にまでいたった制度的要因を考えてみる。経営外の要因として2つあると考える。

第1に、報償契約にいたる段階で大阪市自身が、地方自治体として市民を代表する中立的立場にありながら、自らも市街電鉄の兼営事業者として電気事業への参入の意欲を示した[32]。報償契約はその表向きの顔であり、本音としては報償契約締結のとき以降大阪電燈の市営化を狙う公共体の顔をもった競争事業者でもあった[33]。大阪電燈の事故に対する責任を理由にして保安責任を大義名分にたて報償契約を締結した。当初から料金協議も増資協議も買収のための一手段に過ぎなかった。すなわち行政的立場と事業者の立場の混同である。このため大阪電燈はこの次々と出される追加条項の公権力の濫用に抵抗しながらも結局は市の要求を受けざるをえなかった。

第2に、契約締結後、市との協議が順調に進められなかった。短期間で代わっていく[34]大阪市長の政権の弱さ[35]と、市会の党略的政治的圧力のため料金問題の解決が遅延し、大阪電燈の経営の手足を縛った。料金価格および投資という大きな経営要素について、党略政治が先行して迅速で公正な判断が期待できない市会の判断を仰ぐ[36]という仕組みそのものが問題であった。行政組織として参事会が機能せず、個々の行政判断に結果責任を伴わない市会議員が、自らの立場を恣意的に主張し権力が分散して何ごとも決められないという議会の仕組みは、暴走する行政をチェックする否定的機能はもちえても、難題を解決する能動的創造的機能は持ち得なかった[37]。大阪電燈も市会の専横による犠牲者ともいえる。

一方、経営側の問題として大阪電燈自身のもつ要因として3つを指摘したい。

第1に、電気を取り巻く経営環境の変化への対応の誤りである。火力から水力への電源の変化傾向、販売面での重点が電灯から電力へと変化した傾向についての見通しを誤ったことである。宇治川電気との分野調整で火力と電灯に分野を絞って身の安全を図ったことが裏目に出て長期的経営判断の間違

いとなったこと、すなわち南亮進のいう「第2の動力革命」[38]の変化が見通せなかったといえよう[39]。

第2に、漏電問題、脱税問題、労働問題など経営の根幹に関わることを自ら処理できず、他者の介入を許し、大阪市民の理解を得られなかったことである。ガバナンスが弱く、社会的存立基盤が何度も揺らいだ。報償契約を締結した背景にもこの不祥事問題があった。

第3に、大阪市との交渉力の拙劣さである。大阪市の介入に対し毅然とした点がなく、新聞などへの広報力も弱く、却って市会の反発を呼び大阪電燈への批判が議会の常態になっていた。

2. 東京瓦斯事件

東京瓦斯は明治30（1897）年代半ばから炊飯に便利なガス釜を考案するなど灯火から燃料へと営業の比重を移し、副産物としてのタールやコークスの販売を伸ばし、日清・日露の両戦役でガスの需要も増加して、業績は頗る良好であった。

長い間東京瓦斯と横濱瓦斯の2社のみであった日本のガス事業もようやく発展の気運が至った。明治34年に神戸瓦斯が開業して以降、明治40年前後に営業を開始した主なガス会社は、大阪瓦斯（明治38年）、博多瓦斯（同39年）、名古屋瓦斯（同40年）、金澤電気瓦斯（同41年）、豊橋瓦斯（同43年）、京都瓦斯（同43年）、廣島瓦斯（同43年）、堺瓦斯（同43年）、仙臺瓦斯（同43年）、濱松瓦斯（同43年）、門司瓦斯（同43年）であり、各地はガスブームを迎えた。

これらのガス会社は全て民間資本であり、大阪瓦斯を嚆矢に報償契約を自治体と締結することが慣例となった。先に開業していた神戸瓦斯なども創業7年後に報償契約を締結した。当時、欧州の公益事業では公営化が一般化しており、片山潜などにより都市社会主義の考え方が日本にも紹介されて当時の自治体にも大きな影響を与えた。

この風潮は、東京市長尾崎行雄[40]にもあてはまり、彼は公益事業が「道路を使用しあるいは空間を利用する等、皆市より特別なる恩恵を享け（中略）そこで市民は自己の利益を保護すべきためには自ら進んで、之等の事業を経営する個人の利益を制限する権利があらねばならない[41]」として事業規制の必要性を認識した。しかし尾崎は、その方法として当該公益事業を規制することよりも競争で刺激する道を選んだ。

まず電灯事業では、東京電燈の独占状態のところへ明治40年に東京鐵道における併営電燈部門の拡張を唱え[42]、さらに明治44年には日本電燈の開業を認め、これら3社による競争状態をつくり出した[43]。

ガス事業でも東京瓦斯は創業以来東京市唯一のガス会社として発展してきた。もともと東京府瓦斯局でスタートした由来はあったが、東京市とは工事の許認可を除いて電灯や鉄道馬車と同じように、道路使用料として鉄管税を支払っていただけであった。大阪瓦斯の場合のような利益配分としての報償金の支払いもないかわりに市による独占の公認もなかった。

東京瓦斯が報償契約を締結するに至った経緯は同社の『東京瓦斯九十年史』[44]に詳細に触れられているが概ねつぎのとおりである。

尾崎は明治43年に、東京瓦斯の競合者として千代田瓦斯（資本金1千万円）に道路の占用を認めた。同社は芝浦埋立地に1万坪の製造所用地を東京市から買い受け、東京瓦斯の料金単価である1000立方フィートあたり2円40銭より安い1円80銭の料金で、翌年から営業を開始することにした。開業にあたりこの会社は市と報償契約を結んだ。①市の公共建物用のガス料金を20％引とし、②純益金から法定積立金と準備金として各々5％を控除し、さらに7％の配当を実施したあと、なお過剰金があればその6分の1を報償金として市に納付する[45]という内容であった。この「報償契約への誘いの話は東京瓦斯には全くなく、さすがに創業者の澁澤榮一も無視されたことで臍をまげた」という[46]。

尾崎市長の競合策については、当初から東京市会においても競争による共倒れを危惧する指摘もあったようである。危惧されたとおり、次第に競争が先鋭化して、同一道路に両社のガス管が埋設されるなど、交通が妨害され商

店の営業に支障を来たしだした。競争がこのまま続けば将来共倒れとなることが明瞭となってきた。東京市が千代田瓦斯を認めた最大の理由であったガス料金の値下げはもはや望めず供給の不安定化が心配され、二重投資による高コストで世間の批判を浴びることになった。いわゆるゲーム理論でいう「クールノーの複占の道」を、歩み始めたのである。

　この競争を見かねて早くも明治 44 年に両社を合併するという話が、東京電燈社長の佐竹朔太郎などの仲介により始められた。開業したばかりの千代田瓦斯に対し、東京瓦斯は開業 20 年を超え、堅実な経営により 10% 以上の配当を実施している優良会社であった。しかし仲介は対等合併を前提にしていたため、交渉の成否は困難を極めたが、千代田瓦斯の開業後 40 日余りの同年 8 月に両社の合併が合意され仮契約が結ばれた。

　つづいて東京市とこの合併の同意をとる交渉が始まったが、競争状態をつくって市民の利益を図ろうとした尾崎市政の思惑の外れたことでもあり、再度市民の利益をはかる目的を達成する代替手段として市から執拗な報償契約案がでてきた。東京瓦斯としても年々上昇する鉄管税に振り回されてきた煩わしさもあり、なによりも千代田瓦斯との競合の教訓もあって、「東京瓦斯は東京市で唯一独占を許された会社である」ことの保証を選んだ[47]。明治 44 年 11 月に報償契約は締結され、これにより両社の合併も承認され独占認可の目的は達成された。

　この契約の内容は、先行の大阪市・大阪瓦斯の報償契約その他を下敷きにしていたものの、それまでの経緯もあり、東京市民の利益の保護を強調する必要から、両者合意とはいえ大阪瓦斯のそれに比べると東京瓦斯にとって過酷なものであった。以下に両社の契約を比較してその内容を考察する。

① 料金については千代田瓦斯の 1000 立方フィートにつき 1 円 80 銭に下方統一され、かつ明治 46 年 7 月からはさらに 6 銭の値下げとする（5 条）。対する大阪瓦斯では 2 円 40 銭であった。
② 純益の 6% の報償金を納付する（8 条）。大阪瓦斯では 5% となっている。
③ 標準配当は 9% とし、それ以上の利益過剰額があるときには、半額を料金引下げの原資として運用する（6 条）[48]。一方大阪瓦斯は標準配当を 12

％とし、その控除後の利益の4分1を市に納付する。いずれもスライディング・スケール条項の応用ではあるが、東京瓦斯の場合は料金引下げに直結している。これは日本では唯一の事例であった[49]。

④市が事業の買収を希望すれば、会社は拒否できない（13条）。他の報償契約は全て一定期間を据え置く、いわば停止条件付契約であり大阪瓦斯の場合も50年後以降とされた。東京瓦斯の買収条項に期間としての停止条件の規定が無いことは、市が希望すればいつでも可能とも解釈される危うさが含まれていた。

⑤契約期間は30年とする（15条）。大阪瓦斯は期間の規定なしという特異な契約である。

その他、東京瓦斯の義務として、料金引上げ、資本金の増減、一定額以上の借入金及び社債の増加に関する協議が明記され、東京市の義務として、1社独占の容認、鉄管税その他の税をとらないことなどが定められた点は大阪瓦斯の場合とほぼ同様である。

この契約の締結は、同社の経営を大きく阻害した。「千代田瓦斯との合併はなり、〔報償〕契約は当事者双方の努力により締結されたのであるが、この契約は大正に入って、さらに昭和初期に入ってまで病巣となって潜伏するものとなり[50]」以降の東京市との相克の源になった。

大正に入り第一次世界大戦中および戦後の石炭価格の高騰はいずれのガス会社の経営維持も困難にした。東京瓦斯も同様で、大正7年10月に市に対して契約第6条により1000立方フィートあたり1円75銭の料金を2円75銭への大幅値上げを申請した。しかし市会は全般的な物価高騰のなかでの公共料金の値上げを躊躇したため、会社の取締役及び監査役全員の辞任にまで至った。結局1年近く経て大正8年9月、半額の50銭の値上げに圧縮査定され2円25銭で決着した。報償契約の料金規制のこの扱いについて前掲、『東京瓦斯九十年史』は当時の経営の苦悩をつぎのように吐露している[51]。

> この1年間にも諸物価は高騰を続けているのに公共料金として商品代価にスライドできず、それらに耐えて事業を維持して行かねばならなかった。極限ぎりぎりに追い込まれて料金の改定を決断せんとすれば、世間

はたった1つの事業体の行為に対し、独占事業でありながら改定するといっていっせいに批難した。これは前後味わったことのない激烈なものであり、料金は改定されたものの後に苦いものを残した。

大阪瓦斯の場合も市の料金値上げの決定の遅延が社長辞任に及び、全国でも多くの倒産するガス会社がでて、後日の瓦斯事業法成立の大きな要因となった。とくにこの東京瓦斯の場合の不幸は、「当時、政友会、憲政会両党の主導権争いは猛烈で中央政界では阿片事件、満鉄事件などの事件がおこり双方が新聞での暴露合戦が続いた状況のなか、東京市も一連の疑獄問題が続発し[52]」、市会の腐敗も世に喧伝されるまでに悪化して[53]正常な決定ができなくなっていた。

大正8（1919）年にはいり道路法が制定されたときの東京瓦斯社長は、社外から招聘され、大審院検事、司法省次官を歴任した司法界の長老石渡敏一であった。石渡は会社が報償契約の束縛から逃れる手段として司法的解決を選び、「道路の管理は自治体の手を離れたので道路使用に伴う報償契約は私法上の契約としては無効」として破棄を申し出て、市への報償金の支払いを拒否した。それに対し、市は道路工事許可の引き延ばしで対抗して両者は乱戦状態となった。

そこで石渡は、これを打開するため「道路法の施行で、市との報償契約は私法上の契約としては無効である」として大正10年7月「法律関係不存在確認訴訟」を提起した[54]。一方の東京市は報償契約の性質は、私法上の契約でなく道路の特別使用を原告会社に特許した行政処分であり、この契約での権利義務が道路法の施行で消滅したことを確認する訴えは司法裁判所の管轄ではないと抗弁した。

東京瓦斯の訴訟代理人であった原嘉道は、この経緯について、「彼〔東京瓦斯石渡社長〕は会社の歴史が屢々此の報償契約の存在の為めに汚されたことを深く遺憾とする一人で、常に此の禍根を一掃する好機を得んことを切望し（中略）道路法の施行により法律的に此の問題を解決し得べき機会が出現したとして、法律顧問の岸清一の意見を徴し我輩〔原嘉道〕にも研究を委嘱された」とした。また訴訟に至った背景として、それまでの市会におもねる

市長と会社との長年の不信感を指摘し、つぎのようにいう。

> この道路法では、道路の管理は自治体としての市の管理を離れ行政庁たる市長に移った〔次章3.の「道路法と報償契約」を参照〕のに、市長は報償契約の規定実現に関して依然市会の議決を求め、その議決なくしては実現できぬものとしている。このために汚職問題を惹起し、市会議員も会社の重役も共に処刑される醜態になった[55]。実に苦々しい限りである。世間では報償契約議案は汚職を伴わないと通過しないとの風評さえでている。このことは歴代市長の報償契約への識見がなく市会の関与を排除するだけの決心がないからで、法律家の頭では到底了解することが出来ない[56]。

しかし現実の会社経営では、大震災のあとの東京への人口の集中に対応するため設備増強に必要な増資が急がれた。大正13年になり、この訴訟は東京控訴院で審議中であったが、早急な判決が得られないため、同社は一方で、東京市に対して報償契約による9％の配当率の制限とスライディング・スケール条項の撤廃を求める請願をしたが、回答が得られないままになっていた[57]。

さらに会社は大正13年に2回、800万円の起債をしていたが、翌14年に新たに800万円の起債を必要としていた。この合計1600万円は資本金の4分の1を超えるため、契約による市との協議が必要であった。しかし資金の必要は緊急を要し、市には諒承を懇請しながら、市の承認を待たず一方的に起債に踏み切った。

また翌大正15年、会社は、4500万円の資本金を1億円へと増資するため、市にその承認を申請した。その際社債償還や製造供給設備の増強の必要が迫ってくるのに抗しえず、石渡と交代した小池国三社長が当該訴訟を取下げ、今後同一事案での訴訟を提起しないことを市に約して増資の承認をとった[58]。ちなみに訴訟の推移をみれば、第一審東京地裁では東京瓦斯の敗訴、控訴審東京控訴院も同じく会社が敗訴し、大審院に上告し差戻判決を得て初めて会社は勝訴し、東京控訴院で差戻審議中に上記のとおり取り下げた。

この取下げについて前掲の原嘉道は、つぎのように述懐した。

是非本件に於いて所謂報償契約の性質を解決して、全国的に市町村と瓦
　　斯、電燈事業者の法律的関係を確定し、且此れに依って、従来社会から
　　東京市会腐敗の一原因と看做されて居た一条件を払拭し去らんと意気込
　　んだが、愈々問題解決の彼岸に近づいたと思はれる程度に達したとき、
　　突如、会社当局者と市側の了解により訴訟は解消された。石渡博士はそ
　　の前既に社長の椅子から離れ、会社とは無関係の位置に在られたので、
　　この結末に対し如何なる感想を催されたかは知る由もなかったが、我輩
　　は実にがっかりしたのである。この事件で報償契約の性質〔の司法によ
　　る解明〕が未解決に終わったため、その後各地で争いが起こったが、あ
　　の時に解決して置いたら、との感が起こらざるえない[59]。

　会社は、訴訟継続状態での不利益と時間経過による損失の狭間で悩んだ結
果、取下げを取引条件としたと考えられるが、取り下げにより得た成果は乏
しいものであった。

　前掲の同社『東京瓦斯九十年史』はこれら一連の争いをつぎのように総括
している。

　　東京瓦斯は独占権確保のために奔命し、その結果は報償契約によって縛
　　られる。そして道路法、瓦斯事業法の制定につれて、かつて必死になっ
　　て入手した宝物を自らの手で廃物として棄却したい時期が到来するので
　　あるが、これも相手方か、もしくは公正な第三者によって認めて貰わね
　　ば身動きがならぬのである。[60]

　しかし後述のように、市と会社の紛争は昭和時代に入っても続いた。

3. 函館水電事件

　函館水電は、明治29（1896）年に火力発電を開業した函館電燈所を前身と
し、その後明治39年に水力に進出した渡島水電と合併し、同41年に社名を
函館水電と改めた。さらに44年には電気軌道事業にも乗り出した[61]。

　この頃、歳出が膨張する函館区（後の函館市[62]）と、独占的営業権による

安定経営を求める函館水電の利害が一致して大正3年1月19日に報償契約が締結された[63]。この契約では、報償金は純益金に対し電灯および電力が4％、電車は3％と決まった。その他道路の使用の許可、公用物件に対する料金の割引、料金値上げの際の市との協議などがあった。また買収条項として大正20年9月27日の契約期間満了の際、区が電車、電灯、動力供給の営業および之に要する物件の全部を買収せんとするときは、会社は之を拒むことを得ずと合意された。さらにその買収価格は、東京市内の株式取引所の過去5ヶ年の平均相場によるがその平均相場が5ヶ年の利益配当の20倍以上なる時はその20倍を買収価格と定むとした。ほぼ大阪瓦斯の報償契約と同じであるが、買収条項の据置期間が18年にも満たないことに特徴があった。

報償契約を結んだ10年後の大正13年、函館水電は札幌水力電気と戸井電気の2社と合併し[64]旧函館水電は解散するという仮契約書を交わして、その旨を函館市[65]に通知し、合併後も新会社は報償契約を遵守する旨約束した。しかしこの合併に反対した函館市内の世論は市会を巻き込みついに合併を中止させ、これを機会に会社を買収する交渉をすすめることを提案した。

しかし契約満期に到達していない時点での交渉は買収価格で難航した。市長は「価格算定は報償契約のなかに明記しているが、現時点での買収では多少の斟酌が必要であり、一定の年限で買収公債を償還し得る確実な採算のとれる適当な価格」を買収価格とした。さらに市は、会社が配当を10％から12％に増やしていることから、料金の値下げと軌道内未舗装部分の整備をも買収交渉の取引条件として交渉を続け、大正15年に1400万円で買収する仮調印をした。

しかし市民の間には、この買収価格を不当とする意見が噴出し、水電不当買収反対連盟による市民大会が行われ、また市会は市長派と反市長派に割れて紛糾したが結論は出せず、結局翌昭和2年、市会は1250万円に修正した買収価格を会社に再提案をした。会社側は既に仮調印の際の条件で函館水電を譲渡するとして株主総会の了承をとっているため、新提案に対しては「今更修正交渉の余地はない」とし、「仮契約以外の交渉は受諾の意志がなく第三者の調停も煩わす必要がない」として物別れに終わった。この頃、会社の

経営者には東京在住の経済界の大物幹部が就任し、かつ本社所在地も東京に移したため、函館市民にとっては地元企業としての色合いが薄い企業に変質していた[66]。

　報償契約が満期になる大正20年つまり昭和6年に入り、市長は前回の反省もあり、「買収価格は、決定の前に市会に諮る」ことを条件として函館水電を買収交渉する旨市会の決議を得た。その上で、交渉を円滑化させ決着させるまでは、報償金の取り扱いは従来通りとするように会社に申し入れたが、会社からは何の連絡もないままに同年9月に契約の満期を迎えた。

　期間満了直後の買収交渉は、函館市の買収提案価格が約1241万円、函館水電のそれが2460万円と双方の言い分の差は大きかった。会社側はまず当該契約の効力の有無を問題にして、契約による算定方式による価格では納得しないと言明した。昭和8年までに7回の協議をしたが遂に妥結はできなかった。市長はなお交渉に意欲を燃やしていたが、市会は訴訟の提起を決め、市は東京地方裁判所に権利関係確認の訴えをした。

　ところが、このとき市民の関心は買収よりも、電気料金の値下げに移っていた。ここで函館水電事件は最大の危機を迎えた。市民は電灯料値下げ市民権益擁護期成同盟会を立ち上げ電灯料金の20％、電力料金の25％のそれぞれの値下げを決め、①以後の電気代は要求する値下げ料金で支払う、②会社の集金人が値下げ料金を承諾しない場合は支払わない、③会社が電気の供給を止めた場合市民はその旨を期成同盟に通知するなどを言い合わせた。このことで料金滞納者が増え、会社はそれらの市民に供給停止を実施したため市内は緊張に包まれた。これを見た市民も続々と付き合い消灯で対抗してその数は市内1万2000戸に及び市中は暗闇状態になった。

　この状態に対し、監督官庁である逓信省は静観したため[67]、市と会社の交渉も難しくなり、全国に「暗闇の町・函館市」として紹介され市と函館水電との紛争は全国的な事件として知れわたった。会社側は、市民の「支払い拒否」の行動は期成同盟の煽動であるとして、期成同盟の幹部に未収債権の損害賠償請求の訴えを提起した。昭和9年までは一時休戦はあっても供給停止処置は続き、料金不払をした場合は病院でもその対象になった。

132

第1章　報償契約をめぐる紛争

「益々結束し初志貫徹を期す」として高揚する市民グループと供給停止をエスカレートする会社との抗争で閉塞状況はその極に達したので、札幌通信局長が、「市も会社も疲れ果てて争議解決の気運至る」として市と会社との和解調停を試みて一旦は休戦をみた。和解の内容は、①買収交渉の再開、②料金の支払い、③料金延滞料の協議、④訴訟の取下げであった。ところが、運悪くこのとき函館市は民家から発生した大火災に見舞われ、市役所を含む市街地の中心部が灰燼に帰して一時買収交渉どころの状態ではなく棚上げになった。

この間に、函館水電は資本金を1350万円から一挙に2800万円に引上げ、かつ帝國電力株式会社へと社名を変更した。この結果、市が会社全体を買収することは事実上遠退いた。ちなみに、報償契約には資本金の増額も社名変更も市の同意事項とは約定されていないので、会社はそれらを対抗手段としてとり得た。一方市会では災害からの復興が帝国電力問題より大切であるとする気運が強くなり、「帝国電力買収交渉休止」の建議案が可決され、交渉は一時休止となった。

昭和12年、買収に意欲を続けてきた市長が任期満了で退任し、翌年新市長のもとで帝国電力との関係にも新しい芽が見えてきた。この年、裁判所の和解勧告が出され両者が和解の意思のあることを表明したため、翌14年には裁判長の調停案がでた。この調停についても市民大会が開かれ屈辱的として反対する動きがあったが、市会は大差でこの和解案の受入れを承認した。

裁判所のもとでの和解として両者で交わされた新しい報償契約は、①帝国電力は報償金として毎年10万円を市に支払うが、この金額は利益金の6％を基準として5年毎に見直す、②市は電車および電灯・電力事業の経営をしない、③契約期間が満了した時に、市が同社を買収しようとした場合、会社は拒むことができない（買収価格は東京株式取引所の5ヶ年の平均株価とする）、④契約の有効期間は30年とする、がその骨子であった。

市は当初買収の仮調印をした大正15年以降、15年間も紛争を続け膨大なエネルギーを消耗したが、当初報償契約の報償金がわずか増額したほかは全くの振り出しに戻った。函館市の完敗であった[68]。その原因は、第1に、市

民運動が理想に走り法治主義の現実からはずれる行動が多く、自治体の考え方とも乖離していたこと、第2に、会社が不払い消費者に対し供給約款どおり供給停止を実行し無法な社会的圧力に屈しなかつたこと、第3に、報償契約に増資や合併など会社への財政的規制が約定されていなかったため会社がそれを対抗手段として使えたこと、第4に、会社と市民に翻弄される市とはその決断力と実行力の大きな違いがあったこと、第5に、紛争中に電気事業法および道路法が成立し、紛争の原点となる報償契約の効力問題が論じられるようになって市が解決の尺度を見失ったことである。

4. 名古屋電気鐵道事件

　名古屋電気鐵道は、明治27（1894）年に愛知馬車鐵道として設立されたが、道路が狭くなるとした沿線住民の反対で開業が頓挫したため、明治29年に電気鉄道へ免許を切替え、社名も名古屋電気鐵道に変えて再スタートした。明治31年には日本国内2番目[69]の路面電車を名古屋市内に開通させた。以降名古屋市内で路線拡張を進めるとともに、郊外にも路線を拡大させ、愛知県西部地区に鉄道路線網を築きあげた[70]。

　しかし明治39年頃から新線の増加と、区間制による料金の逓増に対し市民からの苦情が寄せられた。また会社は過度の利益をあげているとして市営論も持ち上がり、将来の市営への移管を前提として、報償契約を締結し報償金を市に納付させるべしとした議論が市会で論じられるようになった。それを受けて市長は会社に報償契約の締結を提案し、会社も時代の流れに抗しきれず、明治41年に両者の間で報償契約が結ばれた。

　契約内容は、25年が経過すれば市の希望により会社を買収できる（第1条）、会社は純益の4％の報償金を市に納付する（第2条）、運賃の値上げの場合は市の同意を必要とする（第5条）、市の要求する路線拡張に応ずる（第6条）、市は会社へ独占権を付与する（第7条）とするものであった[71]。

　大正3年頃、市民から会社に対し運賃の値下げ、営業時間の延長、線路・

車両など施設の改善、接続する他社の路線との連絡の改善などの要求が登場した。同社が高収益で株主へ10％の配当を実現していたことも批判の的となった。大阪市電を初め東京市電や京都市電など公営が出現したことに刺激されて市営論もでてきた。

当初名古屋市は、買収資金の目処がつかないことや会社と報償契約をした直後であることなどで買収には消極的であったため、市民の不満の捌け口は運賃制度になった。当時、市内線の運賃は、距離により変動する区間制をとっていたが、路線網が拡大したため多区間を乗車する客にとってはその逓増が高額な負担になり、運賃制度への不満が厳しくなっていった。新聞の経済記者で組織する理財研究会が新料金を提案するなど、連日各紙が値下げ問題を取り上げるので株価も急落した。会社は区間運賃制を維持しながら運賃の最低・最高限度を決める新しい提案をして市に承認を求めたが、市民がこの提案を不満として、運賃値下げ市民大会を開催し、5万人の市民が気勢をあげ、さらなる値下げを要求した。

この市民大会の開催では、終に市民が暴徒化して車両の破壊や会社の倉庫を全焼させるなどして、軍隊が出動する大騒動となった。そのため社長をはじめ全役員が辞職したが事件後も運賃論議は続いた。そこで会社は、東京・大阪・京都・横浜・神戸などの大都市の市内電車が均一運賃を採用していたことにならい、大正9年全線均一料金に改正する提案をした。

しかしこの時偶然にも、会社は自らの失火により主力の車両基地を全焼させて保有車両の40％相当の99両を一挙に失う大事故を起こしてしまい、市民サービスは大きく低下した。この事故で市会では、料金均一化の議論ではなく市営化実現の動きが活発になり、ついに市営化促進の決議がなされた。市長はそれを受けて市内線部分を買収する意向を会社に表明した。この急転直下の買収申入れについては、前年に道路法が公布され市の道路管理権限が消滅し報償契約が無効となるおそれがあったことや、この時期は第一次世界大戦後の不況に加え会社の上記災害のため株価が低落しその買収価格が安価になったことなどが影響したものと考えらている。

もちろん会社は路線の45％、収入の70％を占める市内線を売却すること

に抵抗した。そのために「道路法がどうであろうとも、報償契約は当分の間これを実行する」旨を誓約した覚書を市に提出するなどしたがとうてい認められなかった。そこで方針転換をして、市内線部門の買収に応じて、小さく再出発し今後は郡部線に活路を見出すことにした。

こうして大正10年、契約満期への残余期間がありながら買収契約が成立した。市内線部門の資産は市に譲渡され、従業員の8割は市に転属した。残った郡部線の資産で新たに名古屋鐵道[72]を設立した。

5. 紛争問題の総括

以上の4事件はいずれも報償契約の実施で、市と会社あるいは市民の考え方の違いが大きく表面化した事例であるが、大阪電燈はほぼ資産の全部を、名古屋電気鉄道は主要な資産をそれぞれ市に売却して終息した。東京瓦斯は常時市に反発したが成果は報われなかった。函館水電は私企業としてその主張を通した。

報償契約をめぐる紛争での市と会社の成否を分けた要因を分析するとつぎのように考える。

第1に、紛争のもとになった要因に相当する元々の約款の内容がどうなっていたかである。報償契約の締結交渉は、市は会社を支配下に置こうとし、会社は道路の占用と独占の確保を望んで、そのバランスのなかでおこなわれた。しかし大阪電燈には宇治川電気、東京瓦斯には千代田瓦斯が現れ、名古屋電気鉄道も市営論がでてきて、これらの会社はいままでの既得権であった独占を守る劣勢の立場になった。当面の独占を守るために、大阪電燈は契約時から15年後に買収に応ずるとした条項を受け入れている。東京瓦斯も他の事例に比べてより厳しい条件を受け入れた。どんな事情があったとしても契約自由の原則の基に一旦約定したものを改定するには再度の両者の合意しかない[73]。逆に、函館水電のケースにあっては、会社は報償契約に増資や合併を規制する条項がないため、それを市へ対抗する戦術として使った。

第2に、市行政のガバナビリティの問題である。当時は、報償契約の執行者である市長は市制で認められる権限が極めて少なく、その行政執行力は、いくつもの会派に分かれる市会との調整能力にかかっていた。大阪電燈も東京瓦斯も市と市会の対応の遅延によって大きな迷惑を被っている。とくに当時の東京市会は不正と腐敗で十分な議会機能が果たされていなかった。一方函館水電では市と市会と市民の不統一が市政執行の障害になって、会社に対するまとまった対応ができなかった。

　第3は、紛争中の不祥事である。大阪電燈は脱税・漏電、東京瓦斯は贈賄、名古屋鉄道は失火と、それぞれが社会的な批判をうけ自らの説得力を失った。函館水電の場合は、激しい市民運動が起こったが、自らの不祥事がなく、対抗して順法のなかで供給停止を強行するだけの強い立場が維持できた。

第 2 章　法整備と報償契約

　報償契約は法制度の不備を補完するという歴史的意義をもって成立した。政府も公益事業については同じ私営であっても一般事業と異なり公益と独占という事業の性格と、危険物の技術管理の面や事業を遂行するために公有の道路、営造物、他人の土地を横断的に細く長く使用するといった特殊性を考え、鉄道、電気、ガスという事業毎に規制および保護する法制度が必要と考えていた。しかし一挙に法制化が進んだのではなく、まず保安面の規制から始まってそれぞれの事情で事業法が成立していった。軍事面からの要請がつよかった鉄道が早く、続いて近代産業の基礎として認識されてきた電気が続き、もっとも遅かったのがガスであった。私営公益事業を代表するこの 3 事業[74]の法制化とこれらの公益事業に大きな影響を与えた道路法について各々報償契約の視点から論ずる。

1. 鉄道の事業法と報償契約

　日本の鉄道は、明治 5（1872）年の東京、横浜間の開業以来官設官営を方針とした。しかし西南戦争による過大な戦費の負担などの財政窮乏のなかで鉄道網の早期の整備をはたすために、幹線鉄道建設にも民間資本の導入が必要と決断され、明治 14 年民営の日本鐵道が設立された。この会社は当初か

ら良好な経営成績をあげたため、それに触発されて各地で民営鉄道会社の設立ブームが起こり、以降鉄道は官設、私設が併行して発達してきた。

　私鉄経営への国の法規として最初に制定されたのは、明治20年の私設鐵道条例である[75]。この条例では免許の申請、工事着工期限、軌道幅員、工事関係の申請、官庁の監査、運賃変更の許可、時刻表の変更の届出、営業報告書の提出義務が規定され、事業を企業の自由な経営に委ねる自由主義でなく国家による統制方式で始まった。しかもその統制の程度は時間の経過につれて強化されていった。

　明治33年に私設鐵道条例を廃して私設鐵道法（法律64号）が制定されたが、それはあたかも国営事業のように統制色が強く、後にできる電気、ガスの法規とは全く違ったものであった。法文のほとんどが政府の企業経営への関与であった。政府の認可を必要とする事項を列挙すると、定款変更、兼業、投資、社債募集、抵当権設定、譲渡、合併、運賃、運賃割引、運輸規定の変更、工事方法の変更、工事予算の変更など多岐にわたり、また主任技術者の設置、工事の着手と完成期間の遵守義務があり、さらに政府は事業者の株主総会への立会いの権利、会計検査の権利をもっていた。同時に公布された鐵道営業法（法律65号）では運送義務が規定され、正当な事由がない限り運送の委託を拒否できないことになった。

　それでも官設、私設を問わず各地で鉄道の普及が進み事業内容も充実してきた。それとともに官営化への要請が再び強くなってきた。まず需要側の要請として軍事面がある。地方から陸海軍の兵員、軍備、糧秣を配送するリスクとして、外国人株主への軍事機密の漏洩と株の買占めによる運送拒否とが意識されるようになった。つぎに産業面の要請では主要産業の独占を目指しつつあった財閥が鉄道の意義を高く評価し、主要幹線が多数の民営鉄道によって分割保有され分断されると、コスト高や配送の遅延が起こり、諸外国との競争上不利であると認識されたことである。

　この官営化への要請は明治39年鐵道國有化法（法律17号）として実現した。その第1条で「一般運送の用に供する鐵道は総て国の所有とす。但し一地方の交通を目的とする鐵道はこの限りに在らず」として、鉄道は本来国の

経営するべき事業としての性格が再確認され、地域を限定した鉄道にのみに私営が認められた。この法により全国の私鉄の大手および戦略的に重要な路線は官営となった[76]。

このように鉄道ではかなり早くから法制度が整備され、しかも統制色の強いものであったため、明治36（1903）年の大阪市・大阪瓦斯の報償契約の影響は殆ど受けなかったと考えてよい。何故なら、①鉄道事業は当初から軍事動員を意識した一種の軍事産業としての戦略産業であり、国の直接管理の色彩が強かったので、報償契約の約定する料金や資本関係の経営の細部まで国が管理することを法令で規定されたので自治体が介入する余地が殆どなかった、②鉄道事業は電気、ガスに比較して事業開始が早く、明治中期には厳格な法制度のなかで定着していた、③鉄道の性格として路線が複数地方自治体にまたがり、個々の自治体の行政組織の支配にはなじまない、などの理由で鉄道事業での報償契約はガス、電気のように当然の慣習となったわけではない。鉄道での報償契約の事例は、いずれもこれらの鉄道関連の事業法による専用軌道をもつものではなく、軌道条例（明治23年公布）による、道路に敷設された「併用軌道」を走る電気式短距離の、いわゆる市街電気鉄道であった。

明治41年の名古屋市と名古屋電気鐵道の事例では、純益金の4％の報償金の他、25年後の買収規定、独占の認容規定がある。また明治43年の岡山市と岡山電気軌道の報償契約では、直接道路占用には触れずに、8％以上の配当をする場合には純利益の3％の報償金と運賃改定時の市の同意を約束している。また大正2年の横浜市と横濱電気鐵道の事例では大阪瓦斯の報償契約と同じく「道路使用の便宜を与える」との表現で、運賃収入の5％を報償金として納付することと、料金引上げ時の市の承認を約定している。また大正3年の函館市と函館水電との報償契約では、道路占有の承認、純利益の3％の報償金と料金引上げの同意及び17年余年後の契約満了での市の買収権を定めている。さらに後年になるが、昭和2年の神戸市に有馬電鐵が市内に乗入れした報償契約では、市の所有する公園、病院、水道用地を無償で会社に使用させるが、会社は報償金として当初18万円、昭和17年以降は毎

年15万円を支払うこと、合併や土地使用の権利を他に譲渡するときは市の承認を必要とするとした。この有馬鐵道の事例になると実体は土地賃貸契約にすぎなく、欧州を起源として、日本では大阪市・大阪瓦斯の契約を嚆矢とする報償契約とは別種のものと考えてよい。

2. 電気事業法と報償契約

　我国の電気事業は電灯から始まっている。明治20（1887）年の東京電燈の開業、明治21年に神戸電燈、22年大阪電燈、京都電燈、名古屋電燈と増え、明治25年には全国で11社になりその全てが私企業であった。また投下資本が多大であるため株式会社形式によるものが一般的であった。

　商法（明治23年公布、法律33号、26年施行）が施行される以前は、会社として事業を始めるには、政府の認可こそ必要としたが明確な規則がなく政府が免許を与え、知事がその事業についての道路使用などの願いについて「聞き置く」という形の認可を与えていた[77]。電気事業だけの特別な法規もなく、したがって監督官庁もなく、知事と警察が保安の観点から取り締まっていたにすぎない。事業形態も、市内の一画で火力発電をして小さい範囲で近隣に低圧直流で配電した時代であった。

　しかし電気事業者の規模が大きくなるに従って保安強化の必要がでてきたので、明治24年には逓信省が主務官庁になり市町村を通じて事業者を間接的に統制し始めた。一方この頃水力発電の気運が生まれ、併行して送電技術も進歩し、また設備の国産化も徐々に実現できるようになって、事業の監督を自治体だけに任せておくわけにはいかなくなった。

　そのため明治29年に電気事業取締規則（逓信省省令第5号）ができたが不都合な規定が多く、翌年に改正された。これで形式的には電力行政の中央集権化がまがりなりに形を整えた。

　この頃の日本は、日清・日露の両戦争で波乱に満ちながらもはつらつとした時代で、近代的工業の発展がはかられ、繊維中心の軽工業に加えて鉄鋼、

造船、石炭などの重工業部門の拡充に進んでいった。例えば、全国の工場のなかで原動機を使用している比率が、明治 33 年には 32.8％であったものが、44 年には 54.5％と急激に伸びている[78]。とくに 3 相交流電動機の量産化は、個々の機械をそれぞれ独立した動力で駆動する単独駆動方式を可能にし、小規模工場の動力化が明治 42 年から昭和 5 年にかけて著しく進んだ[79]。

このような産業構造の変化に伴って明治 43 年から昭和 5 年までの 20 年間で電力需要は 10.2 千万 kWh から 809.8 千万 kWh へと増加し、また電灯需要も同期間に 22.7 千万 kWh から 278.0 千万 kWh へ増加した[80]。電灯と電力の需要は大きく逆転した[81]。電気事業者数も明治 40 年に 116 社であったものが大正 14 年には 738 社へと増加している[82]。

この急激な需要の増加を支えたのは発電および送電の技術の進展であった。1 つ目は、大容量発電機の出現である。従来は 20～60 kW の直流式低圧発電機であったものが、200 kW の交流式高圧の発電機ができ、これを連結した 2000 kW 以上の発電所も出現した。2 つ目は、高圧送電が出来るようになったことである。従来の 2～3000 V の送電圧を 1 万 V の高電圧で送電することでロスが少なくなり、大規模発電所から 2～30 km の近距離送電を可能にした[83]。これは日清戦争後の炭価高騰も相俟って水力の遠距離電源の開発を誘発した。こうした技術進歩に伴い安い電力が実現してくると大工場でも自家発電から買電への切り替えが促進された[84]。

また、この時期は電気を危険視した取締を中心とした保安行政から近代産業支援として発電所の建設を促す産業行政に変り、明治 35 年に電気事業取締規則が改正された。そこでは新技術に対応する取締規則の改正や不特定多数の者に電気を供給する一般供給電気事業という概念の明確化、事業申請の際の事業遂行能力の審査の追加、などの改正がされて、徐々に警察的許可の色彩からの脱皮が見られた。ちなみに明治 33 年には土地収用法が制定され、電気事業は公益性の高い事業として他人の土地を収用する権利が与えられたことも事業の支援に大きく役立った。

この電気事業取締規則はさらに明治 39 年に事業合併の際に政府の認可を必要とする規定が追加され、翌 40 年には、電気事業の無制限な供給競争、

重複施設による弊害に初めて規制が入った。明治 41 年の改正では、5.5 万 V の送電線の実用化[85]に対応した規定改正があった。この改正は特別高圧の送電を、危険物としての禁止的取扱いから推進の方向に変える「実にコペルニクス的転換[86]」で電気事業の発展に大きく寄与した。

一方とくに当時に注目を要するのが報償契約であった。明治 36 年の大阪市・大阪瓦斯の契約には電気事業者の団体である日本電気協会が早くも着目し、かつ大阪電燈から調査要求があった[87]こともあり、明治 36 年 10 月の常議員会で梅、美濃部両東大教授の意見を徴して業界として報償契約に反対する決議をした[88]。大阪市での報償契約は市の財政収入獲得が目的ではあったが、本来公益事業は公営であるべきで自治体の監督権を強化して、将来の公営化のための買収権を留保することも併せて目的としていたので、私営中心の電気業界としては大反対というのも当然であった。

しかし結局は明治 39 年 7 月大阪電燈が大阪市の要請に抗しえず報償契約を結んだことが突破口になって、名古屋、浜松、八幡、大津、横浜、大阪（対宇治電）、東京（対東京電燈）、長野、小樽、東京（対日本電燈）、函館、長崎、熊本、金沢、岡崎の各市に、瞬く間に伝播した。その内容は電気事業者に対し事業の独占、道路の占用を確保し、使用料、特別税の免除を認め、その対価として報償金の納付、公用電気料金の値引き、料金の協議義務、財政的制限、供給の拡充、経理上の義務、事業の移転、買収などの協議が含まれるのが常であった。一方で報償契約の伝播とともに市自らが電気事業を営むところもあった。京都をはじめとして静岡、仙台、神戸、金沢、大阪、東京、高知である。しかしこれら公営は数少なく、電気事業者のほとんどは私企業であった[89]。

以降、電気事業に対する監督は法令による国の監督と報償契約による自治体の監督とが並立して行なわれた。しかし国の監督は電気事業取締規則による保安技術基準に重点があったのに対し、自治体の報償契約は料金、道路占用、財務、報償金など経営全般の根幹を規制するものであり、両者の重複するところは、電気事業取締規則の 13 条の「事業の一部若しくは全部を売買又は譲渡せむときは逓信大臣に願書許可を受くべし」という規定が、報償契

約では、「事業を譲渡する場合は自治体と協議する」という協議義務の条項と重複する程度であった。そのため期せずして電気事業法が成立するまでの期間には、国による電気事業取締規則の技術基準と、自治体の報償契約による経営全般の規制とが分掌する形となった。

明治40年頃になると各自治体に報償契約の形で先行された国にも、電気の急激な普及による公益性の増大からさまざまな問題が生じて、従来の保安取締行政から事業保護行政への転換のために本格的な電気事業法の成立が、消費者側からも事業者側からも期待されてきた。問題の1つ目は事業認可を受けて自ら経営せずその許可による権利を売却するといった不当な利益を追求するものが目立ったこと、2つ目は独占による不当な料金設定の弊害がでてきたこと、3つ目は架線を通すのに複雑な里道、山林、他人地の権利関係の調整が難しいこと、4つ目は事業者間の電線路の競合が激しくなったこと、5つ目は供給線の電気的障害が問題視されたこと、などである[90]。

そして電気事業法がついに明治42年、第26帝国議会に提出された。逓信大臣後藤新平は、「新法は斯界の伸暢発達を助け倍々電気の利用を促進して以て産業の隆興を図り社会公共の福祉を増進する為」を目的とする旨説明した。料金認可制、公共・他人地の利用権限の拡大、電気工作物による障害の協議、など全22条の法案を提案した。衆議院で先議され承認されたが、貴族院では料金認可について「政府が料金にまで干渉するのは不当」として終にこの時は成立しなかった。

法案は再び翌43年、第27帝国議会に提案された。料金の認可制については、再度貴族院で「政府の事務をいたずらに複雑ならしめるものでむしろ当事者間の契約に委ねるべく公益上の必要と認めたときに命令しうる体制にすること」とされたため、「主務大臣は公益上必要とありと認めたるときは電気事業者に対し料金の制限其他電気供給の条件に関し必要なる命令をなすことを得」と修正されてこの法案は電気事業法（明治44年公布、法律第55号）として成立した[91]。

電気事業の範囲を、一般に電気を供給する事業と一般運送のために電気を利用する鉄道および軌道事業に限ったこの法令の主な内容は以下のとおりで

ある。

　①自家用や特定消費者のための発電、供給をこの法規の対象から省く（第1条）、②指定期間内に事業を開始することを義務付ける（第5条）、③測量、工事のための他人地への立ち入り権を認める（第7条）、④電線路の植物の伐採移植の権利を認める（第8条）、⑤河川、道路など公共の土地の地上、地中に電線路を施設する場合は、管理者の許可を得て使用を認めるが、若し管理者たる自治体が許可しない場合や使用料が不相当な場合は主務大臣が裁定する（第9条）、⑥他人の土地の空間、地中での電線路の設置や他人空地での電線支持物の建設することができる（第10条）、⑦電気工作物相互間や他の工作物との障害防止については別途命令で定める（第15条）など。

　この電気事業法は警察許可的な色彩は残したものの、事業の保護育成を大きくとりいれたもので、第一次世界大戦時の工業化に対するインフラ整備推進の大きな役割を果たした。

　報償契約との関連では、料金認可は成文化の過程で後退したため、電気事業法と重複関連するのは第9条の道路使用許可条項だけであった。この条項は、道路使用を管理者である自治体の裁量だけに任すと送電・配電線の設置を拒否して事業推進に障害になる場合があり、自治体が使用を許可しない場合や使用料を不当に請求した場合には主務大臣に救済の道を求めたものである。これは報償契約による自治体の権限を削ぐものであったが、道路の所有者や管理権限が法令上明確になっていない上での規定であるため実際の効力に疑念が生じた。この疑念の解決には大正8年の道路法の公布を待たねばならなかった。

3. 道路法と報償契約

　我国の古代からの道路の役割は、全国各地より中心都市京都に向けての貢物の輸送であった。運輸交通の制度は古代では比較的整備されていて、幹線道では30里毎に駅を置き毎年9月、10月は道路や橋梁の修繕をさせていた

という。ところが時代が下がって戦国時代になると隣国からの進入を防ぐため領国境界ではあえて道路を狭隘にするなどの地域ごとの防備が優先された。ようやく織田信長が全国道路の改築に意を注ぎ、東海道の道幅を3間半（約6.4 m）に拡げ屈曲を直し並木を植えつけたりした。さらに徳川時代には駅伝人馬の徴発、駄料および運賃の制限などを実施して交通路としての進歩がみられた。しかしこれらは全て人の移動に便宜をはかることが重点で、道路を拡幅して物流を促進する意識はなかった。むしろ長距離物流の幹線は海路と河川であった。

　明治維新後の道路規則も、当初は沿道の住民に道路の維持管理の義務を負わしている程度であったが、経済や文化の発展にしたがって運輸・交通機関の整備の必要性が叫ばれ始めた。

　まずは産業の発達から全国の物流の必要性が認識され、さらに軍事上の必要から兵員、食料、軍需品の輸送などが問題になった。しかし海運や鉄道に比較して道路は改修の実現の難しさから大きく遅れをとった。日清・日露両戦争期に軍事面から海運や鉄道が優先されたこともあるが、なによりも幕藩体制期に全国道路網の整備という発想がなく、社会資本遺産の蓄積が極めて乏しかったことが大きな原因であった。

　大正10（1921）年、内務省道路局長堀田貢は、「全国の幹線といわれている国道でも〔橋がなく〕渡舟等で辛うじて連絡しているところが60箇所、道幅数尺という場所、勾配5分の1を超える急峻な坂道があり、到底車にてその道を通ることができない状況」と現状を説明している[92]。しかし全国の流通を整備するためには、拠点を線で結ぶ鉄道や海運だけでは限界があり、道路を含めて一体にしないと運輸・交通網全体の効率が全うできず、産業の発達の大きな隘路になることが認識された。

　そのため明治21（1888）年に道路に関する統一法規をつくるべく調査が行なわれ公共道路令が起案されたが、政府内調整ができず成案にはならなかった。さらに同29年、32年の両年にも法案として帝国議会に提出されたが、内務省、通信省間の調整[93]がつかず制定にいたらなかった。後年、道路法として大正8（1919）年になってようやく法律58号が公布された。法制化の実

現には、明治21年から32年もかかっている。

　難産のうえ公布されたこの道路法の精神を前掲、堀田貢は、「道路とは個人の身体内の血管、神経系統の如く一糸乱れずに全国を通じて一環していることが大切で、その間に少しでも滞りがあり交通の出来ぬ場所があっては〔全体が〕用を為さぬ。そのため幹線たると枝線たるとを問わず何人も之を自由に使ひ得るもので、其の町村民のみの使用するものではない」と説明している[94]。古代ローマ帝国以来の西洋の道路思想がやっと日本でも認識されたのであった。

　そのために①道路は国が指定し国の営造物として国の行政庁で管理すること、②道路を国道、府県道、郡道、市道、町村道の5種類に分け、国道は内務大臣、府県道は知事、市道は市長、町村道は町村長が認定すること、③道路の管理は夫々の認定者が管理すること、④公共の事業となるべき事業のための道路占用を認めること、などを規定した。注目すべきは、この法律の執行機関は立法趣旨に照らして一貫して国であり、その場合の市長、町村長の職務は、市制74条により、国の機関委任業務を受けた行政機関の末端組織としての市町村長であって自治権をもつ自治体の長ではないということである。したがって道路については地方の利害を代表する市会を始めとする自治体としての介入は許さなかった。

　この法令の成立で既に各自治体と締結されている報償契約はどうなるのかということが大きな議論になった。つまり同法第29条で「法令に依り土地収用のできるような事業について、管理者が、使用を拒みまたは不相当な占用料を定めたときは、事業者の申請で、主務大臣は占用を許可若しくは承認し占用料を定める」として、道路は国全体の財産であり、一地方の利害よりも国全体の公共の利益を優先する、として市町村の権限を制限した。報償契約の最も大きな目的であった道路占有許可の権限が名実ともに自治体にはなく国にあることが明確にされた。

　そのため既存の報償契約との整合性が議論になり、道路占有の許可権限のない自治体が結んだ報償契約がそもそも有効なのかどうかが問題になった。つまり道路法の規定により報償契約の骨子である道路の使用権に関する条項

が死文化したという主張である。東京瓦斯は東京市に対し、名古屋電燈は名古屋市に対し、各々締結している報償契約の失効を宣言した。

当時内務省大臣官房都市計画課長から東京市助役に転出した池田宏は当時の様子を次のように記述する[95]。「事業者側に於ては、ややもすれば、公共団体側に対して報償契約の効力を無視せむとする態度を明らかにし、社団法人日本電気協会の如きは、其の第36回定時総会に於て自今報償契約を履行せる当業者〔は〕速やかに廃棄の手続きを執るは、斯業将来の為に適当な処置と信ずる旨の議を決し、此旨当業者に通牒する所あるに至った程である[96]。東京瓦斯の如くに、東京市を被告として報償契約無効確認の訴を起こすものもあれば、或は報償契約の改定期に報償契約上の約款を改変し、若しくは報償契約を破棄せむとする気勢を示すものあり」と。

前章で触れたとおり東京瓦斯は報償契約の不存在確認の訴訟を提起した。大審院の差戻判決は、全く内容に踏み込まず裁判の管轄権論に終始して司法判断を示さず、「事案の焦点足るべき筈の効力問題に就いては、之が論及を忌避せるものの如く、仄かなる示唆さえ全く与えず[97]」と批判された。その後政治的配慮からの訴訟の取り下げとなったため問題を後年に先送りした。

衆議院でもとりあげられ、「〔道路法は〕自治体の既存の権限を不当に縮小して時勢の進歩に逆馳(ぎゃくち)する。自治体に費用負担をさせて管理に干与せしめずということは不条理である。報償契約は道路法施行以前の一種の負担付行政処分として効力を将来に持続するものと信ずる」との質問書[98]に対し内務大臣床次竹二郎は、「報償契約は道路法の規定と抵触するものの外は其の効力に影響なし」と原則報償契約は有効である旨答弁した。この答弁に反発した逓信省は、報償契約について、自治体の報償契約が道路の使用と関係ない会社の合併増資にまで干渉していることは、電気事業の発展に影響するとして、強烈に内務省に対し苦情善処方を申し入れている[99]。このように電気事業の発展を所管する逓信省と自治体を管理する内務省の意見対立があった。

法学界でも道路法施行により既存の報償契約は有効なのか否かということが大きく論じられたが、定説ができず甲論乙駁の感になった。司法界の大御所岩田宙造[100]は、「報償契約なるものは法曹界の怪物である。其の性質に付

ては、異説紛々として今もって定説がない。其の法律上有効にして生物であるということは多数説であるが、中には之を無効なりとし、生物というべきものでないと言う説を頑強に主張する学者もある。されど一朝ことが起こった時は、先ずその性質を確定せねば其の力を用うる方法が解らぬ[101]ので議論が一時に紛糾するのである」とした[102]。

その報償契約の性質について、紛糾する学説を整理すると概ねつぎのようになる。

1. 公法行為説　　　美濃部達吉、佐々木惣一

報償契約で自治体が負担する義務は、①公物としての道路使用の予約、②道路占用料や特別税免除の約定、③地域独占権の付与などであるが、いずれも自治体の公法上の権能に関するものでその法律的性質は公法行為である。

2. 私法行為説　　　鳩山秀夫、松本蒸治、岩田宙造

報償契約は公法上の契約でなく私法上の契約である。もし公法上の契約であれば、統治関係に基づく契約を締結できる根拠となる公法規定が現法のなかに存在する必要がある。しかし報償契約の内容をみると市制、町村制などの法令に何等の規定も存在しないので、この契約は私人相互の関係と同一の立場でした契約自由の原則により締結した私法上の双務契約である。

3. 折衷説

報償契約には公法上の契約の部分と私法上の契約の部分を包含する。

まず公法行為説は、自治体の契約する権限の有無はさておき、報償契約での自治体の負担する義務が現実に公法上の権能に関するもので、内容から考えて公法行為であるとした。

一方の私法行為説は、成文法としての上位法がないので、自治体は私的な契約を締結したものと考えた。

以上のように学説が紛糾する最大の理由は、行政の契約には契約自由の原則が制限され[103]、自治体が契約行為をする場合はそれを許容する根拠法が存在するという行政法学の大原則[104]をどのように厳格に考えるかにあった[105]。

筆者は、当時の法制が未整備であることから報償契約はあるべき法に代替するものとして成立した事情を踏まえると、根拠法がないから公法上の契約でないとは、あまりにも純法理学解釈論であると考える。さらに報償契約の内容には直接公法関係に属する事項が多くあり、この契約の全てを私法上の契約と考えるにも無理があると考える。公法に関する事項については、当時の法制度の完成度から考えて、暗黙の不文法が上位法としてあったとすることが相当である[106]と思う。

また折衷説は、先に報償契約という一つの実態があり各条項は相互に有機的関係を持っているが、条項によって公法的な要素と私法的要素が併せて含まれていると考える。これはもっとも妥当な意見である。ただ一体である契約が、ある部分は公法の範囲で行政裁判所、また他の部分は司法裁判所の管轄に属するということは実務上は問題となるだろう。

以上のように報償契約の法的性質では学者の考え方が分かれるが、道路法施行前の報償契約の効力についても当然考え方が分かれる。報償契約を私法上の契約であるとする民法学者は概ね契約自由の原則でなされた双務契約であり有効であるとする意見で、商法学者松本烝治[107]は大阪瓦斯への鑑定書[108]の中で、報償契約は当事者が遵守してきたことや官も認可奨励してきたこと[109]を論じたうえ、つぎのように述べている。

　　道路法の規定によれば市道の管理者たる市長は道路の占用につき占用料を徴収すると否との決定を為す権限を有し若し之を徴収するときは、其占用料は当該市の収入となるものなり（道路法28条、44条）。故に市長管理の道路に付ても、市は報償契約の趣旨に従ひ無償使用の利益を与えることを得べく、報償契約上の市の義務は何等履行不能と為りたるものに非らざるなり。

一方公法行為説に立つ美濃部達吉[110]は、報償契約の内容が公法的効果の発生を目的とするものである以上は、これを裏付ける公法規定が必要であるのに契約当時は全く存在しなかったことから報償契約はそもそも無効であるとしてつぎのように論じた。

　　市が道路の占用を許可する権能を有するや、と謂えばそれは明確に否定

せられねばならぬ。道路行政は道路法制定前に於ても既に国家に統一せられて居たもの[111]で総て公の道路は国の公物であり国が管理権を有して居たものと見るのが正当であると自分は信じて居る。市が管理権を有しない公物に付いては市の権能に属しない不能の事柄を定めたもので絶対に無効である。公法法規は一般に強行規定であって、契約で法律に違反する定めをなすことを得ないものであり、而して報償金の協定は明白に法律に違反するものである[112]。

この全く対立した意見に対し、国、自治体、業界はどのように対応したか。既に報償契約は規範として社会に根を張り、安定に寄与していた。法律条文の論理構成に基づく美濃部ら無効論[113]の主張は完全に無視され、報償契約は社会的にその存在を必要視され容認されていった。東京瓦斯の訴訟は取り下げられ、またその他の地域でも司法判断は示されていない[114]。電気協会のように傘下の電力会社がそれぞれ地元の自治体に無効を訴えたものの社会的力は持ち得なかった。大阪電燈の報償契約による買収も道路法施行後に実行された。世論も「営利会社が何等の報償なくして独占事業の利益を享受すべき理由はない。東京瓦斯が東京市を訴えた事は、正しく全都市の権利に対する挑戦であって極めて重大な問題と云わねばならぬ」とした[115]大阪朝日に代表されるように、世論は報償契約の存在を認めていた。大阪瓦斯の報償契約以来既に20年近くになり報償契約が事業法を補完するものとしてすっかり慣習法として定着していて一つの法規の役割を果たしていた実情から見ての帰結であったのだろう。

ただ道路法の施行後に新たに結ばれる報償契約が法律上当然無効であるとする点については、学者間でも異論のないところであった。つまり道路法により道路の管理権は国家に移管された以上、道路占用の承認を骨子とする契約能力がなくなったということである。それでも道路法公布以降もなお報償契約は締結されている[116]ほど慣習法としての力は強かった。

後年、報償契約の有効無効の論争に対し行政法学者の田中二郎[117]は純法理学解釈を排するつぎのような新しい現実論を提起した[118]。

報償契約が法律上有効に成立し得るかどうかの問題はそれが公法契約で

あるか私法契約であるかによって決定されるのではない。報償契約の締結当時に根拠となる法律の規定は存しなかったのであるが、それを理由にして報償契約が無効であるとは言えない。自治体が自己の権能の範囲内において報償契約を締結することが当然に無効だと解する理由はない。むしろ具体的にその内容とするところが法律上有効に成立し得べきものであるかどうかについて検討するべき[119]である。

美濃部のいう、「公法契約の根拠となるべき法律がないから無効である」という論拠は、公権力を制限的に解する伝統的民主主義の歴史を物語っているが、一方では現実をはなれた純法理主義に陥るおそれがある。社会が一貫してこの説をとりいれなかったのは、報償契約が既に道路占用と報償金のことだけではなく料金規制、品質保証、配当制限など多分野にわたって事業者を規制した慣習法として生きてきたという、「存在の事実」が大きい。ドイツの法哲学者ラードブルッフ[120]は、その名著『法哲学』[121]のなかで法の最も大切な要素は「法的安定性」であるとして「法の効力を法律に求めていくという考え方は他の法規との関係は明らかにし得るが、根本法規つまり全体としての法秩序の効力を明らかにし得ない。そこでは成文法と慣習法、国際法と国家法、正統と革命などの規範の衝突に対して無力である。これを公平に裁判するには『意味の世界』から『存在の世界』へ飛躍することが不可欠である」として、ゲーテの言葉を引用して「我等に静安を与ふる者が主〔神〕である。これこそあらゆる実体法の効力が根拠を置く根本法規である」として存在そのものが効力の源泉であるとした。つまり当時の為政者も国民も永らく社会に溶け込んだ報償契約を無効とする社会秩序の破壊を好まなかったということである。

4. 瓦斯事業法と報償契約

明治40（1907）年以降、ガス事業の勃興をみるに伴い各地においてそれぞれの府県令でガス事業の取締り規則が制定された。これらの府県令は、ガス

事業の開業の許可またはガス工作物の設置の許可に付帯した条件にすぎず、しかもこれらの事業に対する取締りは、保安警察上の消極的監督にすぎなかった[122]。

ガス事業は、明治40年代に全国の主要都市で私営事業として続々と創業され、大阪市・大阪瓦斯の先例に続いて、各々の自治体が報償契約を結んだ。

これらの契約は現実の必要から採用されていったもので当初から国の公益事業政策として一貫性があったわけではない。むしろ自治体の共通した考えの根底に、本来ガス事業は公営で行なうべきものとした通念があった[123]。自治体が公営化の実力を具備しない期間にも、私営ガス事業に対して公営事業と同様の財政面での効果を報償契約に期待した。

しかし運用面で、第一次世界大戦前後の炭価の昂騰時に、多くの自治体が料金の値上げ申請に適切に応じなかったことが結果として公益事業を育てられず多くの事業者を経営破綻に至らせたことから、ガス事業の統制と保護に関して統一法の制定の必要が益々痛感されるに至った[124]。つまり多くのガス事業者の倒産をみて、初めてこの事業の公益性が認識されるようになった。

政府も統一的な法制度の必要性を感じていた。明治43年農商務省工務局は初めてガス事業に関する法案を立案したが、政府内調整までには至らなかった。大正3年になり、代議士才賀藤吉[125]が帝国議会に瓦斯事業法の制定を要望したが、当時の政変[126]のため法律案の提出には至らなかった。大正7年には帝國瓦斯協会[127]も農商務・内務の両大臣に法の制定を陳情した。しかし大正10年に至っても未だ政府の内部での考え方の違いが大きく、調整が進まなかった。大正8年に道路法が制定され、東京瓦斯の報償契約についての「法律関係不存在確認の訴」がでたこともあり、ますますガス事業の統一法規の早期成立が望まれるようになった。

当初農商務省は、ガス事業は水道事業と同じく公益的性質と独占的性質を併せもつため、特別法により保護監督するべきであると考えた。一方内務省は、ガス事業は水道事業と同じく公営を原則として、例外的に私営を許すもので、事業者が自治体から公営化のための買収交渉を受けた場合には応ずる

義務があるべきと主張した[128]。しかし全国 80 社のなかで公営は横浜市営のほかは 3 社しかなく、ガス事業界の実情は電気と同じくほとんどの事業者が私営であったため、自治体を所管する内務省もガス事業を自治体の優先的事業としてはいつまでも主張することはできず、終に主管を農商務省に譲ることで妥協した。しかし内務省は自治体を所管する立場から、事業法案のなかに、報償契約の存在を認め、自治体の意見を聴くなどの条文をいれることについては固守した[129]。

大正 11（1922）年、ようやく瓦斯事業法案が第 45 回帝国議会に提出されたが、審議未了のため不成立となり、翌 12 年の第 46 回帝国議会に再度提出され成立した（法律第 46 号）。

提案理由は「瓦斯事業は、都市住民の日常生活上よりいうも、将来その副産物が染料工業の如き基本工業の原料なる点よりいうも、これを保護奨励する必要があり、また、多面独占的地位を有しているので、その独占的弊害を取り締まる必要もある。しかし斯業は近年長足の進歩を為したると雖、未だ準拠すべき法規存せざるをもって事業経営上支障尠からず。故に此れ等の障害を除去して、其の発達を助長すると共に公益上必要なる取締りを為すがため瓦斯事業法を制定する[130]」としている。勿論この背景には、石炭価格の高騰に苦しみ倒産を出した原因の多くが、報償契約による料金値上げに対する自治体の対応にあったことと、道路法成立以来の報償契約の有効性に疑問をもつ紛争が各地で起きていたことがあった。

法律は全文 27 条からなり、ガス事業を純然たる主務大臣の認可事業と規定していることや供給ガスの成分、熱量などまで規制している点で電気事業法よりも国の管理が明確化した反面、係争点であった自治体による報償契約の存在を認めたものでもあった。また同法では、主務大臣の権限が大きくなったため、運用を円滑にするため民間事業者の希望[131]を斟酌して「瓦斯事業委員会」という主務大臣の諮問委員会[132]をつくった（大正 14 年、勅令 329 号）。この委員会は実務上大きな権限をもつにいたった。

新法の具体的規定は、以下のとおりである。

①ガス料金が主務大臣の認可事項になった（12 条）、②ガス事業の許可権

は主務大臣にあり自治体に権限がないことが明示された（3条）、③自治体は正当な理由なくして道路等の使用を拒めない（6条）、④事業者が他人地を利用する場合の便宜を図る（7～10条）、⑤報償契約で約定したことで自治体と協議がまとまらない時は、主務大臣が裁定する（12条）、⑥事業者は正当な事由がないと供給を拒めない（14条）、⑦譲渡、解散、合併は主務大臣の許可を必要とする（16条）、⑧自治体は、主務大臣の認可をうけ管内のガス事業者を買収することはできるが買収価格は主務大臣の裁定とする（17条）、ガスの成分、圧力、熱量など品質は命令で定める[133]（13条）。

　これにより瓦斯事業法は電気事業法よりもさらに一段と主務大臣が事業内容に立ち入ることになった。

　この瓦斯事業法の成立で、例えば、大阪市・大阪瓦斯の報償契約は具体的にどのように影響を受けたかについて触れる。まず報償契約のなかで、公用料金の20%引（報償契約 第1条）、料金の協議（報償契約 第5条）、買収価格の決定方法（報償契約 第2条）などの条文は無効になった。報償契約 第9条の市域内で他のガス会社の設置を認めないという条項はもともと大阪市に認可権限があった意味のある条項ではなかったが、今回明確に無効になった。市は自らガス事業を経営しないという条項（報償契約 第9条）や、開業50年後には買収できるという条項（報償契約 第2条）は瓦斯事業法の規定外の事項であり、その約定は両者の私法上の契約として存続した。

　前述のとおり、事業買収については公営を原則とする内務省の意向が強く、瓦斯事業法第17条では「市町村が瓦斯事業を営まむとするときは、勅令の定むる所に依り、主務大臣の認可を受け、其の管轄区域内の瓦斯事業を買収することを得」として公営を原則とする考えを踏襲した。このため自治体は報償契約の買収条項の有無にかかわらず管轄区域のガス会社を買収できることになった。しかし既存の報償契約が約定されていてそのなかの買収条項に期限が規定されている場合は、瓦斯事業法付則で「第17条の規定は、本法施行の際市町村と瓦斯事業の買収に関し期間の定ある時は、その期間之を適用せず」と規定されていて、報償契約による期限の約束を優先するとなっていた。このため大阪市の場合は、買収条項は是認されるが、「50年後

に買収できる」と思っていたことが、「50年間は買収できず」という解釈となった[134]。また配当の20倍という買収価格の契約上限は否定されて主務大臣の裁定権限となり（事業法 第17条但書[135]）、市にとって買収権条項の存在価値が大きく減殺された。報償契約での大阪市の主眼であった報償金条項（報償契約 第3, 4条）については私法上の契約として生き[136]、事業法の影響を受けなかった。

瓦斯事業法は成立したが、施行規則の作成では道路、河川の管理や自治体の関係などで内務省に属するものも多く、ガス事業の認可、報償契約のある場合の料金の改定・譲渡の許可、自治体のガス事業者の買収認可と買収条件の裁定などは、商工大臣と内務大臣の協議とするなど煩雑な取り決めがなされた。さらに関東大震災のため公布、施行の実施は延ばされて、大正14年となった。

しかしこの法律は公布直後から、ガス事業の増資に関して、事業者と自治体の報償契約の定めによる協議が整わない場合の規定を欠く[137]などの不備が指摘されて、数年後の昭和6年に早くも改正された。改正に至る経過および契機となった東京瓦斯の増資問題については次章で触れるが、改正点としては、①増資は主務大臣の認可事項となった（12条の2）、②（報償契約の協議整わないときは）主務大臣が裁定するが、本来主務大臣の許可、認可となっているものは（協議を必要としないため）除外[138]する（17条の2）、の2点が追加された[139]。

この改正で、主務大臣の権限が一段と強化され、増資、兼業、一定限度以上の投資など財務に関する規制事項は認可制になり、事業経営上の監督権は地方自治体ではなく、すべて主務大臣に帰するところとなった。

東京市は『東京市公報』のなかで、「瓦斯料金、増資などについて報償契約にいかなる取決めをなすとも当事者間で争いが起こった場合、また主務大臣が公益上必要ありと認めるときは必要な命令を発しうるしまた処分もできる。要するに今回の事業法の改正は、瓦斯事業に関する国家の監督統制範囲を拡張し、従来の〔自治体による〕報償契約の監督的意義を奪い去ったものである[140]」とした[141]。

しかし瓦斯事業法は既存の報償契約の存在を認めたものであったし、また契約条項には事業法に影響をうけなかった条文も多くあるため、裁決権が主務大臣になった供給規定上の協議事項などについても、国への申請前に自治体と協議するなどの形でそれまでの慣例は残り自治体が完全に無視されたわけではない。しかし料金改定など大臣権限に属するものについて市会の意見を聴くことはなくなった。

第3章　都市圏の成長と報償契約

1．昭和恐慌

　大正末期から昭和初期は景気後退にたびたび見舞われ[142]長い間の物価下落でデフレーション状態の不況感が蔓延していた。この時期に農村の相対生産性の下落が急激に現れ、都市への人口集中が続いていた。しかし、都市内でも第2次産業の雇用が伸び悩んだため余剰人口を吸収できず、一部は第3次産業に流入し、労働市場は供給超過になっていた[143]。それでも日本経済は国際的に見て比較的高い成長を続けていた[144]。

　このような状態のなかで政府は先進各国が金本位制に戻ったことで、昭和5（1930）年の初め国の威信をかけて旧平価での金解禁を実施した[145]。ここで円高不況が始まり政府の緊縮財政と相俟って経済は深刻化した。ところが前年の昭和4年にニューヨークでの株価暴落に始まる世界恐慌が翌5年の春頃より日本にも影響しだしてさらなる追い討ちをかけた。農村の不況は未曾有の激しさを示し、製造部門は減速経営をしたため都市には失業者が溢れるという深刻な状態が昭和6年末まで続き、後に昭和恐慌といわれた。

　しかしこの不況のもとではあったが、大正末期から昭和初期は設備投資の落ちこみを建設投資、なかでも公共投資が代替した[146]ことで東京、大阪、

名古屋などの大都市圏は活性化し、ガス事業も不況の波を受けるよりも、人口集中に伴う需要の増大で却って業績が拡大した。

　大正10年頃から昭和5年頃の10年間は、ガス事業にとって拡大期であった。慢性不況といわれたこの時期、設備・サービスの改善、ガスの品質の向上、ガス料金の値下げなどにより、ガスが家庭用として最も便利で低廉な燃料であることが一般に認識されるとともに、需要はますます増加の一途をたどり業績は向上した。

　大阪瓦斯の事例でも、営業機構は拡大し市内各所に相次いで営業所が開設された。また、ガス需要の増加に対応して生産設備も拡張を重ねた。大正末期の大阪市は、東京市を抜き人口で日本一の大都市となり、大阪瓦斯も大正14年から昭和5年までの間に3.5倍に顧客数を増やしている[147]。

　しかし昭和5年ごろから大きく様変わりをし、不況が進行し需要が減退し販売不振に陥った。ガス料金は瓦斯事業法により料金決定が政府の認可事項となっていて市場連動でないため、一時期は相対的にガスより薪炭価格が安くなり、ガスを利用する家庭でも逆行して練炭、薪に切り替えることがおこり、さらには料金不払い[148]が増えてくるといった状況になってきた。これまで経営を支えてきた副産物のコークスの価格も著しく低下した[149]。

2. 営利事業依存の大阪市の財政

　第一次大戦以来空前の好景気を続けた我国の経済も大正9年3月15日の株式市場の大暴落を転機として戦後恐慌といわれる反動期に入ったのであるが、前述したように意外と大都市では公共投資が増大して活性化していた。大正末期から昭和の初期にかけたこの時代の大阪市は明治以来建設してきた近代工業都市への主要な部分が徐々に実現してきて、水道、市街電車、港湾、学校、病院などの施設がまがりなりにも整備されてきて第2の飛躍期を迎えた。この時代を担った市政の中心人物は後年名市長といわれた關一である。

　關は第6代目市長の池上四郎に請われて大正3年学界から大阪市の高級助

役に転じた。当初港湾部長[150]、次に電鉄部長[151]を兼ねて港湾整備と市街電車の拡充につとめながら社会事業にも目をむけた。大正12年に池上のあとの第7代目市長に就任し以降3期10余年間市政を主導した。

　助役時代につくった第1次都市計画事業が大正10年に内閣の許可をうけた。その一環で大正14年には第2次市域拡張を果たした。計画は大正10年から昭和15年までの長期の大阪改造計画であった。主な事業として、御堂筋拡幅整備と高速度交通機関（地下鉄）、下水道、公園緑地などの都市の整備により都心から郊外に都市を分散し居住環境のよい街づくりを目指した。

　一方では社会事業として産院、託児所、障害者教育施設、労働訓練所、養老院などに始まり市営の住宅、理髪所、公衆食堂、公益質屋、公設市場など社会事業へも幅広い投資を計画している。このように、都市再開発と社会事業の充実を両立させる思想的背景について、阿部武司は、關の考えのなかに当時の社会問題の中心であった賃金労働者問題を相対的漸進的に解決しようとする「自由主義的社会改良主義」があると指摘している[152]。明治期の片山潜、鶴原市長が都市社会主義を唱え地方自治権を要求したのと同じ流れである。ちなみに現在までの歴代市長のなかで市会への圧倒的ガバナビリティをもっていたのは鶴原と關の2人しかいなかったといっても過言ではないが、両市長は実行力で抜群の力を発揮した。

　大正9年からはじまる戦間期を中心に終戦に至るまでの大阪市の財政状態は巻末の資料13「大阪市の歳出歳入額（大正9年〜昭和20年）」のとおりである。歳出総額は大正9年を1とした場合の5年ごとの拡大をみると、大正14年2.1、昭和5年2.6、昭和10年3.3、昭和15年4.4、昭和20年7.0となっている。後年ほど急上昇している。ところが詳細にみてみると財政総額は昭和3年の1億2千8百万円をピークにして縮小され、復元されるのは5年後の昭和8年であった。これは当時の中央政府が不況対策として地方にも緊縮財政を強要したことによった。しかし昭和8年の地下鉄開業をはじめとして、この間にも着実に大阪改造計画は推進されているのはなぜか。『昭和大阪市史　第2巻行政編』は歳出と物価との関係の分析を試みている[153]。当時の市の歳出は政府の指導により極力圧縮されたが、この頃は物価が急激な

低落を続けたため実質的には相当顕著な増加となっているとした。例えば昭和3年から昭和8年の6年間をとってみると[154]、その間の名目歳出は約7億5千万円であるが物価下落のため昭和元年の物価基準では約9億9千万円に相当し実質は1.3倍の著増となっていて、大阪市の経費が政府の緊縮方針にもかかわらず実際には膨張しているとした。

この理由の主なものの1つは人口の増大である。昭和元年の人口218万人は10年後の11年には300万人を超えている。このことは教室不足の教室の増設や教員の増加による教育費の増加、また失業対策などの社会事業費の増加につながりそのための行政事務も増大した。また2つ目は第一次都市計画事業の実施である。とくに大正11年から急ピッチで進められた。

このように昭和恐慌期の大阪市の財政は膨張の趨勢にあったが、もともと営利事業による収入の比重が高く慢性的な財源不足にあった歳入はますます使用料・手数料に依存する傾向になった（表1）。市税については恐慌による市民の担税力が低下し、公債は政府の非募債政策の影響をうけた。そうした事情のもと営利事業の他事業への組み入れ額が増加した。優良事業の水道事業からの組み入れ額は増え、市電は経営悪化傾向にあったが逆に組み入れ額は増えた[155]。

さらにこの時期大阪市にとって特筆すべき災害が起こっている。昭和9年9月に大阪を急襲した室戸台風である。4mを超える高潮が発生して大阪湾一帯で溺死者1900人、罹災家屋15万戸という空前の被害を出した。このための復興費用は7千万円に及んだ[156]。

表1　大阪市歳入構成の比較　　（単位　％）

	大正14～昭和3年度	昭和4年～7年度
市税収入	17.2	18.9
使用料・手数料	40.1	44.0
その他	15.0	17.3
公債収入	27.3	19.8

『新修大阪市史 第七巻』p.41 より転載

ここで、この時期の市営事業に触れてみる。水道事業は人口増に対応しての拡張を繰り返すが経営収支は黒字で安定している。しかし市電経営は、乗客収入では昭和元年を、経常収支では大正10年をそれぞれピークにして翳りをみせてきて昭和6年、7年には一時赤字に転落し、同8年には公債の元金償還ができずにその資金として赤字公債を発行する事態となった。一方昭和8年に営業を開始した地下鉄は御堂筋線に続いて同17年に四ツ橋線の一部も開業した。地下鉄は、投資額は大きいが直接事業費の比率が少なく戦時下の混乱期にも安定した経営を続けた[157]。

また市は大正12年に大阪電燈を買収して市営電灯事業をスタートした。昭和5年に電気局新庁舎、翌6年に九条第2発電所、同13年に安治川発電所を建設し、宇治川電力からの購入電力とあわせて市域の電気を供給し市電の動力も賄った。また、市営10周年の記念として四ツ橋に電気科学館をオープンさせ前途洋々とみえた。しかし戦時体制による電力統制のため、昭和14年に発電部門は日本発送電に、昭和17年に配電部門は關西配電に統合され、大阪市営の電気事業は僅か20年足らずの束の間の事業であった[158]。

このように財源不足の状態の市の財政にとって、報償契約による報償金はどのくらいの規模であったのか。明治36年から大正13年まで5年ごとの税収との比較をしてみると（表2）、当初の報償契約は大阪巡航汽船だけであったが、その後大阪瓦斯、大阪電燈、宇治川電気が増えている。また大阪巡航

表2　報償金の税収に占める割合　　（単位 千円）

	明治36年	明治42年	大正3年	大正8年	大正13年
大阪巡航汽船	6	16			
大阪電燈		40	113	144	
大阪瓦斯		26	39	30	58
宇治川電気			14	124	210
計	6	82	166	298	269
大阪市の税収	1,185	1,913	2,162	6,008	13,174
税収にしめる割合	0.5%	4.3%	7.7%	5.0%	2.0%

『明治大正大阪市史 第四巻経済篇下』p.538より作成した。家畜市場の報償金は僅少のため除外した。

汽船が廃業し、大阪電燈が大阪市に買収されるなど出入りはあるが、大阪市の税収に対してわずか数％で市の財政規模には大きな影響のある金額ではない。

さて再度市の財政問題に戻るが、巻末資料13「大阪市の歳出歳入額（大正9年～昭和20年）」によると市の財政は戦争に突入した昭和12年以降も名目の歳出総額の膨張は続いている。しかし戦争下の急速な物価高騰のための膨張であり実質的には縮減傾向にあった。政府は昭和13年度、14年度の予算編成に対し、庁舎学校など建設の中止、土木・上下水道工事の打切りを要求し、それによって出てくる余裕はすべて税の軽減、公債の繰上げ償還にあてるなどの具体的な指示をしてきた[159]。そのため教育費、下水道事業、港湾事業、都市計画事業は13年以降減少し終戦まで続いている。公債の元利支払いも増加している。

しかし歳出総額を増加させているのは主なものは戦時特別費であった。昭和13年から始まり急激に増えて普通経済の費用科目の首位を占めている。その内容として、防衛費・疎開事業費・軍事援護費・転業指導費・資源回収費・学童疎開費・徴用援護費などが計上され[160]戦局の急迫が歳出にも現れている。

このように昭和12年以降の戦時体制では、大阪市の特色であった市営事業の活動が停滞し特別経済の歳出は減少傾向となり、代わりに普通経済の比重が高まり戦時特別費の突出に加えて役所費の増加も目につく。とくに昭和17年からは異常な膨張である。「これは主として国政委任事務の遂行にむけられたものであり[161]」市の財政全体が戦時色に覆われたものであった。ただこの期間に戦時体制で歳出が膨張したかというと、先述のように物価を考慮すると少し観察の視点を変えなければならなくなる。前掲の『昭和大阪市史 第2巻行政編』の昭和16年から20年の5年間の合計をすると、この期間は名目で約12億円の歳出をしたが、昭和元年の物価基準で考えると6億9千万円相当に過ぎないことになった[162]。それだけ市民サービスへの業務量が低下していることになる。

3. 瓦斯事業法改正とその背景

　前章で述べたように大正14（1925）年に施行された瓦斯事業法はわずか5、6年を経過したところで運用上種々の不備が指摘されるようになって早くも昭和6年に改正された。前瓦斯事業法12条は報償契約の存在を前提にして、自治体と事業者の協議不調の場合、「関係市町村の意見を徴して主務大臣が裁定するとした」が、現実には「瓦斯の供給地域が多数の市町村にまたがる場合、協議は煩雑を極めた。主務大臣が市町村の意見を徴するとしても、報償契約自体が異なり、各市町村の利害が異なるため紛糾し認可が遅れるケースが相次いだ[163]」。具体的にこの時期の大手ガス事業者3社と自治体との関係に触れておく。

　先ず昭和4（1929）年に東京瓦斯と東京市との間で料金値下げと増資を巡って生じた事件は、報償契約の歴史にとって黙過することができないものであった[164]。

　東京でのガス料金紛争は既に大正末期から始まっていた。大正15年、東京市会はガスの原料炭価の相場が下がっているため料金価格を引下げるよう要求した。しかし東京瓦斯は、先に石炭の需給の安定のため長期購入契約をしていて時価に即応できない事情があり[165]、翌昭和2年に、値下げには応じられない旨返答した。その後も市は4年に、再度料金値下げとガスメーター貸付料の撤廃を申しいれてきたが、会社は重ねて拒否回答をした。このように会社と市の友好関係には歪が生じてきていた。

　しかし膨張する都市化に連動して東京瓦斯の資金需要はますます膨らみ、数年前増資した1億円の資本金をさらに1億円増しの2億円にする旨東京市長に申請した[166]。ところが市は増資によらず社債または借入金で対応できるとして増資を不承認とした。

　それに対し、会社はいまさら変更は不可として増資手続きをそのまま進め

第 3 章　都市圏の成長と報償契約

たことが問題になった。商工大臣は会社に対し通告のみで増資を行なうことは公益会社の性質上不穏当として再考を要求し、新聞もこれをとりあげ社会問題化した。澁澤榮一も市会との調停を決意したが市会は拒否し、また市は商工大臣にこの増資を不認可とするべく要請した。結局、商工大臣は「瓦斯事業委員会」の答申により不認可の裁定をしたため、増資は実現しなかった。

　困った会社は方針を一変して先に料金値下げをまず実行することにし、昭和 5 年にその認可を商工大臣に申請した。昭和 6 年、商工大臣は「瓦斯事業委員会」の答申にもとづいて申請料金よりもさらに一段と値引きされた料金で認可した。

　一方その頃、昭和 2 年から 5 年にかけて新たに東京市郊外にガス会社を新設したいとする申請が 5 社もでてきた。商工大臣はこの 5 社の申請を不許可とする代わりに東京瓦斯に対しこの地域の普及促進を指示してきた。東京瓦斯はこの区域の拡張のためにもさらなる資金が必要となった。結局大正期からの長期の増資問題は、昭和 6 年の瓦斯事業法の改正を経た昭和 7 年に 5 千万円の増資を認可されることによってやっと解決することになった。

　しかし東京瓦斯には根底にある問題として報償契約の改定問題が残っていた。東京瓦斯の報償契約は大阪瓦斯のそれと比べると著しく会社側に不利であった。

　大正 13 年に、同契約が 15 年を経過して時代に合致しないものがあるとして一部改定を市に請願した。内容はスライディング・スケール条項と 9 ％の標準配当率の撤廃のほか 3 項目であった。当時会社は報償契約について「法律関係不存在確認訴訟」の継続中で、増資を喫緊の重要案件としていた。当時の金融市場では金利の平均が 9～10 ％であり、同社は配当を大阪瓦斯並みの 12 ％にすることを希望していた。しかし市はなんら回答をしなかったので、大正 14 年、大正 15 年と請願は続いた。とくに 15 年の請願は訴訟の取り下げを条件としたもので会社の期待は大きかったが改定は実現しなかった[167]。その後昭和 2 年になって市参事会はようやく配当率上限を 12 ％とする改定案を市会に提出したが、市会の委員会はこれを否決して増配案を含む報償契約の改定は潰え去った[168]。

ところが昭和7（1932）年に至って、東京市は従来の15区に隣接市町村を20区として併合し35区としてスタートしたことで報償契約改定の契機が再びでてきた。会社は新設20区には旧郡部の料金（旧市部より約10％高い）を適用していたのに対し、市は、報償契約は市との間で結ばれているから旧市部の料金は新市部にも及ぶと主張した。会社は、都市の密度、使用量の地域差は効率性の差となり、それが料金の差となるのは当然と抗弁した。ただ料金問題は瓦斯事業法で商工大臣の権限になっていたため、市は新市部の道路使用料を一挙に3倍以上に値上げするという公共事業体としての矜持を超えた乱暴な対抗手段にでた。正に訴訟提起を根にもった陰湿な公権力の濫用であった。この紛争により昭和8年に、商工大臣は両者に対し報償契約を改定し円満に解決するように指導した。翌9年には両者の一致点をみたが、市会は審議に2年を費やしようやく昭和11年報償契約が改定された。

それは、①報償金は市内に1本化して納入する、②新市部の道路占用料は免除する、③新市部の料金を旧市部並みに値下げする、というのが当面の解決策であった。しかしこの改定報償契約にはつぎのような条項が新たに設定された。まず、納付金の算定方式が利益の6％の配分から総収入の3〜4.5％のランク別に変更されかつ最低納付額が決められた。また、標準配当の9％の取り扱いが8％に減らされた。これらは会社側の従来の改定方針を満足させるものではなく、ますます会社にとって不利な契約になった。

この苦渋の受け入れについて、東京瓦斯の井坂孝社長は、「前の契約では新市部の道路占用料を幾ら値上げされても之を拒むことが出来ず、又当社の主張を飽くまで貫いて市と対立関係を生ぜしむることは平素の業務執行に支障をきたすのみでなく、安んじて将来の計を樹て得ぬからであります[169]」と心中を語っている。このように東京市から料金も、配当も、増資まで経営の自由を束縛された東京瓦斯はとうとう長期の業績低下が始まり、配当を8％に減配しそれは昭和19年まで続いた[170]。

以上のように東京瓦斯と東京市との紛争は明治44年の契約締結以来こじれ続け、両者に友好的関係が構築された時期はほとんどなかった。東京瓦斯が社史で、「法理論を執拗に展開し市民感情を無視した[171]」と述懐するよう

に、当時の日本人社会のなかで訴訟提起をすることの反動がいかに大きかったかを考えさせられる事件であった[172]。

　大阪瓦斯の報償契約による協議でも当初は多くのトラブルがあった。まず大正2年、会社は資本金を4百万円から1千万円に増資することと、堺瓦斯[173]を買収し、規模を拡大することの2点について市に承認を求めた。市会では、資本増額については市内のガスの普及のためとして異議がなかった。しかし堺瓦斯との合併については、市の参事会は堺市との報償金の配分を売上費で配分するなどの報償契約の事務処理的項目の変更に加えて①料金の上限を千立方フィートについて2円50銭とする、②公用ガス代の割引を市の営造物一般に拡大する、③協議事項として、営業品目の増減、担保提供、ガスの埋設管や設備の設置、営業権の譲渡、など堺瓦斯合併と直接に関係のない規制項目の追加を見返りとして要求した[174]。この時期、市には大阪電燈でも見られたように[175]、ある協議事項を承認するのに新たに別の要求を条件に加えるという駆け引きのための公権力濫用がみられ、自治体としての品位や矜持を失っていた。会社はこの要求に対し、敢えて堺瓦斯との合併を犠牲にして追加見かえり案を拒否した。そのため堺瓦斯の吸収合併は果たせなかった。

　当時、市の本音として、『大阪毎日』大正2年7月16日は、堺と大阪は「繁華の程度が違う」ので売上費配分は大阪市に不利、「堺区域の料金について、大阪市は何ら容喙する権利を有しない」などとして、「この合併は会社に利益なるも大阪市に不利益なり」と市会議員の意見を伝えている。これなどは大阪瓦斯を大阪市だけのものにしたいという本音が如実にでている。将来の市営化のことを考えると他人との共有は受け入れられないとした市会の理屈があった。

　また大正6年の料金値上げは、①メーター賃料の引下げ、②石炭価格低下のときは旧料金に復帰すること、を条件に、申請後8ヶ月もかかって合意された。この時片岡直輝社長は決定の遅延に対する抗議のため辞任をした。石炭価格急上昇のときに協議が長期間かかった場合、認可された時の時価は既

に申請時の時価をはるかに超えていたため、大阪瓦斯は当然、翌7年に料金の再値上げを申請した。この時も、①申請幅の一部カット、②上限8％の配当制限、③石炭価格低下のときは旧料金への復帰の条件で、申請後6ヶ月もかかり合意された。さらに大正9年の値上げは、①申請幅の一部カット、②当面、上限10％の配当制限、③石炭価格低下のときの旧料金復帰の条件で、申請後3ヶ月で合意された。大正10年の料金値下げは、①申請以上の値下げ、②大正7年水準の料金に復帰するまでは配当上限10％に制限、③市内ガス未普及地へのガス本管の延長努力、を条件にして、申請後2ヶ月で合意された。このように少しずつ決定が早くなってきている[176]。

さらに大正末から昭和にはいり増資の案件がでた。大正14年に資本金1千万円を1千7百万円へ、昭和2年に倍額増資して3千4百万円へ、昭和6年に5千1百万円への増資が協議されている[177]。協議期間はいずれも3～4ヶ月で終了しており、市側の条件としてガス普及の促進が会社に求められている。なお昭和6年の協議では、毎年の報償金の最低額を25万円余として報償契約の運用面での修正がなされた。

また昭和14年には大阪瓦斯は7ヶ年分割で総額250万円を「一般市民の体位向上と都市計画事業」として市へ寄付している。この時期は市財政にとって、昭和9年の室戸台風の復興事業（昭和9年～14年）が加わり、校舎の立替え、港湾防潮堤の改築整備などで困窮していて、大阪瓦斯の寄付は財源の不足していた公園整備に使われた。

このように市との関係が次第に友好的に進められてきたのは、報償契約の成立過程での大紛争と大正初めの堺瓦斯との合併の挫折、料金値上げの協議の遅延と片岡社長の辞任、全国のガス事業者の倒産と瓦斯事業法の成立などの経験が会社と市の双方に学習効果をもたらし、揉め事を回避する行動が期待されてきたものと考える。

名古屋瓦斯の場合は、大正年間に料金問題で大正6年、大正8年に値上げの協議を、さらに大正11年には値下げを協議しているが、大正8年の協議期間が長かったことの他はそれほどのトラブルもなく妥結している。

さらに大きな出来事として、名古屋瓦斯は大正11年に關西電気（名古屋電燈が關西水力電気を合併して名称変更）と合併し東邦電力となり、さらに同社はそのガス部門を分離独立させて、新たに東邦瓦斯を新設して、この東邦瓦斯が名古屋瓦斯の一切の資産を継承した。名古屋市会は名古屋瓦斯の解散と東邦瓦斯への継承を僅か1週間で審議了承している[178]。会社側の市会への事前根回しの巧妙さが窺える。

また名古屋市との報償契約の有効期間は昭和7年5月限りであった。その間当初の報償契約は、大正6年に名古屋電燈との競争にからんで市会の要望を受けて報償金を4％から5％に改定したのみで大きな紛争もなく契約満期を迎え、更新が検討された。瓦斯事業法でその権限の大きな部分が商工大臣に移ったとはいえ、会社と市との関係は根深いものがあり、会社も、報償金を独占が公認される維持料と考えてこの契約を無視することはしなかった[179]。こうして昭和7年8月に新報償契約が調印された。

旧契約との主な相違点は、①報償金率を6％に引上げた、②最低報償金を10万円とした[180]、③事業買収項目を削除した、④契約期間を25年とした、などであった。このなかで買収条項の削除は特筆すべきものであった。この時、報償契約の更新締結を市民に喧伝する意味もあって、会社は東山総合公園の一角の丘陵地帯に総額25万円相当の植物園を市に寄付した[181]。

以上のように、瓦斯事業法が成立してかなりの権限が商工大臣に替わったとはいえ、報償契約が否定された訳のものではなく、商工大臣に申請する前に、各自治体も会社との事前協議も求めたので手続き的には変化はなかった。しかし事業法が成立してからは、自治体も自らの権限の限界が法的に明示されたため協議が迅速化されたことは確かなようである。ただ東京瓦斯の場合は今までの経緯で市会と会社との間の確執が簡単には解けなかったというべきであろう。

なお昭和6年の事業法改正で熱量販売制が採用された。いままで原料や生成過程によって若干の熱量の違いが生ずるのに生ガスを容量単位で販売していた。しかし既に英国ではガス取締法が出来た時、「熱量で料金を決めるこ

とが最も合理的」とされてきた。日本では東邦瓦斯がもっとも熱心にこの問題に取り組み、昭和6年に熱量販売制が実現された。続いて翌年、東京瓦斯、大阪瓦斯も同制度を採用した。この制度により会社は容量1単位あたりの熱量を約定の熱量（標準カロリー）に調整して送出することになるため[182]品質管理が重要となった。

熱量制は1万$k_{カロリー}$を1熱位として熱量でガスを販売することで、計量の正確性を規定したものである。事業者側にとっても供給ガスの熱量を高めて工業用、業務用の需要拡大に役立て、また同じサイズのパイプで輸送能力を高めることが可能になるというメリットもあった。現に大阪瓦斯の事例では、大正15年以来1m^3につき3,500$k_{カロリー}$の標準カロリーを、昭和6年に4,000$k_{カロリー}$、8年に4,200$k_{カロリー}$に変更している。なお同8年、ガス量の計量単位として長年使われてきたヤードポンド法をメートル法に変更している。それまでのガス量の取引単位は千立方フィートであったものが立法メートルとなった。

大正末期のガス業界の大きな状況変化として、大阪瓦斯の外資の撤退問題に触れなければならない。この経緯は大阪瓦斯の大株主であった野村徳七の伝記[183]に詳しく紹介されている。

第Ⅰ部で触れたように、大阪瓦斯の報償契約の成立過程の紛争の原因の一つに外資が過半を占めていることに対する反発があつた。その後も米国資本ブレディ所有の株式は過半数を維持し、株主代表者は、最初がアレキサンダー・チゾン、次いでキャロル・ミラー、C・B・クッシュマン、チャール・E・L・トーマスが、相次いで会社の取締役として日本に駐在した。また幹部社員や現場監督数人も勤務していた。

ところがブレディが大正3年に死去した。その後もしばらく10年ほどは子息のニコラス・F・ブレディがニューヨークブレディ財団管理人として株主の立場であったが、突如大正14年2月9日に社長渡邊千代三郎宛に電報が来て「同財団所有の瓦斯株全部（約18万4千株、大阪瓦斯発行株式の54％）を処分したいが、もし会社に希望があれば直ぐに何分の回答に接したい」といってきて、同時に売値を指値してきた（邦貨で8百万円）。

この寝耳に水のような通知に接した渡邊社長は、会社の大株主である野村徳七に支援を依頼した。会社では即時重役会を開き、即刻ブレディの株式を肩代わりすることに決定した。しかし、この話には、①邦人某氏ら[184]の会社乗っ取りの策動も予想されていて即断即決が必要である、②当時の経済界の実力からいって金額が大きすぎる、という難しさがあった。徳七の弟の野村元五郎は大阪瓦斯の監査役であり、野村銀行の頭取として野村の金融を管掌していたから、この問題では大きな役割を演じた。

まず2月11日、大阪瓦斯役員会で先方の持株を全部引き受けることを決定してその旨をブレディ財団に返電した。野村が中心になりシンジケートを組織して資金調達することに決定したのである。翌12日は、米国より翌13日正午を決済時間としたい旨通告があり、13日に横浜正金銀行に依頼して先方指定期限にニューヨークにて決済するという荒業ともいえる迅速な処理[185]を行った。野村は必要資金の800万円のうち、560万円を三菱銀行からの借り入れでまかなったのであるが、後年このことについて、「自分が引き受けることは大阪瓦斯を救済し、ひいては国のためにもなると思ったから」と紹介されている[186]。

大阪瓦斯の23年間にわたる外資時代の得失について、同上伝記は、つぎのように総括している[187]。

> 大阪瓦斯の苦難を救いそれを立派に採算のとれる会社たらしめる上にブレディー氏の投資が非常に重大な寄与をしていることはすこしも疑いのない事実であるが、会社が苦難を脱し、漸次発展の方向に転じつつあった大正時代に於ては、ブレディー氏の投資があることは会社の進路に種々の障害を齎す原因になり、直接会社の経営を担当する邦人重役の間にはそれが悩みの種となっていたらしい。一例を挙げると、ガス供給事業はれっきとした公共事業である関係上、否応なく大阪市の掣肘を受けるが、狭量な大阪市会は、大阪瓦斯にいくら儲けさせても、その金は皆アメリカに行って終うのだといったような考えから、会社のこととなると何かにつけて邪魔を入れ、事業経営上会社は常に余計な苦しみを嘗めてきた。従って邦人中にブレディー氏の持株を肩代わりするものが出

第Ⅱ部　大正・昭和初期の報償契約

て、会社の資本が一本になった暁には、単にそれだけの理由からでも、株価は充分値上がりする可能性があった。

この外資引き上げ事件は当時大きな話題になり、本件解決直後大阪府知事中川望は関係4大臣に詳細な報告をし今後大阪瓦斯の株価の上昇を予測している[188]。

こうして大正14（1925）年ブレディ財団最後の代表者のチャールス・トマスが取締役を辞任して大阪瓦斯は名実ともに邦人所有の会社となった。

注

1) 道路の使用許可の権限は国にあるが、日常の維持管理をしている地方自治体の協力なしには実際に公益事業は運営できない。
2) 田中二郎「報償契約に関する法律問題」『ジュリスト』有斐閣、昭和31年6月号、p.7は、大阪瓦斯の報償契約の買収条項について、「若しこの契約が対等の立場で真に自主性を持って締結され、買収権が単なる契約上の権利として留保されているにすぎないということであるならば、勿論差し支えないわけであるが、ここには特権を持った支配者の立場を利用して加えられた強制的な要素が多分に存しており、かつ単なる契約上の権利以上のものが存するように思われる」としている。
3) 民間事業者が施設を建設し（Built）、維持管理および運営をし（Operation）、事業終了後、公営施設などの管理者に所有権を移転する（Transfer）事業方式。（内閣府 PFI 推進室用語集。）
4) 大阪瓦斯の場合は、買収事項について株主総会決議をしているが、特別決議までも必要とするかが後日法律家の間で問題になった。
5) 帝国興信所『財界二十五年史』帝国興信所、大正15年刊、p.431によると大正5年から10年の間に倒産したガス会社は、神都、犬山、岐阜（以上大正5年）八王子、三条、土浦、結城、東三、佐賀、直方、中越、柳井、多治見、東海、木更津、大津（以上大正6年）高田（大正8年）青森（大正10年）の18社、他社と合併した会社は前橋、沼津、若松等。またこの史料の電気事業についての記載 p.38では、第一次世界大戦の始まる「大正3年の電鉄及び兼営を除く全国の発電能力は水力32万6千kwに対し火力8万4千kw」と、80％が水力で既に火力中心の時代は終っていたので石炭価格の高騰の影響は少なかった。それでも「欧州大戦後石炭市価の暴騰に伴ひ争って火力を捨てて水力に移りたる」として水力時代の到来を告げている。
6) 大阪ガス『明日へ燃える　大阪ガス80年』大阪ガス、昭和61年刊、p.26。
7) 副産物価格は統制されていないので当然相場価格で取引される。

8) 大阪市『明治大正　大阪市史　第二巻　経済篇上』日本評論社、昭和8年刊、p. 727。
9) 前掲、『財界二十五年史』p. 430。
10) 瓦斯事業法制定後も料金改定は昭和に至るまで、政治に翻弄され続け、為替レートや原料価格の変動を自動的にガス料金に反映する仕組み「原料費調整条項」が法制に組込まれたのは約80年後の平成8年のことである。大阪ガス『大阪ガス100年史』大阪ガス、平成17年刊、p. 230。
11) 日本ガス協会『日本瓦斯協会史』日本ガス協会、昭和51年刊、p. 7。
12) 萩原古壽『大阪電燈株式会社沿革史』萩原古壽、大正14年刊、p. 23。
13) 同上、p. 466。
14) さらに12月、市会は「大阪電燈に対し危険防止のため必要なる処分を断行せられんことを、府知事に要請するの建議」として知事へ必要処分を要請した。大阪市『大阪市会史第五巻』大阪市、明治45年刊、p. 536。
15) 前掲、『大阪電燈株式会社沿革史』pp. 466-467。
16) 鶴原は、市営の市街鉄道の併営としての電気事業を意図していた。
17) 営業年限30年を経過した後に、市が電燈会社を経営する場合を除いてこの会社の独占であることを認めている。(第9項)
18) 前掲、『大阪電燈株式会社沿革史』pp. 466-467。
19) 関連質問に対し、松村助役は、「本職一個の考えにては〔大阪電燈との〕報償契約締結は不可能と確信する」と答えている。大阪市『大阪市会史　第六巻』大阪市、大正2年刊、p. 480。
20) 報償金は残額のランクにより、年額100万円までは6％、100万から200万までの部分には4％、200万以上の部分には2％とされた。
21) 「無償にて相当の便宜を与ふる」とした。前掲、『大阪電燈株式会社沿革史』pp. 472-473。
22) 大阪市電気局『大阪市電気供給事業史』大阪市電気局、昭和17年刊、p. 3。
23) 関西電力『関西電力五十年史』関西電力、平成14年刊、pp. 53-54。
24) 同上、p. 62。
25) 「この3条件は、無理難題で市の買収目的の嫌がらせ条件」であったという。坂田幹太『市会議員時代の谷口房蔵翁』谷口翁伝記編集委員会、昭和6年刊、p. 94。
26) 現在の資本金の半額を超過する増資、払込資本金の半額を超過する社債募集。電気経済研究所『報償契約質疑録（Ⅲ）』電気経済研究所、昭和8年刊、p. 178。
27) 前掲、『市会議員時代の谷口房蔵翁』p. 151。
28) 前掲、『関西電力五十年史』p. 122。
29) 明治44年公布の電気事業法では道路、河川、橋梁等の公共用土地を使用する権利を事業者に認めた。
30) 同時に大阪電燈の残存設備は大同電力により買収され、さらに大正14年には子会社大阪電力として分離独立した。前掲、『関西電力五十年史』p. 123。
31) 同上、p. 51。
32) 電力は貯蔵ができないため、需給バランスを改善するのに時間、用途の異なる

多数の需要に支えられることが経営上に要請された。阪神電気鉄道『阪神電気鉄道80年史』阪神電気鉄道、p. 80 は「第一次世界大戦前の電気鉄道会社は鉄道事業と同時に電燈、電力事業を経営するのが通例であった。また逆に電力会社が余剰電力を利用して鉄道事業を営むことも稀ではなかった」という。

33)「当時市長の植村俊平と電鉄部長の杉村正太郎は熱心な公共企業市営論者であった。明治44年に水力利用による電気料金の承認を求めてきたことを機会に大阪電燈を市営に移す計画をめぐらすに至った。」前掲、『市会議員時代の谷口房蔵翁』p. 93。

34) 鶴原が辞任した明治38年から8年間に、山下（3代）、植村（4代）、肝付（5代）と大正2年の池上（6代）の就任までに目まぐるしく市長が交代した。

35) この時代、市会議員は市民の選挙で選ばれるが、市長は市会の推薦であるため、首長としての権限は制度的に極めて弱い。但し、鶴原や後年の關のように議員の圧倒的信頼を勝ち得て、権限を自ら勝ち取った市長も時として存在していた。

36) この問題では、東京市会についても同様で、東京瓦斯の法律顧問の原嘉道は、「歴代の東京市長に報償契約の性質に関する見識がなく、その場逃れの措置をとって市会の干渉を排除する決心がなく依然市会の決議を求める。法律家の頭では到底了解できない市政現象である」としている。岸同門会『岸清一訴訟記録』厳松堂書店、民事編第3輯、昭和11年刊、p. 6。

37) このような経験から学んだアメリカでは、ある程度の立法機能と行政機能を兼ね備えた恒常的執行機関として公益事業委員会を設置し、具体的な問題に適宜対応して処理できる点と、その監督責任の帰属が明確である点で評価されている。小倉庫次は、「我国主要都市に於ける電気事業報償契約（Ⅰ）」『都市問題』東京市政調査会、5巻4号、昭和20年刊、p. 51 で「〔公益事業の〕監督は政略的官僚的であってはならない。むしろ実務的でなければならない。かかる意味に於て監督機関として独立せるアメリカの公益事業委員会の制度は適当なもの」としている。

38) 南亮進『動力革命と技術進歩』東洋経済新報社、昭和51年刊、p. 87 では、日本の産業の動力革命を2つに分ける。第1の動力革命は水車から蒸気力への転換であり、19世紀末にはほぼ完了した。第2の動力革命は蒸気力から電力への転換で、1930年頃終了したとする。そのうえで、pp. 54-55, p. 202 で、第2の動力革命の大きな要因として、小型電動機の大量生産化により多くの零細企業にまで単独運転方式による電化が進んだことを挙げる。この時期（大正3から8年）は、大阪電燈の衰退期と符合する。

39) 大正2年の電灯料金は、10燭光（ローソク10本に相当する明るさの白熱電灯）につき、月あたり東京電燈80銭、京都電燈85銭、横濱電燈90銭、名古屋電燈80銭に対し大阪電燈は100銭と高かった。前掲、『市会議員時代の谷口房蔵翁』pp. 199-200。

40) 安政5年～昭和29年　神奈川県相模原生　慶応義塾に学び新聞主筆　明治23年衆議院議員当選以降連続25回当選し「憲政の神様」と呼ばれた。明治36～45年東京市長。

41) 『東京日日新聞』明治39年10月2日。
42) 明治44年に東京市が買収して東京市電気局となった。
43) 東京ガス『東京ガス百年史』東京ガス、昭和61年刊、p. 48。
44) 東京瓦斯『東京瓦斯九十年史』東京瓦斯、昭和51年刊、p. 113。
45) 道路使用料としての鉄管税にこの金額が加算されることになる。
46) 前掲、『東京瓦斯九十年史』p. 92。
47) 同上、pp. 85-120。
48) 伊佐秀雄『尾崎行雄伝』宗孝松太郎、昭和26年刊、p. 763で尾崎はつぎのように語っている。「配当標準を9朱〔％〕と定めて、瓦斯料の上げ下げは配当の増減と反比例にすることの命令を下した。是は日本でも初めてであろうが、西洋では実行した結果は好いやうだ。故に私は百難を排して市民のために此の方法を採用したのである」と。
49) しかし東京市は尾崎が執着したこの条項を運用上は最後まで適用しなかった。同上、p. 763。
50) 前掲、『東京瓦斯九十年史』p. 120。
51) 同上、p. 127。
52) 前掲、『東京ガス百年史』p. 78。
53) 明治33年の政友会市議、市参事会員による収賄事件以降しばらく疑獄事件は発生していなかったが大正9年田尻市長時代に砂利購入、ガス、道路工事などをめぐる大疑獄事件が発生し、関係者は有力代議士、会社重役、市吏員、警視庁官吏にまで及んだ。田尻市長は引責辞任し、内務省は東京市に内務監察官を派遣し市政の監察にあたった。新藤宗幸・松本克夫編『雑誌「都市問題」にみる都市問題 1925-1945』岩波書店、平成22年刊、p. 40。
54) 前掲、『東京瓦斯九十年史』p. 132。
55) 前掲、『東京ガス百年史』p. 78は、「料金値上げにからんで、大正9年末に当社と関連する疑獄事件が東京市会を舞台に発生した。ガス料金の値上げ案の通過を図った当社が市会に勢力をもつ政友会代議士高橋某と彼を通じて市会議員十数人に運動費を贈ったという事件」として自社歴史の痛恨事に触れている。
56) 岸同門会「報償契約について」『岸清一訴訟記録集』民事編第3輯、巖松堂書店、昭和11年刊、pp. 2-6。ちなみに道路法では、市道の管理者は市長であるが、その権限は国の機関委任業務を受けた行政機関としての市長であり、地方の利害を代表する自治体の長ではない。勿論市会の介入は一切許されていない。（第Ⅱ部第3章に後述）
57) 東京瓦斯は瓦斯事業法が成立した大正15年に再び改定を請願しているが、改定の実現は昭和11年となり、その内容も同社にとって有利な改定ではなかった。
58) 前掲、『東京瓦斯九十年史』pp. 129-149。
59) 前掲、岸同門会「報償契約について」p. 3。
60) 前掲、『東京瓦斯九十年史』p. 150。
61) 以下この事件のあらましは、函館市「水電事業市営化問題」『函館市史通説編第3巻第5編』函館市、平成9年刊を参考にした。

62) 明治 21 年の市制・町村制では北海道庁の管轄する北海道は適用除外となり、明治 32 年に北海道一・二級町村制が施行され、順次札幌区、函館区、小樽区等 6 区が発足した。その後大正 11 年に市政の改正でこれらの区は市になった。
63) この頃ガス事業では北海道瓦斯も設立され、同社は創業当初から報償契約の締結交渉を進め大正 2 年に函館区との間でも報償契約がまとまっていた。
64) 当該報償契約に、函館水電が他社と合併する際に市の承認を必要とする条項はなかった。
65) 函館区は大正 11 年函館市となる。
66) 昭和 2 年北海道拓殖銀行頭取の美濃部俊吉が会長に就任し、昭和 4 年には王子製紙の藤原銀次郎が彼の後を襲い、翌 5 年には本社を東京銀座に移した。
67) 料金不払いは供給約款の供給停止の条件に該当し供給停止は合法であった。
68) その後、帝国電力は大日本電力と合併したが、昭和 16 年の配電統制令に基く全国電気事業の統合で北海道の電気事業は北海道配電に統合された。また電車とバス事業は昭和 18 年に函館市に売却され函館市交通局として再出発した。
69) 日本初の路面電車は明治 28 年に京都市に開通した京都電気鐵道（後、京都市電）である。
70) 以下この事件のあらましは、名古屋鉄道『名古屋鉄道社史』名古屋鉄道、昭和 36 年刊を参考にした。
71) 前掲、『報償契約質疑録（Ⅲ）』p. 185。
72) この新会社が現名古屋鉄道になっている。
73) 後年、大阪瓦斯の場合は解除したくとも、当初の報償契約に契約満期規定がなく、また市の合意も得られず両者の長年の相克が続いたケースである。
74) この 3 事業の他の公益事業については、当初から郵便や電信は国営、水道は市町村営と法令で規定されていた。
75) 類似の条例として、道路敷を共用する軌道条例がある。当初馬車鉄道に適応された。ちなみに「条例」という言葉は、現代では日本国憲法第 94 条により、地方自治体の成文法のことであるが、明治初期には、国の法令は○○法ではなく○○条例という呼称が多かった。出版条例（明治 2 年）、国立銀行条例（明治 5 年）、水道条例（明治 25 年）などである。しかし国会開設以降は○○法の呼称が多くなった。明治 40 年の公式令（天皇の国事行為を定めた法令）で、原則として条例という呼称はなくなった。
76) 鐵道國有化法により明治 39 年より明治 48 年までに国営となった鉄道は、北海道炭鑛鐵道、北海道鐵道、日本鐵道、岩越鐵道、北越鐵道、甲武鐵道、総武鐵道、房総鐵道、七尾鐵道、關西鐵道、参宮鐵道、京都鐵道、西成鐵道、阪鶴鐵道、山陽鐵道、徳島鐵道、九州鐵道の 17 社。
77) 巻末の資料 1「農商務大臣の発起認可書と府知事からの指令書」はその一例。
78) 電力政策研究会『電気事業法制史』電力新報社、昭和 40 年刊、p. 57。
79) 前掲、『動力革命と技術進歩』p. 24、p. 46、p. 87。
80) 電灯普及率は大正元年では 15.7％であったものが昭和 10 年には 90.4％となり頭打ちになっている。電気事業講座編集委員会『電気事業発達史』電力新報社、

平成8年刊、p. 78。
81) 前掲、『動力革命と技術進歩』p. 209。
82) 前掲、『電気事業発達史』p. 44。
83) 同上、pp. 34-35。
84) 前掲、『動力革命と技術進歩』p. 55。
85) 明治41年東京電燈が甲府桂川の駒橋発電所（出力1.5万kW）から早稲田変電所までの約75 kmを5.5万Vで送電した。
86) 前掲、『電気事業法制史』p. 63。
87) 大阪電燈に大阪市の鶴原市長から報償契約の提案があったのは同年11月。
88) 電気協会『電気協会十年史』電気協会、昭和7年刊、p. 19。また小倉庫次「我国主要都市に於ける電気事業報償契約」『都市問題』東京市政調査会、第5巻4号、昭和20年刊、p. 51では「日本電気協会はこの問題につき調査研究を行ひ且つ一面には法学博士梅謙次郎、法学博士美濃部達吉両氏の意見を索め審議の結果、既設会社の無条件にてその設立の認可を受けているものに対しては、公共団体より報償を求むる権利なく既設会社はこれに応ずる義務なしと決議した」としている。
89) 前掲、『電気事業法制史』p. 68。
90) 同上、p. 72。
91) 同上、p. 77。
92) 堀田貢「道路行政」『道路の改良』道路改良会、第2輯、大正10年、pp. 5-6。
93) 道路上での電柱設置についての調整問題。前掲、堀田貢「道路行政」p. 15。
94) 同上、p. 18。
95) 池田宏『報償契約に就いて』東京市政調査会、昭和8年刊、pp. 13-14。
96) 前掲、『電気協会十年史』p. 18 は、「大正9年7月には中央電気協会の提議に依り、契約破棄に関し当業者並びに関係市町村に通牒することになった。」と記述している。ちなみにこのとき大阪瓦斯の前社長の片岡直輝が中央電気協会の会長をしていた。
97) 鈴木慶太郎「道路占用に関する報償契約について（二）」『道路の改良』道路改良会、第21巻第3号、昭和14年刊、p. 61。
98) 議員、作間耕逸の衆議院の委員会での、大正9年7月7日と27日の2回の質問。
99) 大正9年9月28日電監第5068号内務次官宛逓信次官照会「電気事業の基礎を鞏固にし其の能率を増進せしむる刻下の状況に照らし緊要なるを以て、当省の方針として企業の合同能率の増進に付奨励致折候處、市町村に於て会社と報償契約を締結し会社の合併増資等に就ても市町村の承認を要すとなすものあり。（中略）市町村が電気事業に干渉するは往々当省の方針と抵触し支障不尠のみならず電気事業の発展にも影響する（中略）会社の合併増資に関する市町村の承認などの如き直接道路使用に関係なき事項付ては右契約の条項を改正せしむる様可然御配意相成度」。
100) 明治8年-昭和41年　東京帝国大学教授　弁護士　日銀および宮内庁法律顧問　貴族院議員　戦後幣原内閣の司法大臣　日本弁護士連合会会長。

101) 一例として、当時は報償契約を公法による処分とすると一審制の行政裁判所の管轄となり、私法上の契約とすると司法裁判所の管轄になる等。
102) 岩田宙造「序文」『報償契約質疑録（Ⅲ）』電気経済研究所、昭和8年刊。
103) 行政契約は①契約自由の原則は制限され法律に反する契約は結べない、②平等原則で契約の相手方を恣意的には選択できない、③効率性の原則で契約では行政にとって有利なものを選択する義務がある、④契約締結の透明性が高めなければならない、⑤契約を締結するにも予算が議会で議決されている、などの制限があり、契約自由を原則とする私人間の契約とは異にしている。宇賀克也『行政法概説Ⅰ行政法総論』有斐閣、平成16年刊、pp. 312-313。
104) 国家は市民社会の秩序を維持するために最低限必要な規制を行なうことを任務とし、行政活動を行なうには事前に法律でその根拠が規定されていなければならないという「法律の留保の原則」をいう。同上、p. 2、p. 25。
105) 美濃部は、明示の法律の根拠を必要とするとした厳格な解釈をしたが、後年の田中（二郎）は、その内容が法律の規定に違反する場合はともかく、明示の根拠を要しないという。田中二郎「報償契約に関する法律問題」『ジュリスト』有斐閣、昭和31年6月号、p. 5。
106) 前掲、「道路占用に関する報償契約について（二）」p. 64 も「法律の規定も全く備わらず、剩へ學問上の研究も未だ充分ならず、法令の形式すら曖昧に流れ勝ちなりし時代なるを思えば、公法上の契約に付てのみ契約不自由の原則を以て臨むべきではなかろう。即ち公法規定に於て之が契約能力を明示せざる場合に於ても、成文法規には抵触せず且つ条理及慣行の許容する限度に於は公法上の契約もその必要切なるならば、之を容認すべき」という。
107) 明治10年～昭和29年　民法学者、東京帝国大学教授　終戦直後に国務大臣に就任し、憲法草案を作成したがGHQがそれを否定。
108) 昭和13年に大阪市・大阪瓦斯間の報償契約の有効性等を大阪瓦斯が鑑定依頼したもの。
109) 明治44年、若槻礼次郎大蔵次官から東京市長尾崎行雄に出した「報償契約を締結して特別税を廃止せよ」と指示した前掲、大蔵大臣通牒。
110) 明治6年～昭和23年　憲法・行政法学者　東京帝国大学教授　天皇機関説を主張した代表的理論家。
111) 前掲、堀田貢「道路行政」p. 18 は、「道路とは一糸乱れず全国に通じて一貫している性質のもので、市町村の営造物の如く、其の市町村民のみが之を使用するものでない」として地方の介入を否定している。しかし道路法以前では、この原則は必ずしも明確ではなかった。
112) 美濃部達吉「法律上より観たる報償契約」『国家学会雑誌』国家学会事務所、第47巻第6号、昭和8年刊、pp. 13-17。
113) 美濃部は、「私は法律の解釈論としても常に実際的の利益と正義とを基礎としなければならないと主張するもので、実際を顧みず単に法律の条文のみに基いて法律を解釈することの最も危険なことを信じているものである。しかし報償契約については不幸にして法律の解釈上有効と主張する余地はない。なぜならば

公法法規は強行規定であり契約にて違反することは認められないからである」と主張する。前掲、「法律上より観たる報償契約」p. 17.
114) 後年昭和8年函館水電事件で東京地裁に提訴した事件はあるが和解に至っている。
115) 『大阪朝日』大正10年7月3日。
116) 大正8年以降新たに報償契約を結んだ事例として大正8年に武生町・越前電気、松本市・松本電燈、大正9年に福知山市・三丹電気、奈良市・関西水力、大正10年横浜市・東京電燈がある。
117) 明治39年〜昭和57年　行政法学者、東京大学教授　最高裁判所判事。
118) 前掲、田中二郎「報償契約に関する法律問題」p. 6.
119) 具体的内容検討の一例として大阪瓦斯の報償契約の買収条項について「会社側は事業経営に絶対必要な道路等の使用の許可を得るためにあえて承認したということも想像できる。ここには〔大阪市の〕支配者の立場を利用して加えられ対等の立場が留保されなかった疑義がある」と指摘している。同上、p. 7.
120) Gustav Radbruch（1878-1945）　ドイツの法哲学者　ナチに迫害されながら、民主主義の理論的基礎を提供した20世紀最大の法哲学者。「絶対に正しいという正義は存在しない」という価値相対主義者として知られる。
121) ラードブルッフ／田中耕太郎訳『法哲学』酒井書店、昭和39年刊、pp. 113-123.
122) 通商産業省公益事業局ガス事業課編著『ガス事業法』日本瓦斯協会、昭和29年刊、pp. 1-2.
123) 内務省は一貫してガス事業は原則公営であるべきとした立場をとっていた。
124) 前掲、『ガス事業法』pp. 2-3.
125) 明治3年〜大正4年。大阪出身で最初大阪電燈に入社。以降電気工事会社を創業して実業界で明治末期から大正初期まで実業家、代議士として活躍した。各地の電気会社や鉄道会社の経営にも参画し、電気王といわれた。
126) シーメンス事件を契機として山本内閣が総辞職し大隈内閣成立。
127) 明治45年ガス事業者の団体として設立され、昭和3年に社団法人に改組し、さらに昭和27年に社団法人日本ガス協会となる。（平成23年一般社団法人日本ガス協会となる。）
128) 『大阪毎日』大正10年10月27日。
129) 瓦斯事業法12条に主務大臣が料金その他の命令をする場合は「関係市町村の意見を徴すべし」という条項が残った。
130) 前掲、『ガス事業法』p. 4.
131) 帝國瓦斯協会理事会は、「料金など命令で定める供給条件の設定は主務大臣が自治体と協議する」と原案にあったことに反発し、「瓦斯委員会」の設置を提案した。『中外商業新報』大正12年3月4日。
132) この委員会は米国の公益事業委員会のような大きな権限をもつ独立行政機関と異なり、単に諮問機関ではあったが、次第に重要性を増してきた。因みに昭和6年東京瓦斯の料金値上申請のときも実質この委員会が裁定し商工大臣に諮問している。このときの委員は、大臣（会長）のほか、内務政務次官、内務次官、

商工政務次官、商工次官、商工参与官、商工省工務局長、燃料研究所長（以上官名のみ）、工学博士斯波忠三郎、永田東京市長、關大阪市長、渡邊大阪瓦斯社長、岡本東京瓦斯副社長の計13名であった。前掲、『東京ガス百年史』p. 118。

133) 瓦斯事業法はかなり詳細に、技術的規定を決め、事業者に供給するガスの品質を細かく申請させることにしているが、その管理は政府が監督者を置いて執行することにした。特に6大都市は専属の監督者をおき、事業者側にも国家試験による主任技術者制度をつくり申請どおりの品質を守る担保とした。大島義清「瓦斯事業法について」『燃料協会誌』日本エネルギー学会、大正14年号、pp. 180-184。

134) 關一はこの条項について、大阪の場合は、「市と事業者との間に事業の買収に関し、期間の定あるときは其の期間全然買収の認可を申請することを得ざるものなり。是報償契約の存するが為に却りて不利益を被るといふ所以なり」としている。關一「大阪市に於ける瓦斯報償契約に就いて」『都市問題』東京都市政調査会、第17巻、第1号、昭和8年刊、p. 90。

135) 大正12年の瓦斯事業法17条の2、3項には、買収価格、条件が整わないときは、主務大臣が裁定し、その裁定価格に不服あるときは通常裁判所に出訴するとされた。

136) この報償契約は若干の修正はあるものの、ほぼ原契約のまま昭和61年に両者が合意解除するまで83年間も続いた。

137) 東京瓦斯は昭和5年に増資を試みたが東京市との協議が整わず紛争になっていた。

138) 改正前の瓦斯事業法の12条では、報償契約による自治体との協議を前提にして主務大臣が裁定するとしていたが、この改正で協議の前提が削除され、重要事項は全て主務大臣の裁定となり、報償契約でいかなる取り決めがあったとしても、料金などに対し必要な命令をすることができるとして自治体の介入の余地をなくした。

139) 12条の2「瓦斯事業を営む会社其の資本を増加せんとするときは、命令の定むる所に依り主務大臣の認可を受くべし」。
12条の3「市町村と瓦斯事業者との間に存する事業経営に関する定めに基き、市町村又は瓦斯事業者が相手方に対し要求を為し又は承認を求めたる場合に於て、協議調はざるときは主務大臣之を裁定す。前項の規定は、本法又は本法に基きて発する命令により主務大臣の許可を受くべき事項に関しては之を適用せず」。

140) 東京市は昭和6年当時に東京瓦斯の増資、社債募集を不承認としていたが、この認可権限自体が主務大臣に移行した。前掲、『東京ガス百年史』p. 136。

141) 日本ガス協会『日本都市ガス産業史』日本ガス協会、平成9年刊、p. 74。

142) 大正12年関東大震災とモラトリアム、同14年以降浜口デフレ、昭和2年金融恐慌、同4年世界恐慌と続いた。

143) 中村隆英『日本経済―その成長と構造』東京大学出版会、昭和53年刊、pp. 119-120。

144) 中村隆英『戦前期日本経済成長の分析』岩波書店、昭和46年刊、p. 136。
145) 阿部武司「戦間期における長期不況とその克服」『新版日本経済史』放送大学教育振興会、平成20年刊、p. 106 は、「金解禁は世界恐慌という嵐に向かって窓を開いたようなもの」と表現した。
146) 中村隆英は、政府の建設投資は大正5年の2億円水準から大正6年から昭和7年まで毎年6〜8億円に、民間投資も同期間に1億円から4〜5億円に急激に増加し、なかでも大都市への公共投資が増えたことが大都市の興隆を支えたという。前掲、中村隆英『戦前期日本経済成長の分析』pp. 142-143。
ちなみに大阪では大正14年から關一が市長となり「大大阪開発計画」を実施し都市開発、社会福祉の改革を行い、昭和7年まで人口、工業生産量で日本一の市となっている。この時期は大阪市の黄金時代といわれている。小山仁示「大大阪の時代」『図説大阪府の歴史』河出書房新社、平成2年刊、p. 286。
147) 大阪瓦斯の顧客数　　　　　　　　　　　　　　　　　　（単位 戸）

明治38	大正1	大正10	大正14	昭和5	昭和10	昭和20
3,351	49,002	60,605	85,293	301,367	382,708	455,728

出典　『大阪ガス80年史　別冊資料』p. 76

148) ガス事業者は原則ガスの供給を拒めない。（瓦斯事業法第14条）
149) 前掲、『大阪ガス100年史』p. 60。
150) 港湾部長として關は、港湾工事の事業費の継続支出が困難を理由に市会に諮り、船渠2ヵ所と埋立地18万坪を残して築港工事をひとまず5年間打ち切った。併行して民間資本を利用して、住友倉庫、東神倉庫へ埋め立てを含む土地貸与をしている。大阪市『新修大阪市史第六巻』大阪市、平成6年刊、pp. 466-472。
151) 電鉄部長としての關は、市街電車の拡充そのものが利益を生み社会事業などへの拡充にまわせると考えた。前掲、『新修大阪市史第七巻』p. 34。
152) 阿部武司『近代大阪経済史』大阪大学出版会、平成18年刊、p. 253。
153) 大阪市『昭和大阪市史 第2巻行政編』大阪市、昭和27年刊、p. 279。
154) 同上、p. 275の掲載数値を昭和3年から6年間を合計した。
155) 大阪市『新修大阪市史 第七巻』大阪市、平成6年刊、p. 42。
156) 主財源は起債6200万円、国庫補助520万円、主な対象は学校の復興3000万円、港湾の復興2000万円であった。前掲、『昭和大阪市史 第2巻行政編』pp. 292-295。
157) 大阪市交通局『大阪市交通局百年史』大阪交通局、平成17年刊、pp. 872-873、p. 889。
158) 同上、p. 73。
159) 前掲、『昭和大阪市史 第2巻行政編』p. 282。
160) 同上、p. 288。
162) 同上、p. 290。
162) 同上、p. 279。
163) 前掲、『日本都市ガス産業史』p. 67。

164) 以下の経過は、前掲、『東京瓦斯七十年史』および前掲、『東京瓦斯九十年史』による。
165) 石狩石炭㈱との30年の長期契約のため、第一次世界大戦の単価高騰のとき全国のガス会社が困難に遭遇しているとき、東京瓦斯はこの契約のおかげで相場の半分近くで安定して入手できたのが、今回はそれが逆に作用した。前掲、『東京瓦斯七十年史』p. 102。
166) 当初の瓦斯事業法では資本金の増減については規定していなかったため、東京市との報償契約第12条により申請した。
167) 前掲、『東京瓦斯九十年史』p. 154 は、「訴訟を取り下げ報償契約の改定に希望を託していたものは、ここにおいて一切が空に帰した」としている。
168) 東京市政調査会は、「東京瓦斯報償契約改定問題に関する東京市政調査会の意見」『都市問題』東京市政調査会、第4巻第3号、昭和2年刊、p. 137 で「報償契約は事業法の下の特別法」としてスライディング・スケール方式は極めて合理的であり、また9％の標準配当も絶対制限ではなくそれ以上の配当の道はひらかれているとして請願に反論した。
169) 前掲、『東京瓦斯九十年史』p. 196。
170) 前掲、『東京ガス百年史』p. 122。さらに昭和20年～24年上期までは無配。
171) 前掲、『東京瓦斯九十年史』p. 154。
172) 川島武宜『日本人の法意識』岩波新書、昭和42年刊、p. 140 は、「訴訟をおこすということは相手方に対する公然たる挑戦である」と考えるのが日本人の法意識であると指摘する。
173) 堺瓦斯は明治43年に資本金60万円で設立され、過半の51％を大阪瓦斯が保有する子会社。石川辰一郎『片岡直輝翁記念誌』石川辰一郎、昭和3年刊、業績編、p. 28 では、「大阪瓦斯の重役を中心に大阪市、堺市の有力者を網羅して事実上大阪瓦斯の分身であり、重役も堺市の一人を除いて総ては大阪瓦斯の重役の兼務であった。片岡直輝は堺瓦斯でも社長であった。」と記述している。
174) 「大正2年第97号議案大阪市会議事録」 大阪市財政局資料。
175) 明治44年大阪電燈の料金協議の承認に際し、市は増資、社債発行の協議など3条件を追加要求している。
176) 大阪市公文書。大正6年庶甲5958号、大正7年庶甲6501号、大正9年財甲2005号、大正10年財甲3042-3号。
177) 大阪市公文書。昭和2年庶甲1031号、昭和6年庶甲441号。
178) 東邦瓦斯『社史 東邦瓦斯株式会社』東邦瓦斯、昭和32年刊、pp. 85-87、pp. 95-103。
179) 岡戸武平『東邦ガス物語』中部経済新聞社、昭和44年刊、p. 198。
180) 昭和15年にこの金額は20万円に改定されている。
181) 前掲、『社史 東邦瓦斯株式会社』pp. 156-164。
182) 熱量を調整するのには、プロパン瓦斯、ブタン瓦斯による増熱と空気による希釈がある。
183) 野村得庵翁伝記編纂所『野村得庵　本伝下』野村得庵翁伝記編纂所、昭和26年

刊。
184）同上、p. 141 は「瓦斯会社乗取策謀の黒幕愈々露見に及びたる由、松永安左エ門、福澤桃介一派の仕事に外ならず、推量のとおりなり。事実のこと新聞社に発表する事となりたり」と推量した。
185）横濱正金銀行大阪市店長水野彌吉は、「徒に躊躇逡巡してゐては到底間に合わないことを知り、別に本店へは相談せず、氏一個の責任で即座に一切を引き受けた」としてその英断を絶賛している。同上、p. 143。
186）前掲、『大阪ガス100年史』p. 53。
187）前掲、『野村得庵　本伝下』pp. 139-140。
188）「大正14年2月19日外秘2338」外務省外交資料館。

第Ⅲ部
戦時期以降の報償契約の衰微

第Ⅲ部　戦時期以降の報償契約の衰微

第1章　戦時期から戦後復興にかけてのガス事業

1. 国家統制の強化と終戦

　満州国の建国を宣言した昭和7（1932）年ごろから非常時という言葉が流行した。ガス需要も軍需関連の重化学工業向けの比率が上がり、工業用ガスが経営の柱の1つになりだした。昭和12年、日中戦争が始まり急速な戦時体制への傾斜のなかで、「統制三法」といわれる「臨時資金調整法」「輸出入品等臨時措置法」「軍需工業動員法の適用に関する法律[1]」が成立し経済統制が始まった。とくに電力では国家統制が厳しく実施され、民間会社の国策への協力のため、翌13年に「電力国策要綱」が採択された。この要綱は、「電力管理法」と「日本発送電株式会社法」により、①電力の発送電を国家管理とする、②発送電は日本発送電会社に一元化するとした。14年に日本発送電会社が設立されて全国の電気各社の発電、送電設備はこの会社に現物出資された。残った各社の配電部門は、16年に配電統制令がでて各地に配電会社設立の命令が出され、翌17年には全国9配電会社に統一された。それまでに各地の自治体と電力会社間で締結されていた多くの報償契約はこの時全て契約解除[2]された。東京電燈の事例では、東京市との報償契約は大正元（1912）年に結ばれたものであったが、昭和7年に契約満期になりさらに10

年間の更新をした³⁾が、満期の昭和17年に上記の理由で東京電燈が解散し、報償契約は失効した。關西配電の事例でも、それまでの報償契約を全面解除している⁴⁾。こうして明治、大正から始まった電気業界での報償契約はすべて姿を消した。

さて戦況厳しくなるなか、ガス事業は軍需産業のなかに入っていなかったため、資金手当てが困難になり、かつ鉄鋼や石炭の購入量の欠乏状態で経営が悪化していった。昭和13年には商工省の指示で鉄鋼の割当が始まり工事用ガス管が入手できず、新規のガスの申込みを受付けられなくなり、民需のガスストーブや鋳物コンロなども制約をうけた。当時東京瓦斯が陶器の七輪を開発したことは、代用品時代を象徴していた。日中戦争が泥沼化しとくに需給が深刻になったのが石炭であった。増産が追いつかず、かつ発電用を優先したため、ガス事業は主原料の不足で節約キャンペーンを展開していた。翌14年には、「瓦斯需給調整命令」が出され、料理店などの業務用は削減幅が厳しく概ね禁止に近い状態となり、家庭用でストーブと風呂のガスの使用が禁止された⁵⁾。16年に太平洋戦争に突入し、国民生活はますます苦しくなり、食料品が配給制に移行した。翌17年には消費の低減と国家財政の強化を目的とした「電気瓦斯税法」ができ消費額の10％の税が新設された。既にガス消費の限度量は家族数により割当てられていたが、出炭状況が極度に悪化すると、その割当量もさらに削減されていった。18年後半には、遂に街路樹や空き家を取り壊して薪にするようになり、市民生活は限界状態となった。また同年10月、「軍需会社法」ができ、19年から20年にかけて、東京瓦斯、關東瓦斯、東邦瓦斯、京都瓦斯、大阪瓦斯、神戸瓦斯、廣島瓦斯、西部瓦斯の大手8社が軍需工場に指定された。しかし戦局はますます悪化し、指定工場になっても配給される原材料はほとんどなかった。

昭和19年、帝國瓦斯協会は政府の指導で全国のガス会社を8つの集団に分け、空襲の被害で軍需物資の生産に支障をきたさないように相互援助するガス協力集団という組織をつくった。さらにこの組織をより強固なものにするために大同合併も準備された。20年2月東京地区では、東京瓦斯が横濱瓦斯⁶⁾、關東瓦斯を合併し、関西では同年4月大阪瓦斯が中心となり、神戸、

浪速、山陽、尼崎、堺、播磨の6社を合併した（第1次合併）。この動きは終戦直後の混乱時も続けられ、20年10月関東信越地区で立川、八王子、浦賀、湘南、相模、相武、大宮、日立、宇都宮、千葉、木更津、長野、昭和、東亜、中島の15社が東京瓦斯と合併し、関西でも京都、奈良、和歌山、泉州、長濱、彦根、但馬、海南の8社が大阪瓦斯と合併した（第2次合併）。この間の事情について、大阪瓦斯第3代社長片岡直方の伝記『片岡直方伝』[7]によると、第1次合併については、「戦争は一層苛烈化し、阪神地区の軍需工業地帯への瓦斯の供給は、従来の協力集団の如き薄弱なる組織では到底時局の要望に応じ得ないので合併を断行した。政府〔の指導〕も地方総監府管轄区域毎に1会社に統合することであった。大阪瓦斯は他の6社が概ね8％の配当をしていることに着目して合併比率を1対1として合併契約に調印した。〔新会社には〕神戸瓦斯、山陽瓦斯、浪速瓦斯からも重役として参加した」としている。また第2合併についても、同書は、「第1次合併と同じ理由で昭和20年7月に合併調印がされ、終戦をはさんで同年11月に実現した。このときも京都瓦斯から2名の重役が参加している」という。

昭和19年より本土空襲が始まり終戦までに大都市では60〜90％の家屋が消失し工場や供給設備も甚大な被害をうけ、全国平均のガスの漏洩率は30％となり一大危機に立った。

2. 戦後復興と報償契約

昭和20（1945）年8月の終戦で、戦禍の後遺症は人々の生活に重くのしかかって、生産活動は事実上停止し、悪性インフレと凶作で、失意と混乱の中のスタートであった。ガス事業も東京、大阪などの都市部では焼け跡の随所でガスが噴出しその復旧が最重要課題であった。被災した会社は20年11月ごろには第1段階の応急的復旧をしてガスの供給を再開している[8]。

戦後復興は傾斜生産方式で始まった。石炭、鉄鋼を優先しそのつぎが生産財で生活資材は後順位とされた。ガス業界では昭和23年、当時の実質的統

治者のGHQとの連絡を密にするためGHQ会議が設けられた[9]。GHQ関係者のほか商工省瓦斯課、東京瓦斯、大阪瓦斯、東邦瓦斯の参加する週1回の会合で、それは平和条約締結の26年まで続けられた。会議の目的は傾斜生産方式のもとで、日本の産業を昭和10年当時の水準に復旧させるという目標に対し、ガス業界がどのように貢献するかについてGHQが業界と協議・指示をするという狙いであった。会議の主な申し合わせは、①工業用ガスを主とし、家庭用ガスを従とする、②ガス生産の中でコークス比率を多くしてコークスを増産する、③ガス料金の算定方式にアメリカの制度を導入する、④工業用ガスの消費を拡大するため区画別料金制を採用し使用量の増加に比例して単価が低減する方式を採用するなどである[10]。

この傾斜生産方式のため昭和21年12月から22年3月までは「ガス使用制限規則」により、1家庭あたりのガス使用料は1日0.4㎥に制限された。やがてそれが同23年から少しずつ制限が解除され、24年には「ドッジ・ライン」の一環として物資需給計画の対象物資の指定解除が一気に進み、また石炭の統制も解除され、同年12月から完全な24時間供給体制に戻った。規制が始まった昭和14年以来10年ぶりの自由化であった。この間インフレによる石炭価格などの上昇を理由にして、昭和21年から27年までに8回の料金値上の改定が行なわれている。

また昭和25年11月に瓦斯事業法が廃止となり、GHQ主導の公益事業令による「公益事業委員会[11]」制度が発足して所管することになったが、この時事業者毎に原価を算定して料金を認可する「原価主義」が初めて採用された。

昭和27年に講和条約が発効して公益事業令が失効して公益事業委員会も廃止され、ガスの所管はGHQの手を離れ昭和24年に設置された通商産業省の所管に移った。公益事業令に代わって、27年「電気及びガスに関する臨時措置に関する法律」が施行された。しかし電気とガスは条件が違うので別にするべきという分離案が大勢を占めて、29年に改正ガス事業法が成立した[12]。この新法の特徴は、①企業の自主性を尊重し許認可の対象を縮小し事務手続きを簡素化する、②供給区域内の供給義務を最優先して休眠地区の

取消し制度をつくるなどである。通商産業省も料金算定では GHQ の「原価主義」を踏襲し、昭和 32 年には「ガス料金算定要領」が定められ、これはわが国のレートベース方式[13]による公益事業料金算定の嚆矢となった[14]。

　戦争による都市の被害は都市を基盤とするガス事業に多大な被害を与え、戦後数年間は、顧客の激減、ガスの使用制限による売上の減少、導管損傷によるガス漏洩の増加、原料炭統制価格の引上げ、設備修繕費の増加などの諸要因が累積して業績は最悪の状態を続け、ガス料金の値上げや副産物統制価格の改定も行なわれたが、インフレの昂進による諸経費の増加のスピードには遥かに及ばなかった[15]。

　この間の実情について、大阪瓦斯の事例によると[16]、昭和 21 年 3 月期と翌年 3 月期決算は赤字で、また 23 年 9 月期までは無配となっている。しかし業績は徐々に好転して 24 年以降は配当率も 8 ％、10 ％と改善し、26 年以降は 15 ％ に回復している。とくに 28 年には石炭価格が低調になって収支も安定してきた。一方資金は、戦後復旧のための資金を内部資金に求めることは至難であり、勢い外部資金に依存した。そのために新株発行に加えて、社債の募集、金融機関からの借入れが増加して、資本構成も他人資本比率が昭和 24 年には 80 ％ を超えた[17]。そこで自己資本充実を目的にした増資が頻繁に行なわれ、昭和 20～24 年頃の払込資本金は約 1 億円であったものが、24 年下期に 3 億 5 千万円、26 年に 7 億円、27 年には 14 億円、28 年には、28 億円、30 年には 56 億円と倍々に増資をしている。

　異常なインフレの進行は、会社の資産構成の均衡を悪化させ、資本食い潰しの状態になってきた。つまり資産の取得ベースの減価償却では更新投資の原資がまかなえなくなる可能性がでてきて、マクロ的に資本形成が不十分になってしまう状況が現実化した。そのため政府は資産再評価法を 3 次にわたり制定し、設備などの固定資産について再評価をしてその再評価額にてそれぞれの基準日に取得したものとする特例を定めた。東京瓦斯では、昭和 25 年に約 25 億円、同 27 年に 20 億円、29 年に 31 億円の総額 76 億円[18]を、大阪瓦斯ではそれぞれ 23 億円、20 億円、30 億円、総額 73 億円[19]を再評価差額としてあげ、企業経理の健全化と資本構成の是正をはかった。こうしてガ

第 1 章　戦時期から戦後復興にかけてのガス事業

ス事業でも戦後高度経済成長への準備が整えられた。

　さて戦後の復興との関連で触れておかねばならないのは、東京瓦斯と東京市の報償契約が解除されたことである。第Ⅱ部第3章で触れたように、東京瓦斯の新報償契約は、昭和11年に有効期間20年で修正更新されていた。しかし戦時体制のなかで昭和18年に東京市が廃止され当然市会もなくなった。この契約を継承した東京都は23年に、報償契約存続の意義が薄弱になったとしてこれを解除して、今後道路占用料によることを東京瓦斯に申し入れてきた。同社にとっては今までの御荷物ともいうべき報償契約の解除であり、申し入れ後わずか1ヶ月足らずで契約は解除された。「東京瓦斯の歴史は、一面報償契約のそれともいい得られる沿革をもつ。その報償契約は姿を消した」と歓迎された[20]。

　この解除は東京都側から提案したものとされる。提案者の東京都はつぎのように考えた[21]。

　　報償契約の意義は、公益性に障害とならない限度に企業の営利要求をいれて保護育成をはかり、公益と営利双方の利益の相克を調整するものである。この場合、調整の当事者は自治体と企業と住民の3者であり、「一の利益に捉われて他の二の利益を無視することは許されない」ので運用の公益性が大切である。かくてこの公益性は「報償契約がないとしても瓦斯事業法の国家的見地から確保されており、その際瓦斯事業の地方的性格の故に自治体の意見も十分に尊重されている」[22]から報償契約の定めも〔今では〕それほど必要性があるとはいい難い」とした。さらに都の立場として「報償金は企業の結果に対する納付金であるから、利潤を生じない限りは、納付が総収入に対するものであっても減免せざるを得ない。然るに道路占用料は道路占用の反対給付であるから企業経営が欠損である場合でも徴収しうる。会社側からみても、瓦斯料金改定のとき占用料であると金額が固定しているので料金原価に算入でき〔料金価格に反映できるので〕経営にそれほど影響をあたえない」とし、以上報償契約の意義がもはや喪失されたものと認めこれを廃棄し、道路占用料に切り替えるべきであるとした。

この考え方は自治体の中立性からみて大きく評価されるべきものであった。

一方東京瓦斯はどのように考えていたかについては、昭和22年3月の決算が確定した直後、大阪瓦斯の職員が東京瓦斯を訪問し、当時の東京瓦斯の報償契約についての考え方を聞いた議事録が残っている[23]。東京瓦斯の考えはつぎのようであった。

> 現行契約は現状勢に適合せざる悪契約である。殊に納付金計算基準の悪契約なる[24]ことは常識の問題であり既に議論の余地はない。また総収入に副産物収入を含む[25]のも不合理である。会社は現在赤字である[26]。〔会社は〕契約条項を理由に[27]、之が減免申請をなす権利を保有している。一方都は赤字財政に苦しんでゐる現状である。したがって都としては相当の収入を確保し得ることを望んでゐる。契約改定又は契約を占用料に切替へるチャンスである。会社の収支が近く黒字になることは明らかである。さふなれば現契約の累進納付金を否応なしに課せられることとなり〔その時に〕都は交渉に応じないであらふ。利益をだしてからでは遅いと思ふ。

つまり会社側の対策は、①道路占用料に全面的に切り替えること、②総収入に対する累進計算を改定すること、であるが、重要なことは占用料に切り替える際には何等かの協定または条例に特別な条項を挟み一方的値上げを抑えることが要件であるとしている。つまり、報償契約による今までの報償金の計算は総収入の配分であるが、会社が赤字状態であれば、報償契約第6条但書で、報償金は免除または減免となり、東京都にとって報償金を期待できない。したがってこの時期を逃さず特別道路占用料方式に切り替え、かつ占用料の決定方式を東京都の専決ではなく両者の協議とすることで都の一方的な値上げの道を断つという考えであった。この期待はその後の覚書で実現されている。

報償契約解除後の新設の道路占用料は東京瓦斯の思惑どおり、既存の一般道路占用条例によるものではなく、公益事業として特別の占用単価を決定した。そして昭和23年度分として導管1m/年あたり、1円61銭8厘1毛と

設定して[28]以後の改定は両者が協議することとなった[29]。この占用料決定の背景には、先に東京電燈が關東配電となったとき報償契約による方式から特別の占用料方式となっていた例があり、双方の占用料の整合性をとる必要があった。また都には、決算結果による報償金というものでなく、予算に組み込むことができるという占用料方式の長所もあった。

　ガス事業では、東京瓦斯に続いて、東邦瓦斯の報償契約も大きく変化した。昭和7年に25年の期間で更新され戦時、終戦をまたがり遵守された報償契約が、昭和32年に期間の満了となり、33年に、契約期間を8年余りに短縮して再契約された。しかしその内容は大きく変わり、東京と同じく道路占用方式に改められた[30]。既に昭和7年の時点で事業買収項目は削除されているため、東邦瓦斯の報償契約は、もはや従来の意味での報償契約ではなくなった。ただ、かつての報償契約は全国の各地に慣習として未だ根付いており一挙になくなることはなかった。

　全国に200以上もあるガス事業者の、それぞれの報償契約がいつ終わったのかを示す史料は残っていない。明治30年代から華々しく登場した報償契約も、導入されたときの記録はあっても役割を果たしもはや重大事でなくなった後は各社の社史にも記録されていないことが多い。とくに期間満了で終息した場合には記録も乏しい。岐阜瓦斯の事例では、昭和21年に岐阜市と報償契約を締結したが、31年に期間満了となり、報償契約の更新・改定について通商産業省の見解を問い合わせたことに対して、通商産業省は、「旧来のものは慣習上やむを得なかったとしても、その契約の失効時において、これを更新することなく漸次撤廃するよう指導する方針である」としている[31]。日本ガス協会が各社の社史を点検したところ、中部瓦斯と浜松市が昭和39年、豊橋市が40年、磐田市が45年にそれぞれ報償契約を終えている。また後に東邦瓦斯と合併した合同瓦斯と津市が昭和36年、松阪市が41年に同契約の解除または期間満了を迎えている。さらに北海道瓦斯では41年にも札幌市、小樽市、函館市との契約が未だ残っていることを確認している。

　全国のガス事業での報償契約が解除される傾向のなかで、昭和30年代以降の報償契約問題は、実質上大きな影響をもつのは大阪瓦斯関連の契約、な

かでも大阪市との契約に絞られることとなり、つまり報償契約の嚆矢となった明治36年の大阪市との契約がまたもや最後まで残るという奇しき結果となった。

3. 大阪市財政の困窮

　終戦により国家統制が崩壊し戦時インフレとは桁違いのハイパーインフレが起こった。昭和20年10月から24年4月までの3年6ヶ月の間に消費者物価は100倍となった。この時期の大都市の財政はどのようなものであったかについて大阪市の事例をとりあげる。

　大阪市の人口は昭和初頭以来増加を重ねてきたが昭和14年の340万人をピークに頭打ちになり、戦局が厳しくなった18年から徐々に疎開による減少が続き、終戦の20年には110万人に激減していた。市税収入も半減したため多額の赤字公債を発行した。終戦を迎えた翌21年度の市政は戦災復興と食料・住宅を中心とした市民生活の確保を重点とした。復興都市計画に基づき全市域にわたる都市計画事業が開始され、土地区画整理事業で全市の3分の1の約61平方キロが対象地区とされた。翌22年までの2年間は戦争被害の緊急的復旧の時期といえる。

　一方GHQの占領政策もあって市財政の基本になる国の政策や税制がしきりに変わり、そのたびに市の施策も揺れ動いたため終戦後10年間は年度ごとの財政環境の変化と政策の変容について述べることとする。戦後10年の市財政の歳出・歳入額を巻末の資料14「大阪市の歳出歳入額（昭和21〜30年）」に添付した。但し、激しいインフレの進行で通年の金額比較はできない。

　まず昭和22年度は新教育体制が実施され6・3制が採用された。戦災によって多くの校舎の消失に対策がとられている途上に新中学校をつくるという新たな財政負担が自治体に強いられた。しかし国は地方の厳しい財政支出に充分に手当てできなかった。

昭和 23 年度は新憲法による地方自治の強化のための施策として、警察・消防が自治体に移された。大阪市警察、大阪市消防局が発足した。

　昭和 24 年はいわゆるドッジ政策で国と地方の緊縮予算が組まれた。総予算の均衡、補助金の削減、復金債券の発行停止を内容とするもので、これにより戦後インフレは収束にむかったが、そのしわ寄せが市の財政にもたらされた。つまり地方経費に直結する国の公共事業費・失業対策費・地方配布税・地方債などの予算削減で、事業を止められないものの多くは市の負担となり財政は窮状を極めた。この時期、市は税外収入を求め、なり振り構わず長居公園での競馬場、競輪場やオートレースが開催されて収入に取り入れた[32]。また「200 万円宝くじ」も売り出した。さらに市は終戦直後から職員数を大幅に整理していたが、24 年には職員定数条例に伴う人員整理と機構改革として課と係の削減をしている。

　昭和 25 年はシャープ勧告により地方財政制度の抜本改革が行なわれた。この目的は、①地方自治の擁護および強化の徹底、②国と地方の事務配分の合理化、③自治体の財政力強化と地方間の財政力の均等化であった。シャープ税制では府県と市町村の税源が分離され税体系も簡素化された。府県税は事業税、入場税、遊興飲食税などの流通課税を中心に配分され、市町村は市町村民税、固定資産税、電気ガス税など市内居住者に対する直接税が中心となった[33]。そのため大阪市のような昼間人口と夜間人口の大きく異なる大都市が巨額の経費を投じて建設する都市施設に関連ある税源が府の財源となり市にとって極めて不都合な税源内容となった[34]。さらに平衡交付金の改革でも標準行政費の算定では大都市としての多額の必要財政需要が配慮されなかったため普通交付金が交付されず、起債も制限されるという実態にそぐわない状況におかれた。

　さらに同年ジェーン台風に襲われた。被害は惨憺たるもので防潮堤は各所で破壊され、災害復旧に要する経費は国庫補助や起債で賄っても財源不足は大きく、それを市費で負担しかつ罹災民を考慮した市民税・固定資産税の減免もしなければならなかった[35]。この年は多額の歳入欠陥になり、翌年の歳入を繰上充用しても赤字は解消されなかった。このように 25 年は市財政に

とって戦後最悪の受難の年であった。

　昭和26年度は財政再建のため徹底的な緊縮予算をたてて臨んだ。歳出ではベースアップの延期や手当ての削減など人件費の切り詰めをして、国の公共事業も大幅返上して地元負担分を削減した。歳入では各種事業料金を値上げし市税の徴収率も強化した。

　昭和27年度も赤字財政の建て直しを踏襲した。最も大きな経費削減として市職員数の10%相当の3,000人の人員整理を行なった。

　昭和28年度も緊縮方針を踏襲しつつ経常経費の削減による財源を経済復興基盤の充実と民生の安定に注力した。

　昭和29年度は学校建設の教育費や道路・橋梁・住宅などの公共事業費の追加が増える一方で、歳入では朝鮮動乱の終息と経済界の不況で税の自然増が伸び悩んだことと、市警の府への移管が税収では移管されながら実施が1年遅れたための税収減で大きく財政不足となった。

　昭和30年は隣接6町村[36]を大阪市に合併し、いよいよ市勢の発展が期待された年で、やっと膨張し続けた財政赤字も低減の方向になった。

　以上終戦後10年間の大阪市の財政の年度毎の主な出来事を抽出した。総じて終戦当初こそ赤字債券や公募債の発行で何とか凌いでいたが昭和24年至って事業繰越をせざるを得ない状況になり、以降毎年緊縮に緊縮を重ねても赤字が累増し25年以降はその赤字は顕在化し異常措置を繰り返した。この点について巻末の資料15「大阪市の財政収支累年比較（統計額）（昭和20年〜32年)」で戦後約10年間の歳入歳出の実質の純計額を示した[37]。それによると事業繰越や支払繰延べを繰り返し、なかでも25年からの3年間は後年度の予定歳入にまで手をつけているといった窮乏状態であった[38]。しかし31年度に7年ぶりに決算面で一応収支の均衡をとることができた。このように終戦からの10年間は破綻状態が続いたのである。

　最後に水道と交通事業収支に触れておく必要がある。戦後、公営企業の財政自主化が叫ばれ昭和27年に地方公営企業法が制定され、大阪市も水道と交通の両事業が公営企業として再発足した。ここでは現金主義による決算方

法から発生主義による決算に変更された。

　水道事業は明治の創業時の数年を除いて黒字を継続してきたが、この決算方式の変更で昭和29年度は赤字を計上した[39]。しかし翌30年の料金改定で経営を建て直し37年まで黒字を続けた。

　交通事業は路面電車が終戦直後の3年間は赤字に陥ったが、昭和24年から黒字に戻っていた。しかし決算方式の変更で28年度から一転して大幅赤字になり、少しの例外年を除いて黒字に戻ることはなかった。一時その赤字を補填したのが地下鉄であったが、それでも追いつかず37年以降は交通事業合計でも赤字になった。その後、路面電車は43年を最後に全線廃業し、鶴原が始めた大阪市電の歴史は65年で幕を閉じた。そして市電収入で拡幅された路面から軌道がとり払われ、続くモータリゼーションの時代を迎えるのである。

第Ⅲ部　戦時期以降の報償契約の衰微

第2章　高度経済成長と
　　　　大阪市報償契約の運用

1. 高度経済成長とガス事業

　昭和25（1950）年に朝鮮戦争が始まった。アメリカは日本に対して後方物資輸送基地の役割を期待した。そのための特需景気で日本の経済情勢は一変し復興は一段と加速した。特需の発生と輸出の急増で日本の生産水準は急伸し、25年には戦前の水準を超えた。翌26年度の実質国民総生産も戦前の水準に戻った。

　ガス事業でも工場稼働率が高まり、産業用ガス需要の急増で、27年末には顧客数こそ戦前の最盛期に及ばなかったが、ガスの供給量は戦前の水準に復し、ガス事業は新たな発展の段階に進んだ。

　こうして、戦後復興の時代が終わり高度経済成長の時代が始まった。神武景気、岩戸景気、オリンピック景気、いざなぎ景気などの好景気が続き、世界に類例を見ない長期にわたる高成長が実現した。これにより日本の国民総生産は昭和43年にはアメリカについで世界第2位となり、世界の経済大国となった。

　この高度経済成長期に大阪瓦斯のガスの年間販売量も昭和30年から45年の間に、2.3億m^3（45 MJ/m^3換算）から13.1億m^3に5.6倍の成長を遂げた。

その内訳は家庭用が 6.1 倍に対し、工業用は 4.0 倍であった。家庭用が大幅に伸びたのは、①都市人口の回復と郊外への営業拡張で、この間に家庭用顧客数が 75 万戸から 275 万戸の 3.7 倍に急伸したこと、②ガス器具が新しい機能をもって開発され、特に風呂、湯沸器など湯の需要と赤外線ストーブの開発による暖房需要の掘り起こしなどで、この間の家庭用 1 ヶ月 1 戸あたりのガス消費量も 16.3 m^3 から 27.9 m^3 へと 1.7 倍に増加したことによる。このように、大阪瓦斯も京阪神一体の都市の拡大と居住の質の向上および重工業を中心とした大工業地帯の発展により、高度成長の恩恵を大きく受けた。

2. 報償金減額の話合い

　明治に始まった報償契約は、電気業界では昭和 17（1942）年の全国 9 配電会社の設立とともにそれを解除され、ガス業界でも昭和 23 年に東京都・東京瓦斯の契約は解除され、33 年に名古屋市・東邦瓦斯の報償契約はその名称を残しながらも実質的に道路占用料に移行した。道路使用料を報償金として収入または利益の一定割合で支払う方式はなくなりつつあり、定額の道路占用料方式に変わっていった。ただ大阪瓦斯と大阪市などの関連都市については報償契約が依然残った。とくに大阪市・大阪瓦斯の契約は明治、大正、昭和を通じて、双方が遵守してその時々に柔軟な対応をしてきたのと、契約更改時期が規定されていないことと市が買収条項の温存にこだわったことがあり、わずかな運用規定の見直しだけで明治期の当初契約の内容が維持されてきた。

　ここで、報償金額の推移と報償契約の若干の修正の経緯について触れてみる。（巻末資料 16「大阪市報償金等推移表（明治 38 年〜昭和 29 年）」、17「大阪市報償金等推移表（昭和 30〜60 年）」参照）

　当初わずかであった報償金も業容の拡大とともに少しずつ増えてきたが、昭和 6 年から頭打ちになり、市と会社が協議して 5 年の報償金 25 万 1950 円 76 銭を今後の報償金の最低額とすると定めた。この最低額を適用した年は 6

年から8年までの3ヵ年と、終戦の20年と21年であった。それは、道路占用料としては想定外の低い報償金となったため、その埋め合わせとして、会社は市に対して、14年以降7年分割で総額250万円、21年以降5年分割で総額178万6千円をそれぞれ寄付している[40]。

しかし戦後インフレの亢進が激しく、約定の25万円余の最低金額も事実上意味がなくなったため、昭和25年に新たに3ヶ年に限定して報償金の最低金額を500万円とする約定が成立した。大阪市はもちろん大阪瓦斯も報償金の実体を道路占用料として認識していて、利益がないから無償とすることには抵抗があったためである。またこの時期の大阪市の財政は戦災復興のため歳出の増大とインフレの進行、税制改正[41]などのうえにジェーン台風などの苦難が一挙に押し寄せ市の財政を破綻状態にしていた。

一方で戦後の急激なインフレで報償契約の報償金の算定方式には大きな齟齬が生じてきた。報償金の算定は純益の5％（報償金Ⅰ）および報償金Ⅰを控除した残額から、資本金の12％の配当相当額および法定準備金を控除した過剰金の4分の1（報償金Ⅱ）を合計したものとしている。ところが報償金Ⅱ算定の控除金となる資本金は、インフレのため相対価値が大きく下がった結果、報償金Ⅱが異常に高くなる現象が生じてきた。

もともと報償金Ⅱは、報償契約で「もし過剰金あるときは」と表現されているように常態化を想定していない。株主配当相当額を控除した残りの過剰金があった場合は株主と消費者がそれを分け合う英国のスライディング・スケール条項の精神をとりいれたものである。ところが控除する配当相当額の算定基礎数字はインフレで暴落した株式の額面価格の12％であり、株主とガス消費者が分け合うという本来の形が崩れた。

そのため会社は昭和28年に、報償契約による報償金Ⅱの算定方法を改善して、形骸化した名目資本金の扱いを、再評価積立金を加算した実質資本を採用して計算するように大阪市に算定基準の変更を申し立てた。申請資料ではつぎのとおりその申請理由をやや詳しく述べている[42]。

①大阪瓦斯の報償金は現行の算定方法では、報償金Ⅱが原因となって異常に高い。昭和27年度実績では、導管1mあたりの納付金は、大阪市16.6円、

東京都3.1円、名古屋市4.9円、また瓦斯1m³あたりの納付金は、大阪市10.3銭、東京都2.7銭、名古屋市5.0銭となっている（大阪市は報償契約による報償金から逆算、東京都・名古屋市は道路占用料）。
②ガス料金は認可料金として政府の原価査定を受けているが、大阪市の報償金は査定金額を超えていて企業運営に支障となる。
③昭和25年にガス管に対する固定資産税が創設され、また電気ガス税が復活して、会社の市への納金は格段に増大している。

（さらに報償金Ⅱの計算についての不合理な点として）
④再評価積立金の実質は、貨幣価値下落に基づく株主資本金の価値を修正したものであり、本質的には株主資本への組み入れを予想したものである。社債の発行限度、新株発行の割当ての政府基準[43]はその証左である。
⑤資本の12％という控除率は、戦前は妥当なものであったが、インフレ下での額面配当率の全会社の平均は22％であり、現在の大阪瓦斯の15％の配当も名目資本金に再評価積立金を加えた実質資本金からみても4％に過ぎず、今後の資金調達にを支障きたす。

として昭和28年以降の報償金Ⅱの算定に、再評価積立金を加算した資本を使うように申請した。大阪市はこの申請に対して積立金の40％を報償金計算上の資本に組入れることで一部了承した[44]。

なおこの過少資本金問題について会社のとった本質的な解決として、昭和29年から46年まで8回にわたり有償、無償の抱き合わせ増資を行い、再評価積立金の資本金化は48年までかかって完了している。

さらに報償金の取り扱いについては、市にとって報償金額を算定するための翌年の予測が難しく予算制度になじみにくい。そのため全ては会社の決算結果によるという難点があった。一方会社では、高度成長に伴い利益が増加していくと、比例して報償金が多くなり、他の東京・名古屋市の道路占用料の水準と乖離して、通商産業省の原価査定が認められない恐れも予想できた。各地の報償契約が解除される傾向がありながら、それでも市が報償契約

にこだわったのは買収条項を残しておきたいという一念あったからである。

そこで双方が歩み寄った案はつぎのようなものであった。

当時の大阪市でガスの普及率は昭和29年に63.3％で、市内ではまだまだ未普及地が多かった。都市ガスがあることは良好な宅地の条件とされたため、本管を伸ばしガスを普及させてほしいという、市会議員を通じて市当局に寄せられる市民の要望も多かった。一方会社では家屋が過密で本管の売上効率が高いものを優先する傾向があり、市の都市計画とは微妙な差異が生じていた。

そこで市と会社は、際限なく高額になりつつある報償金の一部をガス本管の特別工事投資にまわして未普及地帯の普及改善に努めるという妙案を考えた。投資額や敷設場所については、市と会社が毎年協議するとした。この解決策は双方にとってそれなりに満足のいくものであった[45]。市は導管の先行投資場所に発言の機会が得られるため市会を満足させられ、会社は短期には採算にのらぬものでも報償金の一部を先行投資に向けられ将来が期待できるというものであった。この案は、昭和33年11月に報償契約運用の覚書として両者の間で調印された。その本文で、「大阪瓦斯株式会社は、大阪市内におけるガスの普及の促進を図るため、33年度より向う3年間特別に導管布設工事を施工するものとし、大阪市は右工事の施工に伴い、昭和32年度分より向う3年間報償金の一部をこれに充当する」とされた[46]。この約定はその後も更新を重ねて、後年報償契約が解除される61年まで存続することになる。

第3章　大阪市報償契約の買収条項の満期の到来

1．存続する報償契約

　報償契約は、電力事業ではその全てが、またガス事業でも戦後に大部分が解除された。しかし大阪瓦斯と大阪市を中心とした17の関連都市にこの契約は根強く残されていた（次頁表1）。

　これらの報償契約のなかで買収条項をもつものも多数あるが、その多くは合併以前にそれぞれの市と地域の瓦斯会社との間の報償契約が大阪瓦斯に継承されたものである[47]。しかし京都市や神戸市のような大都市でも、大規模化した大阪瓦斯の買収は現実としてありえないとしていたため、報償契約のなかで買収条項は形骸視されていた。そのため大阪市・大阪瓦斯の買収条項の動向のみが社会的に注視され、その意味をもった。ちなみに、報償契約のない府、県や上記以外の多くの市の道路使用は報償金でなく道路占用料が課されていたが、一般道路使用料金よりも割引されるか、あるいは免除されていた[48]。

　昭和30年は、大阪市の報償契約のなかの、買収条項に規定する開業後50年の満期に相当した。しかし明治36年の契約締結からは52年の歳月が経過している。この間に第二次世界大戦による敗戦を経験し、大阪瓦斯も契約当

表1 存続する報償契約 (昭和29年8月16日現在)

市	契約日	契約期限	更新その他
※大阪市	明治36.8.6.	なし	昭和30.10.18.以降買収権発生
※京都市	昭和14.2.19.	昭和34.1.31.	
※神戸市	明治41.3.31.	昭和30.3.31.	覚書で2年間延長
※堺市	明治43.3.30.	なし	昭和25.3.29.以降買収権発生
※尼崎市	昭和28.10.23.	昭和29.1.31.	1年毎自動延長
※伊丹市	昭和3.3.8.	昭和33.3.7.	
西宮市	昭和22.4.1.	昭和29.3.31.	覚書で2年間延長
明石市	昭和6.7.16.	昭和16.7.15.	但書により新契約締結まで延長
姫路市	昭和18.6.13.	昭和28.6.12.	2年毎自動延長
加古川市	昭和21.6.24.	昭和36.6.23.	
高砂市	昭和21.7.7.	昭和36.7.6.	
※長浜市	昭和23.5.20.	昭和38.5.19.	
※彦根市	昭和28.3.8.	昭和38.3.7.	1年毎自動延長
和歌山市	昭和28.5.17.	昭和31.5.16.	
※奈良市	昭和24.4.1.	昭和34.3.31.	1年毎自動延長
豊岡市	昭和4.11.25.	昭和29.11.24.	
箕面市	昭和24.4.1.	昭和29.3.31.	5年毎自動延長

出典　昭和29年8月16日付「新しい報償契約の検討資料」大阪瓦斯資料
注．市の名称に※のある9市は報償契約中に買収条項を有する。

時の想像を絶する変容を遂げた。しかもこの契約は双方が遵守してきたのでほとんど改定がなく[49]原契約のまま生き続けていて、かつ契約自体に有効期限の規定がないため、契約更改の契機がないことが特徴であった。

2. 生産、供給設備の一体化と石炭化学会社化

昭和20年に大阪瓦斯は、京都、神戸ほか12社の近畿地方のガス会社の対等合併を経て新生大阪瓦斯としてスタートした。この合併は大阪瓦斯の企図したものではなく、戦争期の技術、資金、資材、労力などあらゆる面での相互援助を目的とする国策上の要請からつくられたガス協力集団の近畿ブロッ

クが下地になった。ガス事業は大規模設備投資を必要とする典型的な費用逓減産業で、多く売れば売るほど原価が低減し、それが新たな投資に繋がり需要も増えてくるという循環の生まれる産業であった。元来、京阪神地域は人口稠密な諸都市が相接続する大工業地帯であるが、その中で多くのガス会社が行政毎に小さな地区を守って経営してきた。しかし常に電気や石炭との競争に立たされて料金低減が求められる工業用ガスの販売の世界での弱小乱立の継続は市場競争の世界ではあり得ぬことであった。一方でガス工業技術の進歩でガスの高圧遠距離輸送が可能になり、京阪神地区のガス会社が合併して一体となることは、戦時政策がなかったとしても必然の運命でもあったと思われる[50]。

　新大阪瓦斯は、その一体化のメリットの効果を最大限に上げようとして多くの重点的な投資を行なった。京阪連絡高圧導管[51]および阪神連絡高圧導管を始め集中的な導管投資による供給網の完成、大阪市内の主力である酉島工場の大増設とオイルガス製造装置の新設など、製造・供給の両面から京阪神の一体化をはかって原価低減を実現していった。これによって、昭和29年には神戸地区の需要の21％を、また京都地区のそれの33％を大阪から供給することになった[52]。

　このような一体運営は枚方市や泉佐野市などの隣接地域へのガスの普及を加速させ、30年ではその供給地域は近畿2府4県37市29町村[53]、顧客数は78万戸を超えていた。

　また、創業当時の大阪瓦斯の実態は若干の副産物はあっても純然たるガス供給事業であったが、大正14年にコークスを製造する大阪舎密工業を合併し、また昭和16年には社内に加工部という専門組織を設置して石炭蒸留に意を注いだ。さらに戦後には、GHQ主導の傾斜生産方式への参画もあり、石炭乾留化学会社としての性格と使命を益々濃厚なものにしてきた。そのためタール蒸留部門の発展伸張は著しく、ガス事業に占める副産物のウェイトは非常に高いものになっている[54]。

　以上、広域運営と副産物による多角化は、大阪市による大阪瓦斯の買収をより困難にした。地域の拡がりからみても、取り扱う品目からみても、当初

意図していた大阪市内のガス供給会社を買収するという次元を超えてしまっていた。このように業容が拡大した過程での合併や資本増加などの戦略の実施毎に、報償契約による大阪市との協議という手続きは忠実に守られてきた。このことは、とりもなおさず大阪市も同意のうえでの業容の変化であった。それだけに市にとっても悩ましい買収条項であった[55]。

さらにガス事業の大阪市への譲渡は、ガス事業法により通商産業大臣の認可事項になっているが、契約締結後50年以上を経て大きく業容が変わった大阪瓦斯を買収して仮に大阪市が経営したとした場合に、それを政府が認可するのかという問題が浮上してくる。ガス事業法（昭和29年4月1日施行）第5条は、ガス事業の認可項目として7項目をあげているが、譲渡に際してもこの内の次の5項目、①ガス事業の譲渡が一般の需要に適合すること、②ガス工作物の能力がその供給区域におけるガスの需要に応ずることができるものであること、③事業の譲渡でガス工作物が過剰とならないこと、④事業を遂行する経理的基礎があること、⑤事業の譲渡が公益上必要適切であることの要件を全部具備しなければならないとしたものであった。

3. 買収条項に対する学説

報償契約の有効性は、電気事業法、道路法、瓦斯事業法が順次成立して、報償契約との整合性に関して紛争が起こったことをきっかけにして法学者の間で大きな議論になった。なかでも買収条項については、古くは大阪電燈の買収をめぐる喧々諤々の論議があり、この時の議論は、電気経済研究所編『報償契約質疑録（Ⅲ）』[56] に詳しく紹介されている。岩田宙造[57]、江木衷[58]、乾雅彦[59]、岸清一[60]、仁井田益太郎[61]など当時活躍した法学者がそれぞれ意見表明している。後年大阪瓦斯も、昭和13年に東京帝国大学の松本烝治[62]に、さらに昭和30年頃に東京大学の田中二郎[63]、京都大学の大隈健一郎[64]、杉村敏正[65]に当該報償契約の鑑定を依頼している。大阪瓦斯の顧問弁護士の吉川大二郎[66]も意見を表明している。これらの法学者の意見を整理してそれ

それの主張をまとめてみる。

先に、報償契約の買収条項を再掲する。

> 第2条　会社は開業の日より満50ヶ年の後に至り市の希望に依り買収に応ずべき事
> この価格は大阪市内の株式取引所に於ける会社株式の其時より前3箇年の平均相場に依る。但平均相場が右3箇年間の利益配当平均年額20倍以上なるときは其20倍額を以って買収価格と定むべし

(1) 買収条項における債務の性質

約定のなかの「買収に応じる」という債務はどのような性質があるかについて見解は分かれる。

一つは「売買一方の予約」であるとする考えである。民法556条は、完結権者が売買完結の意思表示をすることによって買収が成立するとしている。この規定を適用するのには、その契約目的が特定されていることが必要であるが、会社営業の全部と考えれば買収価格も確定しているから民法のこの規定の適用を妨げないとする意見である（岩田宙造、江木衷、乾政彦）。

ただこの「売買一方の予約」説に対しては次のような反対論が多い。

この契約では目的物の引渡し時期や代金の支払い方法が定まっていないから、民法の規定でいう、相手方が売買を完結する意思表示で直ちに売買の効力が生ずることと同じにはならない（岸清一）という意見や、「買収に応ずる」という文言は承諾の意思表示を必要としていることは明らかでありさらに買収条件を協議、協定して売買の契約を締結することを約したもの（仁井田益太郎）という説や「買収に応ずべき事」とは字義不明にして、当事者の一方の意思表示のみによりこの複雑な効果を発生させようと解するのは条理に反する（松本烝治）という考えもある。また、売買の対象物についても、民法556条は民法の有名契約[67]の一つである売買を対象としているが、報償契約による買収の対象は会社事業であり、その性質は事業譲渡という無名契約でありこの規定は適応されない（吉川大二郎）とか、会社とは物体と異なり権

利とともに義務もあり、しかも50年も後の一方的な譲渡成立は、条理に反する（大隈健一郎）などさまざまな考え方がある。

　これらをみると、この買収条項は予約権者の一方的完結の意思表示で売買の効力が生ずる「売買一方の予約」ではなく、市の希望により更に買収条件を協定し会社と事業譲渡の「契約の締結の予約」と考えるのが多数説のようである。したがって大阪市が買収したいとする意思表示をしても直ちに大阪市に譲渡されるものではなく、譲渡契約の内容の交渉につくことが大阪瓦斯の義務となると考えるのが現実的であり妥当なようであった。

(2) 買収権の時効

　買収権は、開業50年を経過した後に市は意思表示できるとするが、その権利は永遠に続くのかという問題である。この条項を「売買一方の予約」と考えても、「契約締結義務の予約」と考えても、この大阪市の「予約」の権利は債権でありその権利発生後10年の消滅時効にかかることになる。

(3) 起算日としての開業日

　買収条項の起算日は、「開業の日」とされているが、大阪瓦斯の場合は何時を指すのかということは、意外と大きな問題でもある。大阪瓦斯は明治29年に免許を得て明治38年にガスの供給を開始しているため、その間9年の差がある。現実に大阪瓦斯の明治30年の設立登記では、開業年月日を明治30年10月10日と記載している。しかし「開業の日」は会社の目的とする営利行為を行った日と解釈されるため、明治38年10月19日のガスの開通日と考えることで大方の学者や大阪市、大阪瓦斯双方も一致していた。そうなると50年後とは昭和30年10月19日ということになる。

(4) 買収価格

　大阪瓦斯では買収条項による買収価格を昭和26年1月から28年12月までを仮の計算期間として試算している[68]。ただこの期間は、条項では想定していなかった増資が頻発しており、条文の3年間の平均とは、①文字通りの

平均と考えるのか、あるいは②株数による比例平均と考えるのかの解釈の違いにより大きな差ができる。

　株式相場による買収価格は、①では39億5千万円、②では18億5千万円、配当平均による買収価格は、①では84億円、②では37億7千万円と計算されている。この金額を、大阪市、京都市、神戸市など買収条項をもつ8市が分割することとなる。

4. 買収権発生に対する大阪市の対応

　大阪市は現実に買収権の発生する昭和30（1955）年10月19日の満期日にむかって買収の準備をしていたわけでもないため、あまり意識することなくその日を迎えそうであった。大阪市が大阪瓦斯を買収することが現実的でなくなっていたことと、買収が可能としても政府の認可が得られるか否かが問題であり、満期日直前になっても当事者間で話題になることはなかったようである。

　同年8月の大阪瓦斯の株主総会で社長はつぎのようにあいさつをしている。

　　当社は、京阪神を有機的な一体といたしまして製造供給の合理化を進め、豊富円滑な瓦斯の供給を行なっているのでありますから、大阪市の部分だけ切離すということは公益的見地から見まして到底考えられないのであります。また報償契約の問題につきましては、多年に亘り、当社は契約の趣旨を尊重し、円滑に推移してきたのでありますから、買収の問題も円滑に話し合いがつくよう善処したいし、善処できるものと考えておりますので、株主の皆様も御安心願いたいと存ずる次第であります。[69]

このように市も会社も買収問題を現実のものとは認識していなかった。

　ところが、同月の市会で、道路整備の財源不足に関連して、議員から次のような質問がでた。①大阪瓦斯による報償金の計算で会社は粉飾していない

か。②市は買収期限の到来を放置すべきではない。③そのためにも、買収に関する市会の特別委員会をつくるべしと。これらに対して中井光次大阪市長は、「大阪瓦斯問題が本年のこの秋の極めて重大な問題である」として、条件次第では買収もあり得ると答弁したため、この問題が市会の重大問題として急浮上した。議員提案どおり翌9月にガス報償契約に関する特別委員会が発足した。

この特別委員会は、10回以上も会合を重ね、他の都市の調査、大阪瓦斯の工場の実地視察、専門家の意見聴取など精力的に活動した。しかし当初の想定に比べて買収が不可能に近いことがはっきりしていくにつれて意見がまとまらなくなり、ついに第12回目の会合では、「委員会設置後1年以上経過したが、問題解決の見通しが一向に立たない現状で委員間での責任のなすり合いとなった[70]」という。結局発足後2年近く経った、昭和32年6月の委員会がつぎのような市長宛の要望書案をつくったのち委員会は解散し[71]、翌月の市会に委員会案が上程され決議された。

要望書の概略は、「報償契約は、現在の社会情勢に即応しなくなった条項もあるので会社と契約改定の交渉をするように要望する。但し、この交渉に際しては、買収条項を放棄することがないよう[72]に、かつ改定の契約の有効期間は5年とする」として当面の具体的要求項目を挙げた[73]。当初は本気で買収するつもりで検討を始めたものの、現実的ではないことがようやく理解されてきて、あと始末をこの要望書で市の理事者[74]側に押し付けた結果となった。とくに要望書のなかの「買収条項を放棄することなく」という部分は以後の市理事者の手足を縛ることとなった。

特別委員会の発足した頃の大阪市の担当局長は、「最近の市会の動きのため市は報償契約をどうもって行くかが難しくなってきている。今後は報償契約の改定が必要で、期間は10年ぐらいとして買収条項は残しておきたい。改定に通産省が反対するなら、道路占用方式しかないが、その場合は東京瓦斯方式のような協定による特例占用料はできない」とした[75]。一方の大阪瓦斯は買収条項を残した報償契約の改定はメリットがないので交渉に応じないことは明らかであった。会社の望むのは東京瓦斯方式での両者の協議による

特別占用料の協定であった。しかし「買収条項を放棄することなく」という市会の拘束をうける市当局と会社は解決策を見出せなかった。

さらに、買収の意思を提示できる債権の消滅時効は10年であるため、昭和30年に始まった市の買収権は昭和40年10月18日に消滅時効がかかってくるので、市は大きな懸案を抱えることになった。この間両者は打開方策が見つけられないまま虚しく時間がすぎていった。

5. 通商産業省の考え方

報償契約の買収条項の満期は通商産業省も大きく関知するところであったので、当面の考え方を通商産業省ガス課の本間武夫事務官が、「ガス事業と報償契約」というテーマで雑誌『電気とガス』昭和30年10月号に一般論文という異例な形で発表した[76]。大阪瓦斯の買収条項の満期に時期をあわせ、今も存続する当該報償契約をあえて特定して詳しく論及した。基本になる考え方は、「報償契約は道路法、瓦斯事業法の制定以来、殆どその存在意義を失ったものであり、したがつて報償契約は廃止し、ガス事業に対する統制は、国により一元的に行わるべきものとする考えである」とした。この論文は、改正ガス事業法[77]に基づく通商産業省の考え方を、産業政策から見て非公式な形で公表したものである。以下その内容を紹介する。

①ガス料金の割引（報償契約第1条）について

大阪市の場合、他の報償契約の例とは異なり、一般営造物が除かれているので、割引条項に該当する供給は行なわれていない[78]。ガス料金は認可制であり、当事者間でガス料金の割引を約定することは、事業法の強行規定に違反する。特定の者に対する料金割引は、「ガス事業の公益的性格及びその自然独占性からする総ての使用者に対する平等性の規定にも反する」からである。

②事業買収（報償契約第2条）について

買収予約の契約であり、また、市の希望によるのであるから、50年後に

自動的に買収されるものでないことは当然である。事業の譲渡、譲受はガス事業法第10条の規定により認可制である。勿論譲渡契約自体に瑕疵のないことや、認可申請が法令上の要式行為として適法になされること等、前提条件としても問題は少なくないが、いずれにしても適法な申請に対し、認可、不認可の処分はガス事業法独自の立場からなされるのであって、かかる買収の約束が当然に認められるものではなく、ガス事業法第5条の事業許可基準が適応される。その基準で当該買収条項についてみれば、少なくともつぎのことがいえる。

　京阪神地区は、元来、人口稠密な諸都市が蜜集する地帯であり、ガス事業の経営は、一事業者によって集中的な生産、供給の行なわれるのが最も合理的かつ能率的な企業形態と考えられる。従って大阪市の買収による大阪瓦斯の分割化は、周辺諸都市との関係を寸断せしめ、京阪神を一体とするガス需給関係に致命的破綻をもたらすのであって、技術的にも社会経済的にも混乱するところは大きく、到底容認し得るものではない。またガス事業のような公益企業を公共団体によって経営することの適否は、一般論としては一律に断定し難いが、ガス事業の大半は石炭乾留事業であって、ガスの生産供給と共にコークス、タール等の副産物の生産販売事業も併せて行われ、これらの副産物収入が全収入の40％にも及んでいる。そのため副産物の収入如何は事業の健全性に大きく影響し、しかも副産物の取引は自由であるから、強く私企業的経営の才能と方式とを必要としているのであって、その特殊性はガス事業の公益適否論を考える場合に無視できない条件になる。また、ガス事業が公営となった場合には、法人税、固定資産税その他の地方税が免除されてコストが低減されるが、このことは上記の悪条件を相殺して事業経営を円滑ならしめるほどの好影響を与えるまでには至らない。

③料金協議（報償契約第5条）について

　料金は認可事項であり、申請前の協議は前提条件ではなく、ガス事業法以前の自治体による統制時代の遺物、残滓にすぎない。

④独占経営権の付与（報償契約第9条）について

　大阪市が、大阪瓦斯と並存するガス事業を経営する意思を放棄することは

無意味なことではないが、大阪市が他のガス会社を認可しないと約することは、明らかに通商産業大臣の認可権の強行規定に違反する条項である。
⑤報償金（報償契約第3条）について
　現行ガス料金には報償金が原価として織込まれて認可されているが、今後報償金の協定について増額が要求されるような場合には、それは事業者の経理に影響するところである。従って報償金の協定について紛争を惹起するような場合には、ガス事業法の目的に鑑み、ガスの使用者の利益保護とガス事業者の健全な発展を図るべく裁定する。また報償契約が廃止され、道路占用料一本に統合された場合には、地方財政に対する考慮よりもガス事業の健全な発展を念頭においてその額が決定されるべきである。
　結語として、本間はつぎのように結んでいる。

> 報償契約は、公益事業統制と財政面の効果を狙って発足したものであり、ガス事業のみでなく他の公益事業にも波及しながら〔も〕、今日においては、ガス事業〔のみ〕の報償契約となってしまって他の類をみないのは斯業にとって遺憾とするものである。報償契約は今日においては「過去の亡霊」である。この亡霊が、事業者を悩ませるのであるが、また地方においては事業者に対して恩恵を与える点もあり、なかなか腐れ縁は断ち難いのかもしれない。

　この論文は大阪市の特別委員会にも参考資料として提出され[79]、当時の大阪市会の動きに冷や水を浴びせかけ大きな影響を与えた[80]。
　この本間論文とほぼ同趣旨を、翌昭和31年9月、通商産業省は公益事業局長名で「報償契約に対する見解について」で公表している[81]。同省は、さらに昭和32年に再度、公益事業局長名で「ガス事業に係る道路占用料について[82]」で、「報償金が道路占用料に切替えられる場合にはその額が現行ガス料金折り込み額以上になることは好ましくない」として自治体の値上げ要求を牽制するとともに、公式に建設省道路局長に対しても協力の要請をしている。

第 4 章　買収権の消滅時効到来の問題

1．催告による 6 ヶ月の暫定猶予処置

　大阪瓦斯と大阪市の関係は、お互いに地域の繁栄が共通目的であるため概して友好的であり、トップ以下人間関係は緊密であったようである。報償契約に関しても、もはや「過去の亡霊」といわれながらも、時代に合うように修正し協力してきたため、お互いに解除の方向という意識をもちながらも、解除の結果が友好関係を損なうことを恐れた[83]。報償金方式の大阪市の道路占用料が特別道路占用料方式の東京、名古屋に比較して高くなることを回避するために、第Ⅲ部第 2 章で触れたように双方の合意で報償金の一部を市内のガス未普及地域の特別工事という形で解決したために当面の懸案問題はなかった。

　しかし、市会の要望事項中の「買収条項を放棄することなく」という項目は、市の理事者を苦しめた。昭和 30 年 10 月 19 日に買収条項でいう市の買収権が発生したが、その権利の有効期限は民法の一般債権の消滅時効が適用されるとすれば昭和 40 年 10 月 18 日までである。市の理事者にとって、買収権の時効は早晩やってくるのに、それを予見しながら黙って見過ごすことは、その不作為自体が市会への背任行為となるという心配がある。一方大阪

瓦斯も買収権を有効として買収条項を承認することは、株主に対する背任となる。

　この難題をどう切り抜けるかについて、消滅時効成立の 12 日前の昭和 40 年 10 月 6 日に市の顧問弁護士の色川幸太郎[84]と会社の顧問弁護士吉川大二郎[85]の 2 者による予備会談が行なわれた[86]。色川は、つぎのように述べた。

　　とりあえず時効中断の一つの方法である催告[87]をして時効成立を 6 ヶ月間延長し、その間に学者の鑑定をとり、結論を出したい。報償契約に対する田中二郎説（買収条項無効説[88]）には必ずしも賛成しないが、なにもせず消滅時効にかかると理事者の責任問題になる恐れがある。しかし学者の意見が一致して報償契約を無効とするならば市会に対する理事者の責任にはならないので、〔それを明らかにするためにも〕大阪市は川島武宜(たけよし)[89]東大教授に報償契約の鑑定を依頼する[90]。

　公式には、5 日後の 10 月 11 日に、市の担当局長と会社副社長の間で両弁護士立会いの上で話し合いがもたれた[91]。最初、会社はつぎのように発言した。

　　この 10 月は買収権発生以来 10 年目であるが、市の立場としては、買収権を放棄するなという市会決議の趣旨に沿うため、時効にかからせないための何等かの措置が必要である。会社としては、買収権は契約締結以来の諸事態の変更により効力をなくしていると考えているが、できる限り円満に収めたい。他方市当局もかねがね買収の意図はないこと、買収できる体制でないということ、を非公式に漏らしているので、市と会社の共通の問題として世間を刺激しない形で処理したい[92]。

　続いて市は、「市としては現在、買収の体制にはない。しかし時効を中断しておく責任がある。会社は現状のままで買収権が存続することについての異論はないか」という市の問いに対して、会社は、「買収権の実質が現状のままで、かつ市の一方的な行為でそのような形がとれるものならとくに異論はない」として、議論にはいった。まず、市より、「市、会社双方が現行契約の確認書を作成する案」を提示した。しかしその意味が存在確認だけの意ならば時効中断にはならないので市の目的は果たせないし、またその意味が

現行契約の有効確認の意味なら会社が買収権を承認したことになる、ということで両者の利害が対立し合意されなかった。つぎに、会社からの提案として「大阪瓦斯は時効を3年間援用しないと約定する案」を出したが、市は、3年後再度追い込まれる立場になるとして反対した。結局この会議では、双方納得する結論は見い出せなかったため、大阪市は当面催告する[93]ことによって民法153条により時効成立を6ヶ月中断してその間に良案を見つけることとなった。

この一連の行動で見られることは、買収が現実問題としてはありえない状態を双方が認識しながら、市会要望の「買収条項を放棄することなく」という制約で窮地に立つ市の理事者の立場をどう救うかについて、市と会社が相談するという奇妙な構図になっている。色川弁護士のいう「学者の意見が一致して買収条項を無効とするならば、理事者は市会に対して背任にならない」とする発言は関係者に共通したものであった。既に大阪瓦斯の依頼した法学者の鑑定では、この買収条項について、松本蒸治（東大　商法）、田中二郎（東大　行政法）、大隈健一郎（京大　商法）がそれぞれ無効説を、杉村敏正（京大　行政法）が有効説である。色川は、買収権を放棄しても市会に対しては理事者が背任行為でないことが説明でき、万一理事者が背任として訴追されても、弁護の理論武装ができるように、と考えると市自身も会社とは別に自らも鑑定をとることが望ましいとした。そのため、学説をリードし、影響力をもつ民法学者であった東京大学教授の川島武宣教授を推薦し、市は鑑定を依頼することにしたのであった。鑑定依頼事項は、①訴訟手段以外に、買収権の時効消滅を防ぐ法的方法の有無、②買収条項の効力の如何についての2点であった。川島は、訴訟のための市に有利に主張する弁護的鑑定でなく、学者として純粋に法律論にたった鑑定態度をとることを条件にして[94]、この6ヶ月の猶予期間内に鑑定を出すことを約束した。

しかし川島の鑑定結果は関係者の暗黙の期待とは反対のものとなった。上記①の消滅時効を防ぐ手立てはない。あとは会社側の好意として時効完成後に時効利益の放棄を頼むしかない、②については、買収条項は有効である[95]、

としたものであった。

　川島の法律観は、実用法学を本旨として判例を重視した。いわゆる解釈学説は裁判規範そのものを認識する素材ではないとしたものであり[96]、むしろ裁判所が裁判を通じてどのような裁判規範を定立しているかを明らかにすることを重視するというものであった。したがって考え方も、訴訟を想定して、①については、消滅時効は裁判上の援用の権利であり阻止することはできない、②については、買収条項は対等者間の契約であり、無効とするのは契約自由に対する不当な干渉であるとした。また川島は消滅時効については10年説にたっていたが、裁判での可能性として商法522条の適用で5年の短期時効が援用されれば、司法はそれを認める可能性があることを指摘した[97]。

　こうして、理事者が暗に想定していた、「権威ある学者の意見の大勢が、買収条項は無効としている」とした理由による「消滅時効の黙過の道」は、民法の権威の川島が有効論を出したことによって無視できず崩れ去った。

　それでも理事者は市会に対して、買収は現実的に不可能であり、「買収条項を放棄することなく」という市会の要望は、時効制度によってもはや持続させることはできない旨を市会に理解を求める勇気がなかったのかが疑念として残る。これは市長をはじめ理事当事者しか理解できない「市会の呪縛」であったのだろうか。

2. 消滅時効の成立と援用についての約定

　催告での6ヶ月という猶予期間は、大阪市が裁判上の買収の要求をするか、大阪瓦斯が買収を承認するか、のいずれかの選択をなすための暫定期間である。前節のとおり関係者の暗黙の目論見がなくなったことで、市は解決方法がなくなった。ただ消滅時効は期間が経過することによって自動的に権利が消滅するものでなく、その事実を自己の利益のために主張する、つまり援用があって始めて権利は消滅する[98]（民法145条）ので、大阪瓦斯が援用

しなければ効果は生じない。大阪市にとっての残された手段は、川島の鑑定どおり、会社が時効の援用をしないように依頼することであるが、民法146条は「時効の利益は予め放棄することはできない」としているため、予めその放棄を会社に強いることはできない。そのため策のないまま消滅時効の中断の6ヶ月の効果の切れる昭和41年4月15日を迎え、消滅時効が期間満了になったのである。

　市にとっては、今後会社が時効を援用しないことだけが、市会への背任を免れる方法になった[99]。万策尽きた市の依頼で、大阪瓦斯は、催告期間が経過した翌日の4月16日付で大阪市宛に誓約書[100]を手渡した。その内容は、「貴市の買収権につきましては、昭和41年4月15日の経過をもって消滅時効が完成いたしましたが、今般諸般の状況を鑑み、上記買収条項は従来繰返し申上げました如き諸種の理由によりすでに無効に帰している旨の実体上の抗弁権はなお当社に留保したうえ、時効の利益のみを放棄いたします」とした苦渋を滲ませた複雑難解なものであった。この誓約書の提出と同日に両者の覚書で、「大阪瓦斯は買収条項の廃止を強く希望しているので、昭和45年度末までに契約全般について検討する」とした。

3. 報償契約の改定交渉

　覚書による契約改定の交渉は昭和43年より44年にかけて両者の担当者間の定期的会合で、現行報償契約の条項毎に点検が行なわれつぎのように3つの論点に整理された。

　①買収条項については両者ともに削除することで意見は一致したが、市は削除の方法については充分な検討をしたいとした。②報償金算定の条項については、会社は、業績を反映して利益に応じた算定方法を主張し、市は道路法との関係や市の財源が会社の経営努力によって左右される形式は望ましくないとして占用料方式を主張した。③その他の条項について契約締結後60年以上経過し現状に適応しなくなっているので出来るだけ条項を削除する。

これらの論点のなかで最大のものは、②の道路使用料の単価の算定方式の選択に尽きる。表面的には、会社は利益に応じた算定方式といい、市は占用料方式と主張するが、このような方式の問題の対立の裏に占用料単価設定の攻防があった。会社は東京瓦斯方式のように「協議による公益事業に特別の占用料契約」を理想とし、市は条例による「一般占用料単価」をガス事業にも適用することを妥当とする対立であった。

東京瓦斯と東邦瓦斯は既に特別占用料契約をしていて、それぞれの一般占用料の単価より割引した単価設定がされ[101]、またその改定は協議によることになっていた[102]。会社は、今回大阪市が一般占用料単価[103]を適用すると東京、名古屋はもとより自社供給区域内の国道・府道ともさらに格差が拡大し、しかも以降の改定も市の一方的なものになり、通商産業省による原価査定にも耐えられないと考えた。とはいえ、報償金制度を続けていくと、利益が増えれば報償金が止め処もなく増えるというジレンマを会社側が抱えていた。

担当者間の論点は、昭和44年に幹部級の折衝に持ち込まれた。このときの両者の主張として、市は、「もはや市営前提の報償契約は消滅する。したがつて一般占用料に切り替えざるをえない」とし、会社は「買収条項の削除が即一般占用料とはならない。新たに道路使用料を取り決める契約は可能である」として両者は妥協できなかった。この折衝は昭和45年までさらに2回行なわれたが、市は、特別な占用料の協定をすることは地方財政法違反にもなりかねないとして最終的に拒否して物別れに終わり、昭和45年度末までに報償契約改定をするという約定は実現しなかった。したがって報償契約と特別工事の組合せ方式は結果として継続することになった。

なお、この頃併行して、京都市、神戸市、堺市、尼崎市でも報償契約を占用料契約に切り替えるべく改定交渉が行なわれている[104]。

4. 我妻榮の鑑定意見

　前節で言及した、会社が昭和41年4月16日に提出した「時効の利益を放棄する」とした約定は会社の義務として有効に成立しているが、この債務も更なる10年の消滅時効にかかるため、昭和51年4月16日以降、会社は改めて時効を援用できることになる。契約改定交渉の進捗が進まず約定期限が迫り決裂が予想されるなか、双方ともに万一の訴訟に備える準備もしていた。先に述べた市の鑑定つまり川島武宜の有効論に対して、会社も45年1月に改めて当時の民法の大家である東京大学名誉教授の我妻榮[105]に報償契約全体にわたり詳細な鑑定を依頼していた。我妻榮も末弘厳太郎(いず)[106]の判例法研究による実証法の影響をうけ論理解釈学を超えること[107]をめざした民法学の権威であり、かつては川島の指導教官でもあった。

　我妻の鑑定は次のように要約される[108]。

①買収条項（報償契約第2条）の効力

　この条項の法的性質には「売買一方の予約」とする考え方と会社の承諾を予約する「承諾予約」と考える論争があるが、今回の条項のような一時的有償契約では、この2つの類型にはそれほど大きな差異はない。この契約の文字の上からだけでどちらかと判断することは不可能である。しかし予約完結の意思表示だけで目的物の移転を生じるほど単純でないことを考えると、「承諾予約」と考えたほうが常識的であり当事者の意思にも適合する。

　この場合、予約が有効に成立するためには、本契約の内容のすべてが具体的に決定されていなければならないことはないが、裁判所が最終的判断を下すことができる程度の確定基準が含まれていることが必要である。その観点からみると、この条項には「買収の対象」を決定する基準が明らかでない。会社は地元地域へのガス供給だけでなく京阪神一体へのガス供給事業者になったことに加えて、総合的な化学工業をも目的にする大企業に変わった。一方では企業の設備が有機的に結合しているため事業目的別にも地域別にも

分別することも不可能であることはすべての論者が認める。したがって買収対象は現在の会社の事業の全部といわざるをえない。

　しかしそうなると大阪のほかに神戸、京都、堺、尼崎などの都市も買収権をもつので、その間の調整がつかない。「早い者勝ち」になっても意思表示の早い者が必ずしも複雑な個々の権利義務を早く取得するとは限らず、それはあまりにも乱暴な論理である。さらに考えられるのは、関係する全ての都市が協議して買収権者を決めるとか、共同して公社を設立するなどのこともあるが、それは和解になった場合の裁判所の提案であって、判決としてはありえない。

　さらに、ガスの供給区域の決定である。買収した都市が自らの市域だけに供給することは、施設の分離が不可能であるだけでなく、買収されなかった都市への供給は保障されないことになる。逆にもし買収した都市が他の都市の区域にもガスを供給することになると、地域住民との密着性という特質が失われ、自治体に買収権を認めるそもそもの報償契約の目的から離れる。

　以上によって今回の対象物は、自由取引の対象の通常の財貨の取引と同視することはできず、買収条項は「無効」といわざるを得ない。

　続いて、会社の事業全部の譲渡を約束するための会社法上の要件が充たされているかの問題がある。本件の契約当時でも会社の全部を譲渡するには株主総会の特別決議を必要としたが、この報償契約は普通決議のみで済ませた。また全部の譲渡は解散を招来し、解散を事由とした定款変更の手続きもとられていない。この点は、今回改めて特別決議をして初めてその効力を生ずるとみなければならない。

　このように本件の買収条項を「無効」とするのは、いわゆる事情変更の原則によるものである。まず、ガス事業が、業態としても、地域性からも、大きく変貌したにも拘わらず、その区域内の数都市との間にそれぞれ独立の買収条項を残すという不合理なものになったことである。

　またガス事業の変遷に伴い、国の政策変更があったこともある。最初は、自治体がガス事業を営むことは適切であり、強制的にそれを実現する根拠も設けられていた[109]。しかし現在のガス事業法では自治体がガス事業を営む

ことを禁止するわけではないが、望ましいものとは考えていない。そうだとすると、この買収条項をできるだけ有効なものとして関係都市の手に移すことができるという解釈をしても徒労といわねばならない。

　最後に、買収条項は市の供与する便益に対する重要な対価であって、これを無効にすることは、報償契約全体の無効を招来するものであって許されないとする解釈がある。しかし市の便益に対しては、会社からの報償金で対価関係は相償うものと考えるべきである。なぜならば他の報償契約と比較しても、買収条項を含む方が含まない方より報償金の率が低いとはいえないので、市の給付に対する対価としての意義は格別大きなものではない。

②料金協議条項（報償契約第5条）の効力

　本件報償契約が締結された当時には、ガス事業に関する法令は何も存在せず、自治体が監督権を有するという積極的な根拠もなかった。しかし事業の内容は地域住民に対し、その生活に密着する光熱源たるガスを製造供給することであり、そのために道路など公共施設を利用しなければならず、しかも事業実施には相当の危険が伴うことを否定しえないものだから、自治体が事業の運営・実施に対する監督権を有すると一般に理解されていた。

　しかしその後の立法の変遷の結果、ガス事業は国の直接の監督に服することになった。この趣旨はガス事業が独占的大企業によって経営されていること、ガス料金は国の物価政策の対象となるべきものであること、その供給条件が全国各地においてバランスを失わないことなどの点に着眼してとられた政策であろうと思われる。

　現行法では、ガス料金は住民の生活と特別に密接な関係をもつものだから、公聴会によってある程度の保障は得られている。そのために料金協議事項はもはや存在の余地がなくなったように思われるが、なお当該自治体に特別の権限を保留して地域住民の利益の保護にあたることは、不当とも、無用ともいうべきではない。したがってこの条項を「無効」と断ずるのは過ぎたものである。但し、市との協議が成立しても料金改定の効力が生ずるものではないし、協議をせずまたは協議が成立しないままに、政府の認可があれば効力は生ずる。

③資本増加、社債募集についての協議条項（報償契約第6条）の効力

　ガス会社の合併、事業の譲渡については、ガス事業が認可事業であることの当然の帰結として通商産業大臣の認可を必要としている。しかし資本増加や社債募集について規制を加えていないのは、会社の経理面へのコントロールを避け、企業の自主性に任せようとするものであって、戦後の経済政策の根本支柱の一つをなすものである。この契約が企業の自主性が認められた戦後に新たに約定されたのであれば、そこまでも否定をすることではないが、本契約は企業の自主性が認められていない時代の契約であるため、事情の全く変更した後にもその効力を維持しようとする解釈には合理性がなく、この条項は「無効」と解するのが妥当である。

④報償金の支払い条項（報償契約3,4,7,8条）の効力

　市は会社に対し道路その他の工作物の無償占用を許し特別税は賦課徴収しないとし、一方会社は市に対して報償金を支払うという条項は道路の管理権に関する現行法規及び税に関する理論に基づいて形式的に判断すると、その効力に疑義がないわけではない。

　しかしこの条項は、市のために相当に恒常的な財源を確保し、他方では会社のためにその負担する対価を企業の採算に基づいて定め、会社経理の長期計画を可能にする作用を営む。このいわば事実上の効用はすべての者の認めるところであり、報償契約が国のガス事業に関する政策の確立にもかかわらず、その予期に反して廃棄されない理由は専らこの点にあるといわれる。

　そうだとすると、立法論としては、報償金を道路占用料に切り替えて、しかもガス事業者の経営と計画の可能性を脅かさないような基準を定めることが筋であろう。しかし、それがなされない以上、いわば法の欠陥を補充するものとして、その効力を認めるのが至当である。

　以上が我妻の報償契約全体の鑑定の要旨である。

　とくに買収条項の考え方については、川島の考え方との比較で整理してみると、我妻は、裁判所が最終判断を下しうる確定基準が含まれていないため無効であるとした。その観点から①各都市の買収権が競合して整合性がとれ

ない、②営業全部の買収は即会社解散となるので、契約の成立要件としての特別決議が欠如しているため再度特別決議が必要である、③会社の質的、空間的変貌と国の政策変更のため事情変更の原則が適応される、④諸種の便宜対価は報償金であり買収条項は重要な対価ではないとした。

　この我妻の考え方に対し、川島は、鑑定書[110]のなかで、この買収条項は典型的な対等者間の約定であり市が支配的立場を濫用した事実はなく有効であるとした。その理由は、①弾力的な代価の決定方法（株式価格による決定）は50年後の相当の変化を抽象的一般的に予期していたはずで、事情変更を反映し得る方法として合理的である。仮にこの方法に問題があるにしても、その故に無効にするのは、契約自由に対する不当な干渉である、②各市の買収権の競合は法的には問題なく、ある都市が買収権を行使したとき他都市は買収不能により権利が消滅するだけであり、また買収した市の他都市への供給の当否は通商産業大臣の認可の如何によって解決すべきである、③営業全部の譲渡であっても解散に結びつかない場合もあり、当時の商法の下では通常決議で足ると解すべきである、④契約は双方の意思を尊重して有効となるよう解釈すべきで、事情変更の原則による失効や解除権は認められない、⑤この契約を無効とすると市は、会社に対する便益供与の重要な対価を失い権衡を失する、⑥国は政策変更で強制買収規定を削除したが公企業による経営を否定しているわけではない、としている。

　とくに川島は、大阪市の「訴訟以外の解決策はないか」との鑑定依頼に対し、「訴訟以外の解決はなく双方が和解することのみ」として純法律論を展開している。川島自身は、「〔大阪市による〕この買収は現実的でないと考えているが、現実的でないからといって当然法律的にも不能であるという結論にはならない」といい、また「和解が出来ない場合、訴訟提起しなければ、〔市の幹部は〕背任または重大な任務の懈怠となる」とも発言して[111]裁判上の決着を薦めている。そうでなければ両者の和解しか解決の方法はないとした。

　両者の考え方の大きな相違は、根本的な法思想の違いに根ざしていると思われる。川島には「契約自由の原則」を私法の根本精神と考え[112]、特別の

理由がないかぎり契約は有効とする原則を貫き裁判の場を生かそうとした。一方、我妻は、「事件を一個の社会現象と見、他の社会現象との間に存する因果及至相関の関係を研究して、その間に行なわれる法則の発見に努めねばならぬ[113]」として、どう解決すれば社会の要請に応えられるかに踏み込んでいる。

このように大阪市は川島の、大阪瓦斯は我妻の鑑定でそれぞれ理論武装をしたが、双方ともに訴訟を望んでいたわけではない[114]。むしろ訴訟となることは60年にわたる信頼を基礎から覆すことになり、そうなれば最悪の事態であると認識しつつも、市は市会に対して、大阪瓦斯は株主に対しての忠実義務があるために、防御だけは固めておく必要があった。

第5章　報償契約の解除

1. 高度成長の終焉と経営危機

　昭和30年以降続いた高度経済成長は、46（1971）年のニクソンショックと48年の第1次オイルショックによって大きく転換し終焉した。昭和46年米大統領ニクソンはインフレーションの抑制と国際収支の赤字改善のため、金とドルの公式交換の停止、輸入課徴金の賦課などの「新経済政策」を実施した。このため長年世界経済の安定の基礎となったIMF-GAT体制は事実上崩壊し、つづくスミソニアン協定で円は360円から308円に切り上げられたが、これも間もなく崩壊して48年には変動相場制に移行した。

　さらに昭和48年の第4次中東戦争では、アラブ石油輸出機構は大幅減産など石油を武器とする戦略を発動し、石油価格は暴騰した。この第1次オイルショックは狂乱物価と金融引き締めによる深刻な不況、経済成長率の急降下をもたらせ、戦後復興を成し遂げた高度経済成長時代は遂に終焉した。約18年もの長い期間続いた高度成長は大阪瓦斯にとっても最大の成長期であった。昭和30年から45年に顧客数3.6倍、販売量5.6倍、売上高8.1倍と急成長した（表1）。

　しかし、高度経済成長の劇的な終焉は、大阪瓦斯の経営にも重大な負の影

響を与えた。販売量、売上高は伸びても利益が低下する悪循環になった。ガスの競合エネルギーである石油は自由取引であるのに対して、ガス料金は認可価格であるため価格変動に迅速には対応できない仕組みになっており、相対的にガスの価格が低くなり、価格変動に敏感な工業用需要を中心に需要は増える関係[115]にあった。昭和39年の改定以来維持されてきたガス料金も、48年に23.67％、翌49年 46.81％と大幅値上げになったが、それでも原料価格の暴騰に料金値上げが即応せず、売上は伸びるが利益は急激に落ち込んで「利益なき繁栄」となっていった（表2）。第一次大戦後の不況時の60年ぶりの再来であった。

表1　高度成長期での大阪瓦斯の急伸

年度	顧客数（千戸）	販売量（百万 m³）	導管延長（千 km）	売上高（億円）	経常利益（億円）
昭和30年	786	232	12	171	12
昭和40年	1,984	750	21	724	78
昭和45年	2,849	1,310	29	1,387	102

前掲、『大阪ガス100年史』p. 151 より。

表2　利益なき繁栄の時代

年度	販売量（百万 m³）	売上高（百万円）	経常利益（百万円）
昭和44年度	1,159	90,525	10,278
昭和45年度	1,310	104,052	10,268
昭和46年度	1,398	106,998	7,474
昭和47年度	1,522	110,980	3,585
昭和48年度	1,701	129,371	1,701
昭和49年度※	2,327	248,622	2,327

出典　大阪ガス『明日へ燃える　大阪ガス80年　別冊資料』大阪ガス、昭和61年刊、pp. 61-63。
※昭和49年度は、決算期変更（1月→3月）のため、14ヶ月分の数値。

2. 利益低下の報償契約への影響

　大阪市と大阪瓦斯は報償契約を遵守して特別工事をてこにして、契約による報償金の一部をガスの普及促進につかってきた。もともと報償金の性格は本来的に道路使用料であるが、その金額は会社の利益によって決まるため、昭和46年頃から利益額が異常に落ち込み報償金も大きく下がることとなった。巻末の資料17「大阪市報償金等推移表（昭和30年～60年）」を見ると、46年から急激に報償金は下がり、48年を底にして51年まで大きく低迷した。ここまで下がると、報償金の道路使用料的な性格からいっても社会的納得性に欠け、市民の理解も得られない。かつて、報償金が高額になったとき一部を特別工事で処理したように、今回は逆に占用料算定基準で計算した場合の試算額との差を大阪瓦斯が寄付をすることにより、報償金の低減を補填する形をとった。そのため会社は市に対して、昭和46年から54年までに、分割して総額22億6千万円を寄付している。当然この時期には特別工事への充当金はなかった。

　大阪市以外に、京都市とは京都瓦斯から引き継いだ昭和14年締結の報償契約があったが、昭和34年に報償金の計算方式を道路占用料として単価×導管延長の方式に切り替え[116]、以来4年ごとに延べ5回更新し、そのたびに協議して占用料を決めてきた。しかし57年には、報償契約そのものが満期終了するため、市には占用料の特別減額を申請して報償契約を終了している。また神戸市については神戸瓦斯との明治41年の報償契約を引き継いでいたが、京都市と同じく昭和34年に計算方式を占用料方式に変更し[117]、48年に契約期間の満了となり道路占用料方式に切り替えた[118]。また東邦瓦斯と名古屋市との契約も昭和51年に満期終了し、以降は6大都市では大阪市のみが「過去の亡霊」として生き残ることになった。

　日本で最も古い報償契約を今も運用していることに対しては、市も会社も双方疑義を感じていたが、昭和40年代なかばの改定交渉は、市議会の「買

収条項を放棄することなく」という要求が市当局への呪縛になって決裂していた。

双方の主張の要点はつぎのようにまとめられる[119]。

大阪市の立場からの主張は、「報償契約の趣旨はガス事業の市営を前提として、報償金は民営の間の利益の還付である。したがって、市営を前提とする買収条項を削除すれば、報償金も意義を失い本来的に消滅することになる。そうなると、道路使用に関する現在の形態は道路占用料に変わり、またその占用料は合理的に決定しうる。しかしその金額に歯止めをかける〔特別な〕協定は、〔他の一般〕条例との〔整合性〕の関係があり難しい」ということである。

これに対する会社の主張は、「報償契約は双務契約であった。買収条項の時効消滅の防止への協力を動機として、契約改定を願っているのであって、その結果として、道路使用料は、市が一方的に決める一般条例の占用料しかないということは心外である」とした。

このように双方の争いは、改定した後の道路占用料の額と、今後の改定の決定方法に尽きる。つまり大阪瓦斯は、東京瓦斯のような両者協議の上の公益事業用の特別占用料契約を期待するのに対し、大阪市は、公益事業に特別な占用料協定はできないということである。

当時の記録[120]によれば、市、会社双方の担当者の一致した考え方は、「我々は買収条項については実質的に無意味と考えているが、市会で審議されると〔買収〕条項の有効論を無視できない。川島教授の示唆のごとく[121]、和解で解除するとなると、〔市会は〕買収権を放棄するための解決金を要求し、その解決金がどのくらいになるかの見通しがつかない[122]し、かつ〔改定占用料も〕現在の計算方式より会社に有利な改定は出来ないだろう」というものであった。このように買収条項解除の契約改定にはその見返りとして、会社側の相当な出費と紛争の覚悟が必要と思われた。一方買収条項そのものは将来にわたっても実行されることは考えられないとも断定できるので、会社も徐々にそこまでして改定を強行するべき実益がない、との考えに傾いていった。

この時期（昭和40年代後半）の解決がまたも遠退いたなか、市の財政局長

が会社を訪問して、「再度時効利益の放棄を宣言してもらいたい」旨の申入れがあり[123]、会社は昭和51年4月15日に、10年前と同じ2度目の「消滅時効の利益の放棄」の約定書を提出した。これにより、買収条項の消滅時効の援用は更に61年4月15日までできないこととなった。

3. 報償契約の矛盾の増大と契約解除

　石油ショックによる長引く不況の影響を受け、大阪ガスの昭和50（1975）年度のガス販売量の伸びは鈍化し、52年度には戦後初めて前年を割り込んだ。しかしその後は、伸び率にばらつきはあるものの順調な成長が続いた。昭和52（1977）年から平成2（1990）年までの年伸び率は平均6％であった（ちなみに高度成長期の昭和30～48年の年平均伸び率は12％であった）。この年平均の伸び率の用途別内訳は、家庭用3％、業務用9％であり、総販売量でも業務用が家庭用を上回る勢いの構造変化が始まっていた[124]。

　報償金の支払いにも2つの変化が生じてきた。第1は、昭和46年から54年までは大阪市の一般道路条例とのバランスを考えて、市と会社が談合して寄付金で調整をしてきた[125]が、50年代後半にはいると利益も回復して報償金が増え、ついに55年度から報償金の実質金納額が大阪市の一般道路条例を適用した場合の試算額を上回るという変化が生じてきた[126]。今までは、報償金の支払いが、一般道路条例を適用した額よりも低額であったため、これまで会社は「公益事業としての特別占用料方式」の約定を主張してきたが、この事実によって基礎数字が逆転することになった。

　第2は、長年にわたる導管投資で、概ね全市に導管網ができあがり報償金の一部をつかった特別工事の場所選定が困難になってきたことである。

　これらの事情の変化から、会社にも市の一般道路条例適用を受け入れる素地ができてきた。大阪市も、「報償金は条例相当額を上回らなければ議会をのりきることはできない[127]」という事情があり、急速に報償契約の改定または解除への気運が高まった。因みに昭和60年段階で報償契約を維持し、

第 5 章　報償契約の解除

成果報酬としての報償金を道路使用料として支払っていた大阪瓦斯の供給管内の都市は、大阪市の他に、尼崎市、西宮市、明石市、姫路市、高砂市、和歌山市、豊岡市の 7 市であった。

　会社は、昭和 59 年 3 月 28 日付で報償契約改定についての陳情書[128]を大阪市に提出して改定交渉を提案した。その陳情内容は、①報償金の計算方法を「導管占用延長×協定単価」方式とする[129]、②道路占用のための納付額は他の政令指定都市と均衡をとることであった。この提案は今までの報償契約の根本的な精神である報償金方式の重大な変更を求めるものであり報償契約全体の内容の検討に踏み込む必要があった。そのため買収条項についても、民営化時代に大きく逆行する感があり市は大決断をするかどうかを迫られた。

　そして遂に翌 60 年 8 月 8 日、市はその検討の結果として「〔報償契約の改定ではなく〕解除して占用料に移行」する方針で収束したい旨の回答をした。これは市にとって、市会の「買収条項を放棄することなく」という長年の縛りを解く大きな決断でもあった。

　両者合意のうえ、同年 11 月 14 日には、市会の決算特別委員会で財政局長は、占用料への移行方針を表明した。大阪市は報償契約を解除する理由としてつぎの項目をあげている[130]。

① 契約締結後、82 年間が経過し、道路法および瓦斯事業法が制定され契約を取り巻く環境が大きく変化し、そのために報償金は道路占用料として確保すべきものへと変質し、契約条文のうち空文化している条項があること。
② 契約第 2 条に定める買収権の消滅時効が昭和 61 年 4 月 15 日に完成する予定であること。
③ 報償金は会社の利益に基づ積算されるため市の収入額が不安定であること。
④ 他都市においても、ほとんどの自治体が報償契約を解消し道路占用料へ移行していること。
⑤ 大阪瓦斯から報償契約の変更について強い要望があること。

また、買収条項について、「理事者側としては〔今も〕有効と考えているが、現実問題として、通商産業大臣の認可が本市の買収を認める余地は極めて乏しいと考えられ、さらに今日日本電信電話公社、日本専売公社などが民営化され、日本国有鉄道の民営化までが言われている状況のなかで、まさに時流に逆行することになり、事実上買収は困難である」と説明した[131]。当時は中曽根康弘を首班とする内閣（昭和57年11月～62年11月）による「戦後政策の総決算」としてレーガン、サッチャーの民営化の新自由主義的な流れが、日本でも時流を占め、大阪市の決断はこの潮流に乗ったものであった。

　当日、市会では、「報償契約解除により買収条項が消滅し、買収権を放棄することになる」という核心部分に関する代表質問があった。財政局長は、前記①の理由を説明し、「ご指摘の買収条項につきましては契約の解除に伴い消滅することとなる。しかしこの条項は法律面、現実面から非常に難しい問題を含んでおり、仮に買収権を行使するとしても、ガス事業法の規定、会社の営業区域の拡大などを考慮すると、事実上極めて困難といわざるを得ない」として理事者として初めて長年の市会の要望の実施が不可能であることを表明した。「しかし報償契約解除後も公益事業であることを鑑み会社の市政に対する協力をえられるよう努力する」とした[132]。

　市は、3回目の買収権消滅時効完成の61年4月15日までにこの問題を処理する必要があったため、同年2月28日に議案を提出した。翌月3月6日の定例常任委員会で審議され[133]了承されて、3月28日の市会の議決をみた。

　こうして明治36年から80余年の年月を経過した報償契約も、これを解除することで市会の了承が得られ、昭和61（1986）年3月31日付で、双方の覚書によって正式に解除した。付属文書として、①協力関係の維持、②ガス普及への努力、③会社の大阪市の施策への協力、を内容とした友好確認の協定書が結ばれた。なお、川島教授の指摘した、市の買収権が一種の財産権であるということの解決には何らの条件も付されず、金銭面での対価支払いはなかった。ちなみに当時大阪市は昭和64年に市制100周年を迎えるための記念事業として中之島の大阪大学跡地に近代美術館建設を計画していた[134]。そのための協力として大阪瓦斯は、61年から64年度の4回分割で、総額20

億円を「大阪市制100周年記念事業基金」として寄付した[135]。同社は上記協定の③を早速実行したことになる。

　この解除に合わせて残った大阪市周辺の各都市も順次契約を解除した。昭和62年に和歌山市、63年に明石市を最後に大阪地区の報償契約は全て解除され道路占用料方式に移行された。

注

1) 大正7年に戦時に備えるための法として「軍需工業動員法」が既にできていた。昭和12年の日中戦争の勃発を「戦時」と決め、新たにこの法律を適用するためにできた法律。この新法により軍需工業動員法の発動が認められ、軍は民間工場を軍需工業に強制転用し民間重要工場の管理権を掌握した。
2) 契約解除とは、契約の最初に遡って無かったこと（無効）を指し、解約はその時点以降の契約が無くなることをいう。しかし民法では賃貸借契約や雇用契約、委任契約などで解約のことを解除といったりして用語不統一である（例．民法620条）。報償契約などの条文でも解約の意を解除と表現しているのが通常であるため、本書では特に注記しない場合は解約の意をもつ「解除」という用語を使用する。
3) 東京電燈会社史編集委員会『東京電燈株式会社社史』東京電燈、昭和31年刊、p. 15。
4) 人見牧太『関西配電社史』関西配電精算事務所、昭和28年刊、p. 56、によると、「大阪市との報償契約は、昭和17年度末にて解除することとし、そのために〔解除金として〕、当年度より契約最終期たる昭和24年度に至る8ヶ年分の市の契約利益相当分、金5百万円を昭和21年4月までに分割納付する」と、市と約定している。
5) この時期企業は公益への貢献を期待された。大阪瓦斯は昭和14年に大阪市との「総親和総協力」の名目で「市民体位向上」のためとして7年分割で250万円を寄付して市内80ヶ所の公園建設に充当することにしている。「大阪瓦斯の寄付の推移」大阪市財政局資料　43034、「時事通報」昭和14年10月15日　大阪市財政局保管資料　43040。
6) 横濱市営瓦斯は戦争の激化で昭和17年に全ての供給ガスを東京瓦斯から購入することになり、東京瓦斯と横浜市の共同出資による横濱瓦斯株式会社を設立していた。
7) 久保通直『片岡直方君伝』大阪瓦斯、昭和25年刊、pp. 200-202、pp. 203-204。
8) 日本ガス協会『日本都市ガス産業史』日本ガス協会、平成9年刊、p. 95。
9) 東京瓦斯『東京瓦斯七十年史』東京瓦斯、昭和31年刊、p. 186。

10) 同上、pp. 187-188。
11) 立法府に対して責任を負う合議制の独立行政機関で政治的影響を受けずガス事業者、消費者の監督調整を行なう。
12) 新法律名は「瓦斯事業法」から「ガス事業法」のカタカナ表示となった。
13) 予想事業費用に事業報酬を加えて総括原価を計算し、それを想定需要量で割ったものが単位料金となる。この場合の事業報酬の算出方法として「事業資産に公正報酬率を乗ずる」方式がレートベース方式である。前掲、『公的規制の経済学』p. 82。
14) 大阪ガス『大阪ガス100年史』大阪ガス、平成17年刊、p. 101。
15) 大阪瓦斯『大阪瓦斯五十年史』大阪瓦斯、昭和30年刊、p. 304。
16) 同上、pp. 304-306
17) 昭和10年頃の大阪瓦斯の他人資本の比率は10％未満であった。
18) 前掲、『東京瓦斯七十年史』p. 208。
19) 大阪瓦斯『大阪瓦斯五十年史』大阪瓦斯、昭和30年刊、p. 308。
20) 東京瓦斯『東京瓦斯九十年史』東京瓦斯、昭和51年刊、p. 250。
21) 「報償契約解除の経緯と覚書」東京都史料　大阪市財政局保管資料　43038。
22) 瓦斯事業法第12条　料金をはじめとするガス供給条件の設定または変更は主務大臣の認可事項とし（第1項）、市町村の意見を徴することとする（第2項）。
23) 「東京瓦斯の報償契約に対する考え方、東京出張記録」大阪瓦斯資料。
24) 昭和11年締結の改定報償契約　第6条では、報償金の算定は、総収入金額によりランク付けされ、3千万円以下の部分の3％から7千万円以上の部分の4.5％まで5段階の累進計算となっている。
25) 総収入には副産物収入も含まれるが、元々報償金は公益事業のための道路使用料であり、コークスやタールなどの道路を占用使用しない一般商品にまで報償金を要求するのは理不尽であるという主張である。
26) 昭和20年度の純利益は2.3千万円の赤字、21年上期は僅か10万円の黒字、21年下期は2.1千万円の黒字となっている。配当は20年から24年上期まで無配。東京ガス『東京ガス百年史』東京ガス、昭和61年刊、p. 836。
27) 改定報償契約第6条の但書に、「総収入が年額4千6百万に達しない場合は免除、また純利益で配当が4％以上に出来ないときは減免できる」としている。
28) この数字は電気需要家の占用料負担割合に準じている。
昭和23年度電気占用料(8,517,484円)/需要家戸数(801,617戸)＝1戸あたり占用料(10.62円) 1戸あたりの占用料(10.62円)/1戸あたりの電気代(672円)＝1戸あたりの電気代に占める占用負担額(0.016) つまり電気代に占める占用料の負担割合は1.6％である。この割合を基準にしてガス需要家の負担すべき占用料は、1戸あたりのガス料金(960円)×0.016×ガス需要家数(260,000戸)＝3,993,600円となり、導管延長2,468,080mで除すと1mあたりの占用料単価は、1円61銭8厘1毛となる。「東京都占用単価設定」東京都資料　大阪市財政局保管　43052。
29) 東京都知事との報償契約の解除の覚書の第5条では「昭和23年度の道路占用料は埋管1mについて年額1円61銭8厘1毛とし、但し不活性導管については半

額とする」として、第6条に「昭和24年度以降の道路占用料については協議の上決定する」とした。前掲、『東京ガス百年史』p. 896。
30) 岡戸武平『東邦瓦斯物語』中部経済新聞社、昭和44年刊、pp. 325-326。
31) 「岐阜市との報償契約について」31公局第583号　大阪瓦斯保管。
32) いずれも昭和20年代後半から30年代に反対世論の高まりなどで廃止された。
33) 昭和25年の市税収入の上位は固定資産税42％、市民税25％、電気ガス税5％であった。大阪市『昭和大阪市史　続編　第2巻　行政編』大阪市、昭和40年刊、p. 262。
34) このとき5大都市は結束して、大都市行政の自治の拡充と行政能率のため、府県と市が二重に担当することを廃止し特別市に一元化しようとする動きを見せたが実現せず、結果として昭和31年の政令指定都市制度になった。大阪市『大阪市制百年の歩み』大阪市、平成元年刊、p. 145。
35) 室戸台風、ジェーン台風の2つの台風で防潮堤の整備の重要性を認識した市は、財政窮乏のなかから財源を捻出し昭和30年までに延長80 kmの防潮堤と橋梁の嵩上げ、水門工事を完成させた。
36) 北河内郡の茨田町および中河内郡の巽町・加美町・長吉村・瓜破村・矢田村。
37) 前掲、『昭和大阪市史　続編　第2巻　行政編』p. 299。
38) 末尾の資料15「大阪市の財政収支累計比較（統計額）（昭和20～32年）」によると、この3年間で32億円の後年度繰上充用金を計上している。
39) 戦後凍結していた水道の拡張事業を昭和28年に再開したことも赤字要因になっている。
40) 「大阪瓦斯寄付収受に関する調」大阪市財政局資料　43031。
41) いわゆるシャープ税制改革。
42) 昭和28年10月付、大阪市長中井光次宛の「報償金御減額陳情の件」大阪瓦斯資料。
43) 社債発行の限度は株主資本と再評価積立金の合計とされている。また再評価積立金を資本に組み入れ新株を発行する場合は、当該新株は必ず株主に割当てるとされた。
44) 大阪市稟議書「ガス報償金の算定に関する件」昭和29年。大阪市財政局資料43044。
45) しかしこの方式は大阪市、大阪瓦斯、消費者の満足は得られたが、都市ガス引用により既得権を失ったLPガス業者とは大きなトラブルを発生させた。
46) 昭和33年11月20日「覚書」および「協定書」　大阪瓦斯資料。
47) 大阪市の報償金は、大阪瓦斯の総販売量のなかの大阪市域に於ける販売量の割合で按分するとする覚書を交換している。「昭和22年6月30日付覚書」大阪瓦斯資料。
48) 「道路占用料の減免、免除申請の提出の市町村」大阪瓦斯資料。
　　免除　八尾市、貝塚市、高石市、宇治市、吹田市、高槻市、茨木市、川西市、
　　　　　寝屋川市、布施市
　　減額　大阪府、京都府、兵庫県

49) 昭和6年と26年に報償金の最低額を、それぞれ25万1150円76銭（前年昭和5年の納付額）と500万円（但し26年から3年間に限る）に決めた改定がある。大阪市資料「庶甲第441号」、「寄付申込」昭和25年7月21日　大阪瓦斯資料。
50) 昭和23年の過度経済力集中排除法等による大阪瓦斯解体の指定も、解体の不合理が認識され翌年に取消されている。前掲、『日本都市ガス産業史』p. 96。
51) 径300 mm、延長47.7 kmで、全溶接鋼管による遠距離高圧ガス輸送として我国の嚆矢となるものであった。前掲、『大阪瓦斯五十年史』p. 187。
52) 同上、p. 190。
53) 拡大は急ピッチに続いて、昭和40年までに和泉町、藤井寺町、道明寺町、富田林市、松原市、平岡町、四条畷町と営業区域を拡大している。
54) 昭和30年度の決算では、製品売上168億円のうち、副産物が56億円で、売上の3分の1となっている。
55) 昭和20年に合併を協議して市長の了承通知を出している。「大阪瓦斯合併についての市長の承認書」昭和20年4月30日、大阪市財政局資料　43054。また「資本増加について大阪市のとった手続き」大阪市財政局資料　43054を見ると昭和20年から昭和51年までの15回の増資の全てについて会社からの協議を受けている。
56) 電気経済研究所『報償契約質疑録（Ⅲ）』電気経済研究所、昭和8年刊。
57) 明治8年〜昭和41年　弁護士、日本弁護士連合会会長、貴族院議員、司法大臣。
58) 安政5（1858）年〜大正11年　弁護士、司法省参事官。
59) 明治9年〜昭和26年　東京高商教授　弁護士、貴族院議員。
60) 慶応3（1867）年〜昭和8年　弁護士、東京弁護士会会長、貴族院議員、スポーツ界での功労者。
61) 明治元年〜昭和20年　裁判官、東京大学・京都大学教授、貴族院議員。
62) 松本蒸治「意見書」昭和13年10月20日　大阪瓦斯資料。
63) 田中二郎「大阪瓦斯報償契約における買収条項の意義、性質及び効力」大阪瓦斯資料。
64) 大隈健一郎「大阪市報償契約の買収条項に関する意見書」大阪瓦斯資料。
65) 杉村敏正「大阪市瓦斯報償契約の法律上の性質及び効力に関する意見」大阪瓦斯資料。
66) 吉川大二郎「報償契約に関する吉川先生質疑応答議事要旨」昭和28年9月17日　大阪瓦斯資料。
67) 民法は典型的契約の類型として13種類の契約を規定している。
68) 「昭和28年大阪瓦斯調査部の試算」大阪瓦斯資料。また大阪市も数年後の昭和34年に、基準年を昭和31年から33年として試算した。それでは17億円から22億円と評価した。「株式相場による買収金額試算表」大阪市財政局資料43056。
69) 「昭和30年8月株主総会の議長挨拶」大阪瓦斯資料。
70) 大阪市『大阪市会史　第二十八巻』大阪市、平成6年刊、p. 1132。
71) 同上、pp. 1124-1135。
72) 「買収権を放棄することのないよう」にという文言が挿入されたのは、「今直ち

に買収することについては、結論を早々に導くことが困難として、買収権を背景としてガスの普及を講ぜしめるべく契約を有利に改定する」ためのものであった。「ガス特別委員会提言の議案説明」大阪市財政局資料　43057。
73) 要求項目として、①会社の自己負担で本支管の整備計画をたて早期実現をはかること、②供給管と内管の12mまでは会社負担にすること、③早収、遅収の2本建て料金を早収に一本化すること、④報償契約第1条の料金の割引を市の管理する営造物に拡大すること、⑤報償金の算定方法の合理化をすること、をあげた。
74) 法制的に理事という言葉はないが、市長を補佐して市政の執行にあたる幹部職員を慣習的に指す。大阪市の場合、市政の執行側として市会に出席し説明し答弁できる部長級の幹部職員を指し、その人選は市会の承認事項となっている。
75) 昭和30年10月30日「報償契約の本旨についての会談記録」大阪瓦斯資料。
76) 本間武夫「ガス事業と報償契約」『電気とガス』通商産業調査会、昭和30年10月号、pp. 41-47。
77) 昭和29年公布、施行。
78) 報償契約では公用の屋外ガス灯のガス代を20%引にする約定があるが、ガス灯が利用されなくなってからは適用されていない。
79) 前掲、『大阪市会史　第二十八巻』p. 1129。
80) 「大阪瓦斯買収に関する通産省本間事務官の見解」大阪市財政局資料。
81) 昭和31年6月の日本ガス協会の「報償契約に対する見解について照会の件」（総119号）に答える形で局長見解（31公局第896号）を出した。大阪瓦斯保管。
82) 32公局第923号　大阪瓦斯保管。
83) 当時大阪瓦斯の総務部で報償契約の担当であり後年総務担当副社長となった青木忠雄は、「大阪市も、大阪瓦斯も事務局の職員同士は解除の方向であった。実態として買収は無理なので、どのように処理しようかという仲間意識があった」と述懐する。（平成22年10月22日ヒアリング）
84) 明治35年～平成5年　最高裁判所判事　弁護士　専門は労働法。
85) 明治34年～昭和53年　弁護士　日本弁護士連合会会長　日本法律家協会会長　専門は民事訴訟法。
86) 「大阪市買収条項の処理について」大阪瓦斯資料。
87) 催告は最も弱い時効中断方法で6ヶ月内に裁判上の請求をしなければ効力はない。他の中断方法は次のとおりであるが、いずれも今回の場合は現実的でない。
①債務者の承認…会社は買収条項を無効としているため承認しない。
②訴訟の提起…市の本音は買収の可能性は少ないとしていた。
88) 田中二郎「報償契約に関する法律問題」『ジュリスト』有斐閣、昭和31年6月号、p. 7で当該報償契約の買収事項については、〔大阪市の〕支配者の立場を利用した強制的要素が多分に存していて契約自由の原則からみると「その効力については甚だ疑わしい」としたことを指す。
89) 明治42年～平成4年　東京大学教授　専門は民法、法社会学。末弘厳太郎の指導を受け、法社会学にも業績多く、戦後民主主義、啓蒙主義を代表し、戦後の

民法改正をはじめ戦後改革を思想的にリード。
90) 前掲、「大阪市買収条項の処理について」での議事録作成者は、「色川氏の口ぶりは、理事者も買収条項は働かないという川島の鑑定結果を期待しているようにとれた」と記述する。
91) 「会談記録　秘」昭和40年10月11日付　大阪瓦斯資料。
92) 「あいさつ」昭和40年10月11日付　大阪瓦斯資料。
93) 昭和40年10月15日に大阪市長職務代理者・助役下村進名で「本市は昭和30年10月19日以降、買収権をもっているが、その権利行使はさしあたり保留したいので、念の為当該買収権が有効に存在するものである趣旨を確認してほしい」とした文書を大阪瓦斯に出している。大阪市財政局資料。
94) 川島は「私は結果論の反響に拘束されたくない。純法律論としてこの問題に取り組む」と話している。「川島教授との面談内容」大阪瓦斯資料。
95) 「市の買収というのは現実的でないと考えているが、現実的でないからといって当然法律上も不能であるという結論にはならない」とした。同上資料。
また買収条項締結に至る対等性に対する疑問説（田中二郎説）に対して川島の鑑定は、「この条項は相対立する社会勢力がGIVE AND TAKEの原理によって締結した典型的な『対等者』の間の契約である」とした。川島武宜「川島武宜鑑定書」p. 90。大阪市財政局資料　43048。
96) 川島武宜『民法Ⅰ』有斐閣、昭和36年5月刊、pp. 4-5。
97) 川島武宜は、大阪市依頼の鑑定のなかで、司法が商法522条の短期時効を採用する可能性が十分あると指摘する。そうなると、この時点でも既に時効期間は過ぎていることになる。今までの学者の指摘のなかに5年の短期時効の適用の話はなかったので、市の理事者は恐らく驚愕し川島鑑定のこの部分は完全に極秘扱いになっていたことが大阪市の現存資料からも推察される。（一方の大阪瓦斯の資料では5年の短期時効を認識していなかったようだ。）前掲、「川島武宜鑑定書」。
98) 後年、昭和61年3月17日最高裁判所第二小法廷判決は「時効による債権消滅の効果は時効の経過とともに確定的に生ずるものではなく、時効が援用されたときにはじめて確定的に生ずるものと解するのが相当である」と改めて確認した判例がでた。
99) 前掲、「川島武宜鑑定書」p. 73では、「今まで進行した時効の利益を放棄する」とした意思表示の誓約書を大阪瓦斯からもらうことを提案している。また大阪市は、大阪瓦斯がそれを拒絶した場合に備えて一方では買収権存在確認の訴訟を提起する準備を財政局長から総務局長に依頼していた。「確認訴訟提起方依頼について」大阪市財政局資料　43064。
100) 「時効利益の放棄について」昭和41年4月16日付　大阪瓦斯資料。
101) 昭和31年、35年、40年の1m/年あたりの占用料は、大阪瓦斯はそれぞれ14.49円、28.90円、52.78円に対し東京瓦斯は、それぞれ7.50円、20.75円、45.00円となっている。「六大都市報償契約等調」大阪市財政局資料　43043、「六大都市報償金及び道路使用料比較」大阪市財政局資料　43052。

102) 東京都、東京瓦斯は昭和23年に基準金額が決まって以来毎年両者が協議して改定しているが、当初95％以上の割引から始まった減免率は年々減少し昭和38年には50％、同42年には25％と引き下げ昭和44年からは減免しないと決めていた。「東京電力及び東京ガスにたいする道路占用料の減免について」東京都資料　大阪市財政局保管　43038。
103) 昭和45年に作成された「占用料単価一覧表」大阪瓦斯資料によると、例えば外径30 cmのガス管の一般占用料単価は、1 mについての年額の占用料は、国道33円〜52円、大阪府道20円〜30円、大阪市100円、京都市15円〜30円、神戸市100円で、大阪市と神戸市が突出している。
104) いずれの市も報償契約を存続しているが、報償金の算定については、京都、神戸は、昭和34年から運用上は占用料方式に切り換えられ、また堺、尼崎は報償金方式を踏襲していた。「懸案都市の折衝状況」昭和45年11月付　大阪瓦斯資料。
105) 明治30年〜昭和38年　東京帝国大学教授　法務省特別顧問　個人主義に基礎を置く民法の原則は資本主義の高度化で修正を余儀なくされているため、論理的解釈学でなく社会生活の変遷に順応できるよう判例主義をとり入れた法解釈学を展開。戦後は民法改正をリードした。
106) 明治21年〜昭和21年　東京帝国大学教授　専門は民法、労働法、法社会学　ドイツ民法学全盛時代に、日本の民法学説を概念法学として徹底的に批判し、判例研究を中心に「生きた法」をめざして民法学の転換をもたらした「日本民法学の革命児」といわれる。
107) 我妻榮「私法の方法論に関する一考察」『近代法における債権の優越的地位』有斐閣、昭和28年刊、p. 478では、「ドイツ、フランス両国の参考書を研究しながら、日本民法の論理的体系を完成することは、それ自身としても多くの価値を有していた。けれども新しい社会現象が日毎にその態様を増し、たとえ民法の規定を論理的に完全に解釈しても、その適用の結果が我々の倫理観念に背離することが多いようになっては、我々はその研究の立場を更に一歩を進めざるを得なくなる。このとき、もっとも我々の注意を惹くものは、法律を出来上がった抽象的な法則としてのみ取扱わず、いわゆる活きた社会的事件に対する適用の点において研究せんとする立場である」とした。
108) 我妻榮「大阪瓦斯株式会社報償契約鑑定書」大阪瓦斯資料。
109) 大正12年成立の当初の瓦斯事業法第17条。
110) 前掲、「川島武宜鑑定書」pp. 91-153。
111) 前掲、「川島教授との面談内容」大阪瓦斯資料。
112) 前掲、「川島武宜鑑定書」p. 126では、法哲学上の「契約自由の根本精神」としてフランス民法1157条の「ある約款が二様の意味をもち得る場合には、その約款が無効であるような意味でなく、その約款が有効であるような意味に解釈すべきである」との規定を事例に挙げた。
113) 我妻榮「社会現象の法律を中心とする研究の問題」『近代法における債権の優越的地位』有斐閣、昭和28年刊、p. 506。

114) 前掲、川島武宜『日本人の法意識』岩波書店、昭和42年刊、p.140。
115) 昭和44から49年までの販売量は全体が1.9倍に対し工業用は2.7倍の伸び。大阪ガス『大阪ガス100年史 別冊資料編』大阪ガス、平成17年刊、p.251より算定。
116) 昭和57年6月16日「道路占用条例適用についてのお願い」大阪瓦斯資料。
117)「3都市報償金推移」大阪瓦斯資料。
118) 昭和48年3月31日「ガス導管の道路占用に係る占用料の徴収並びに免除扱いの取消しについて」大阪瓦斯資料。
119)「大阪市契約改定の処理方向」大阪瓦斯資料。
120) 同上。
121) 川島は訴訟前の和解について、「政策論であるが、ガス会社も市の買収権は無効だから一銭も出せないと考えておられないだろう。市からみれば買収権は一つの財産権だからこれをタダで放棄することがあるとは考えていないだろう。この点に留意して和解されてはどうか」との記録が残っている。前掲、「川島教授との面談内容」。
122) この時期大阪市は別途3人の学者(名前は非公開であるが他の史料から推論すると、小高剛大阪市大、北川善太郎京都大学、椿寿夫明治大学の各教授と思われる)に「報償契約を解消する場合買収権消滅についての補償を会社に請求できるか、また補償額の算定の根拠は如何」という鑑定を依頼しているが、その鑑定はいずれも市の財産権を認めず補償請求権はないとしている。「ガス報償契約に関する鑑定」大阪市財政局資料　43048。
123)「報償契約第2条の買収権の時効に関する申し入れについて」大阪市財政局資料43064。
124) 前掲、『大阪ガス100年史』p.157。ちなみに業務用ガスが家庭用ガスを凌駕するのは昭和63年である。前掲、『大阪ガス100年史 資料編』p.252。
125) 総額26.2億円をこの期間に分割して「大阪市民の福祉の向上と生活保護の整備」として寄付している。「寄付申込みと受領」昭和47年3月　大阪瓦斯資料。
126)「大阪市報償金の推移グラフ」大阪瓦斯資料。
127)「大阪市との折衝メモ」昭和60年5月8日　大阪瓦斯資料。
128)「報償契約の改定依頼」昭和59年3月29日付　大阪市財政局資料　43060。
129)「報償金方式であると、①会社の実質的な営業成績とは無関係な外的要因により、結果的に予想を超える利益が計上され均衡を失した報償金になることがある、②利益金が激減した場合報償金も減少するが、その場合従来のような寄付金は改正商法下での会計処理には制約がある」としている。
130)「大阪瓦斯株式会社報償契約の問題点」　大阪市財政局資料。
131) 昭和60年11月14日市会決算特別委員会議事録　大阪市会。
132)「勝田議員代表質問への答弁書」大阪市財政局資料。
133) 今後は、報償金から道路使用料に移行し、その結果年額7億4千万円の増額になる旨説明があった。昭和61年3月6、7日定例常任委員会議事録。
134) この計画は、その後市の財政悪化が表面化して約25年を経た現在も実現してい

ない。また当時はその収蔵品としてモディリアニの「裸婦」を19億の高額で大阪市が購入することで話題になった。なお読売新聞はこの購入経路を昭和64年6月から20回の連載で特集した。

135)「大阪市制100周年記念事業基金への寄付金拠出の件」大阪瓦斯資料。

むすび

　日本に報償契約が導入された明治36（1903）年から、それが終息するまで80余年間の歴史を通史的に論述してきた。多少繰り返しになるが、つぎのように要約できる。

　明治の初め、横浜・東京に日本で始めてガス事業がはじまった。遅れること約30年を経てやっと大阪でも大阪瓦斯に対して事業の認可がでたが、日清戦争後の景気後退から開業資金が集まらずついに資本金の過半をアメリカの資本を導入して開業準備をしていた。

　当時の大阪市は商業都市から工業都市への転換期にあって、都市再開発への投資が増えて財政は窮乏に瀕していた。その建直しに起用された第2代目市長鶴原定吉は、電気、ガス、市街電車などの独占事業は本来公共の業務であるべきとの考えから、ガス事業も市営にし、その利益を一般財政にまわすべきであり、仮に大阪瓦斯の開業を認めるにしてもその利益の一部を市に配分せよと主張した。既に開業の認可を得ている大阪瓦斯はそれを拒否して両者の抗争となった。

　当時の法制は地方自治体の営利事業を想定せず到底鶴原の主張を適える道はなかった。そこで鶴原は明治35年秋、大阪朝日新聞社の応援を得て、市内各地で市長応援の組織をつくり世論を味方にした。それは市民の大決起大会にまで進展したが、両者妥協せず膠着状態になった。この対立を危惧した藤田傳三郎などの地元有力者は仲介にはいり、明治36年に報償金の納付や

むすび

料金改定の合議、一定期間後の市による事業買収などを内容とした報償契約がまとまった。

その直後、鶴原は主張どおり市内の市街鉄道はすべて市営にすると宣言し、政府の意向を押し切って矢継ぎ早に鉄道網の計画を申請しその実現に乗り出した。一方開業後15年を経ていた大阪電燈に対しても報償契約の締結を迫った。全国電気事業者の組織である日本電気協会は反対の決議をしたが、大阪電燈は抗することができず、明治39年に電気事業者として初の報償契約が締結された。

報償契約は市と会社の合意に基づく私法上の契約であり、自治体にとって中央政府の権限を損なわず自己の利益を主張できる重宝なものとして全国のガス、電気や一部の鉄道事業者との、事業法に代替する契約形態として伝播していった。しかし契約自由と平等の原則による契約とはいえ、道路の使用を必要とする公益事業者と自治体の関係は全くの対等とはいえなかったため、その後の報償契約を巡る紛争は絶えなかった。さらに事業法や道路法などの整備が進み、既存の報償契約との整合性なども問題になり紛争はより複雑化した。とくに東京瓦斯事件は料金や増資問題で東京市会との対立が深まり法律関係不存在確認の訴訟提起に発展した。また大阪電燈、函館水電、名古屋電気鐵道などでは、買収問題で大きな抗争となった。

法整備が充実され報償契約による自治体の権限の多くが縮減され政府権限に集約された後も、既に慣習法として根付いていた報償契約はその後もながく活き続けた。それは公共として都市経営をめざす自治体と資本主義経済に生きる公益私企業の相克の歴史でもあった。

その後も電気、ガスは一部の公営を除き私営事業として成長した。一方、市街鉄道では大阪市の市営化が全国に大きく影響をし、東京や京都、名古屋も既に私営で開業していた企業を市が買収して市営とした。その後司法も自治体の営利事業を認めた。

後年、鶴原の都市経営の発想は第7代市長の關一に引き継がれ、大大阪構想として実現した。水道事業、電気事業、市街鉄道などの市営事業の利益を都市開発や社会事業に供して、大阪市を屈指の近代都市、社会福祉の都市と

して発展させた。

しかし昭和17年に戦局窮迫による国家統制により電気事業の再編が行なわれ、発送電は1社に、配電は全国の9配電会社に統一され、市営電気事業はなくなり報償契約も全て解除された。

一方ガス業界では戦時協力のため全国ガス会社が東京、大阪、東邦などの大手の会社を中心に合併され、それまでの地元自治体との報償契約は新会社に引き継がれた。しかしこうして大型化した新会社はもはや自治体が買収できる規模を超えていた。

昭和18年に東京市が廃止され新たに発足した東京都は、23年、東京瓦斯に報償契約の解除を申し入れ合意解除された。

戦後のガス事業は傾斜生産方式で家庭用ガスの販売は副次的なものとされたため、ながく使用制限は続いたが、24年には原料の石炭需給も安定して24時間供給に復帰した。

会社経営も激しいインフレで投下資本を償却で賄えず、資産再評価制度による資産評価見直しや無償、有償の増資を繰り返し財務の改善を行なった。こうして戦後の苦難を乗り切った昭和30年代には高度成長が始まり顧客数の拡大と一戸あたりの販売量の増加でガス事業も大きく成長した。

昭和30年は、報償契約の約定で、開業後50年を経て大阪市には大阪瓦斯を買収する売買予約の権利が発生する年であった。会社は、買収条項はもはや無効であると確信し、市当局も、会社が地域的にも業務範囲の拡がりからみても規模が拡大したためもはや買収は不可能としていたが、市会は買収条項を放棄することには反対として改定を阻止した。市当局は市会の反対が呪縛となり改定交渉は膠着状態になった。一方ガス事業の監督官庁である通商産業省は、報償契約はもはや「過去の亡霊」であり、仮に市の買収が成り立っても国としてそれを認可はできないことを表明した。

報償契約による予約の権利行使も債権としての10年の消滅時効がある。しかし市と会社は解決の方策を見出せないまま昭和40年になった。やむをえず市は会社に時効の援用をせぬことを会社に切望し当面の時効問題を棚上げして、報償契約の改定交渉をしたが妥協点を見出せず、暗礁に乗り上げた。

むすび

昭和50年の2回目の消滅時効の到来も同誓約で糊塗した。

それでも両者の主張の隔たりが大きく、万一の訴訟を想定してそれぞれが法学者への鑑定を依頼した。鑑定結果は市の鑑定では報償契約は有効とし、会社側の鑑定では無効という結論に分かれたが、明治以来ほとんど修正をせずに維持してきたものを法廷で争うことについては双方潔しとはしなかった。

昭和50年半ば以降大阪瓦斯の利益が増大してくると利益配分としての報償金が止め処もなく増加し、東京、名古屋などの大都市や国道、府県道の道路使用料と較差が増し、かつ大阪市の一般道路条例による道路使用料を上回ってくるという矛盾がでてきた。そこで会社は利益に連動する報償金方式を止め一般の道路占用料方式を適用するように市に申しいれた。これを契機として市はやっと報償契約の解除を決断した。こうして昭和61年3月に80年余続いた大阪市・大阪瓦斯の報償契約の幕を下ろした。

以上報償契約という契約形態が導入され定着しそして解除されるまでの80余年の経緯を要約したが、その中核となる報償金の性質について少し触れておきたい。

先ず報償契約という耳慣れない言葉は当初大阪大阪朝日の本田精一が英語のcompensationを報償と訳したところ、それが定着したという。このcompensationとは埋め合わせて辻褄をあわせるに近い言葉である[1]。しかし本田の訳語の「報償」という言葉は、「報」は、お返しをする、の意で報国とか報恩などにつかわれ、「償」は借りの返しや罪を贖うの意で、代償、償金などにつかわれる。つまり英語のcompensationは、私人が公共物をつかうことについての「埋め合わせ」の意にたいして、日本語の「報償」の語感は公共物をつかわせてもらったお返し、御礼の意がこもってくる。しかし実態としての報償契約は「公共道路の道路使用料」であり、「埋め合わせ」に近いものであった。欧米では道路は住民のものであり、独占的に道路を使うことは他人の権利を奪うことであり、その権利の損料として報償金で「埋め合わせる」のに対し、日本では、道路は国のものであり、市は使用の許可権

がないため、市の道路使用についての「十分な便宜を無償で与える[2)]」という好意に対する家父長的なお上への御礼の語感が強い。本田にとっては適当な訳語が見つからなかったといい[3)]。その後も妥当な訳語がないため報償（契約）で認知されていった。

　いずれにせよ報償金の実質は道路使用料であるが、その算定方式が利益または収入という経営成果の配分方式をとっている点に特徴がある。通常の道路使用料は、道路占用条例により距離や面積の単位あたり幾らという比例方式であった。これに対し欧州も日本も、報償契約では公益事業に対してのみこのような成果配分方式をとったのは、①公益事業は市民サービスそのものであるため、道路使用料は即市民の負担になる、②公益事業は、いずれは公営にすべきであり、公営ならば利益の一部が一般収入に配分される、③事業者が未だ採算にのらない間は使用料を安くし、むしろ普及促進を果たさせるべきである、などの考え方が基層にあったからである[4)]。

　しかし、日本でも、現実に報償契約が成立し全国に普及すると、自治体にとって、事業者を管理支配する格好の手法として定着し、報償契約が慣習法としての役割を果たした。電気事業法、道路法、瓦斯事業法と法制度が整備された後も、報償契約は自治体と事業者の関係を束縛した。とくにガス事業は、ほとんどがその地元自治体の行政単位のなかで完結する狭い営業範囲で業務をしていたため、市と市会が自家薬籠中の物として会社を支配する関係が深まった。

　報償契約の歴史を締めくくるにあたり、私営公益事業と自治体の都市経営の相克に大きな影響を及ぼした2つのことに触れたい。1つ目は、市会の体質問題であり、2つ目は、都市経営問題について、なかんずく、営利主義、収益主義、余剰主義といわれる都市経営の考え方である。

　まず市会の体制についてである。報償契約の締結で、事業者は経営の根幹問題について市の承認をとる必要があったが、交渉窓口は市長でありながら、背後にある市会が常に障害になった。市制による市長は、市会の推薦で就任するため、市長は推薦者である市会に対しての支配力はなく法制的には

むすび

単に参事会の議長であり代表にすぎなかった[5]。したがって市会の委員会が強力な権限を行使した場合、市長は拒否権がなく、委員会の決定を従わざるを得ない状況であった。またその市会も統制が取れているわけではなく、議員の所属する派の利害と自身の利害とにより選挙民の受けをねらうことが多く、委員会を中心に不祥事が日常から起こっていた。とくに大正15年の普通選挙の実施は市民全体が選挙に参加することになるため、市会議員は選挙のために実行不可能な政策を掲げ、売名行為が横行した[6]。さらに支持者を集め知名度をあげるために政党化がすすみ、「衆議院議員、府会議員、市会議員の階層で持ちつ持たれつの関係がでてきて、市政への関心よりも自己一身のため」の行動が指摘された[7]。とくに大阪市の場合、「参事会委員も議員の協議で、1年毎の回り持ちとする内規があり[8]、行政、財政に通暁する時間がない。これは委員会でも同じで、定数が不足すると新しい委員会をつくって[9]でも委員に就任させ、委員手当てをもらう。いずれにしても、仕事に堪能な人を選ぶことは実行不可能である[10]」という。

報償契約では、会社の経営環境の変化で、早急に市の承認が必要なことが多く、会社から協議を求められた市の参事会は案をつくり市会に議決を求める。しかし目先だけの議論になり、侃侃諤諤で結論がでないことが多かった。東京瓦斯の事例でも、大阪電燈の事例でも市会の承認が障害となって経営判断を実行できずに時期を逸した。

当時の市会の運営は議論ばかりで時間の消耗が多く、統制がとれていない、効率のわるい仕組みであった。民主制の歴史の長い英国では、市会は意思決定機関であり、同時に執行機関でもあった。そのため実務は専門吏員が行い、その決定を市会の委員会はその専門機能を尊重するのが慣例であった[11]。またアメリカでは三権分立を信じ、その経験が市長の市会決議の拒否権や市長公選制を生んだ。民主政治は常に人気取りの衆愚政治に堕する運命にある。各議員が勝手な意見を述べ市政に干渉すれば、市政執行は不可能になる。まさに「決められない政治」となる。

このように、市会の対応が遅いことと無責任であったことの救済として、司法も役割を果たしてこなかった。報償契約に関しては、東京瓦斯が唯一の

訴訟事例であるが、訴訟を起こす事により、市の別件での意趣返しが大きくて、会社は提訴した訴訟を自ら撤回した。その理由は裁判手続きに時間がかかり過ぎ、社会の救済制度としての本来の機能を果たしていないということであった。

　大阪瓦斯、東邦瓦斯は市との正面対決を避けた。経営数値が悪くなり報償金が減少すると、市に対して相当分を寄付するなど市会、市民、マスコミを納得させる巧妙なやり方で、話題にならないよう懐柔政策をとった。話題になると議員が売名的に動く。また大抵の場合、新聞も販売競争から、読者の受け狙いで、事業者を叩く側にまわり、目の前の問題を過激にとらえて市民を誘導する。この当時の市民は新聞の誘導によってすぐに大会をひらいた。大阪瓦斯の報償契約の成立の場合の大阪朝日がそうであったように市民大会に連動することがよくあった。函館水電事件でも、新聞記者連合が運賃提案をしたりして市民を誘導した。

　各地で紛争の原因となった市会決議の遅滞や見かえり追加要求などの公権力の濫用を心配した政府は、道路法や瓦斯事業法を成立させた。そのため自治体が自ら獲得した権限を国が取り返すようになった。日本の自治体では英米型の実務方式はついに開発されず、根本的な解決は新憲法によるしかなかった。アメリカの影響を色濃くうけた新憲法で市長は市民の直接選挙となり市会の解散権をもつに至った。報償契約についてもトラブルは少なくなった。ただ大阪市の場合だけは、契約更改の期限がもともとなかったことに加えて、「買収条項を放棄することなく」という市会決議が市長以下の理事者らに長い間、呪縛として残って契約解除が大幅に遅れた。遂に万策がつきて、やっと呪縛に初めて正面から向き合い、解除を提案し了承をとったのが昭和61年であった。

　つぎに都市経営の問題に移ろう。報償契約は大阪市長鶴原定吉の都市経営の考え方をもとにした営利事業へのこだわりから始まった。市の機能は国家の行政事務に関する分担と、自治行政つまり住民の公共の利益に関する業務とで成り立っているが、市制では市に法人格を認めたのにも拘わらず、市が自己の権利として営みうる固有の事業は想定していなかった。それでも都市

むすび

　人口の増加につれて公共の利益のために行なわれる想定外の事業が必要になってきた。最初に問題になったのは、水道事業[12]であった。コレラの発生[13]により政府は急遽自治体に上水道の布設を認め、これを誘導することになった[14]。したがって明治30年頃までの全国の市営事業は水道事業の外に存在しなかったのである[15]。

　ところが、明治36年鶴原は、ガス事業を市営事業にしようと画策して、結局私営企業を認め報償契約になったことは今まで述べてきたとおりである。同年、市街鉄道の市営化についても、「大阪市に於て将来布設すべき市街鉄道は総て大阪市直接に之を経営する」との市営方針をたてた[16]。また翌37年には東京で市街電車の開設が議論され市営が主張された[17]。大正に入ると、市営による市街電鉄事業やその併営事業として電気供給事業もでてきている。

　これら市営事業は、純然とした営利事業であり、学校、病院、図書館のように市税中心で運営する事業ではなく、収入総額から経費を支出しても赤字にならない、つまり独立採算を目的にしたものである。具体的には、ガス、電車、電気、水道を指している[18]。これらの事業を市が実施することについては、もともと市制の想定外のことであり、明治25年12月24日の行政実例以来内務省の判断も水道を除いて否定的であった。先に鶴原の出した、大阪市の市街鉄道市営論についての上申書は、内務省に相当のインパクトを与えたものの、「その内容が抽象的で具体的でない」として却下されている[19]。そこで鶴原は、具体化計画を矢継ぎ早やに出して対抗した。

　市は、市街鉄道第1期計画として築港と西九条線、第2期として市内目抜き通りを通過する南北線と東西線、第3期[20]は都心部18路線を明治末期から大正初期に、さらに大正後期から昭和初期にかけて第4期の市内7路線と期外線[21]19路線を次々と計画し開通させた。全線開通の昭和11年には営業キロは106.5km、1日乗客数73万人に達した。大都市中で、唯一大阪市が市内交通の市営主義を貫いた理由を、鶴原は、「市民生活に重大な影響を及ぼす公益事業が、利益追求の一方に傾く民営では、料金高と設備不良を招く危険がある」と公益性を標榜し、「市営電車事業の収益があれば、人口増に

伴う道路、上下水道、学校の新設・改良など税収入で追いつかない都市建設費に充当して街づくりを進めることができる」と、余剰利益の社会インフラ事業への充当を主張している[22]。事実市電経営は大成功して、路線布設に必要な道路用地拡張費を自弁したのみならず、大阪港や下水道や社会福祉にまでその余剰利益金を拠出している[23]。

　鶴原が提唱し実現した市街鉄道経営に対しては、後年幾つか批判がある。1つは、私鉄各社の都心への乗り入れを許さなかったことで、市内路面電車との接続ができず顧客サービス上の問題もあり、「大阪モンロー主義」と批判された点である。その批判はもっともなことである。しかし鶴原の市営主義は既存の道路に路線を布設するという鉄道自体に関する概念ではなく、都市計画として道路拡張や橋梁の拡張強化[24]までを鉄道経営の一環として捉えたことも評価されてもよい。それは鉄道を市営化にすることによってのみ可能であった。私鉄は、都心にターミナルをつくるという短距離の乗り入れはできても、道路を拡幅して市内路線網をつくろうとするものではなかった。

　2つ目の批判は、市街鉄道の成功は労働者の搾取に依っているとしたものであるとした。関野満夫は「その高収益は市電労働者の低賃金、長時間労働という劣悪な労働条件をもとにして可能であった」として「市電労働者は、市内の労働者の8割強の生活費で生活して、非人間的な生活を強いていた」とする[25]。しかし、市内の労働環境一般からみれば、むしろ安定職場を提供し、大正15年には500人以上の安定雇用を創出していることにも目をむけるべきである[26]。

　3つ目の批判は、市営事業が他の一般事業の費用を負担する限度についての疑問である。この批判は市営事業の構造に触れた最も大きなものである。それは「一般会計に組み入れられる額は、事業自体のために必要な費用を差し引いた残額でなければならないはずであるが、完全に控除されているかについては疑問が残る。直接費用は勿論のこと、資産の償却、不時の災害のための積立金、公債利子などであるが、これは、自治体の会計組織から窺いえないようになっている[27]」とした批判である。この批判は、大阪市の市営事業に対して提起されたというよりも、自治体全体の会計システムへの批判で

むすび

 ある。大阪市の市街電車が、電車会計で道路拡張費を拠出したことまではなんとか理解しても、東京市より運賃が安く、「この利益が大阪の近代化のための町づくりに要した市債の元利償還にあてられ、ドル箱としての役割をはたした[28]」というのは会計的に厳密に正しいのか[29]、それほど市電は儲かったのかは、まさに「窺いしれない」ところである[30]。

 元来法令(市制)では営利事業を想定していなかったこともあり、その会計システムも事業経営の実状を反映できるものではなかった。後年、会計の曖昧さが赤字事業への税注入や資産売却による事業停止、外郭事業での金融返済の棒引きなどの問題の遠因となった。

 鶴原の都市経営の考え方は第7代市長關一に確実に継承された。關は、「主たる市営事業は租税収入で支弁することは財政上不可能であるのみでなく、私経済の原則に依りて、其代金を請求することが公平であり、其経営から収益を生ずるのは当然である[31]」とし、受益者負担の考え方をさらに進めた。彼は「市営事業の余剰は其支途さえ誤らなければ[32]、寧ろ無産階級の利益になる[33]」として市営事業の利益の一般財政への組み入れを是認している。

 關の時代の大阪は、製造業最盛期で大阪が最も豊かな時代であったのに対し、それに20年以上先立つ鶴原の時代は、市の財政が破綻状態であって予算規模も小さく社会福祉にまで十分に取り組む財力がなかった。しかしこの2人の都市経営についての基本的な考えは同じである。ただ關は、学者として理論構築に努力したのに対し、実務家の鶴原は勘と信念で仕事をした[34]ともいえる。都市史の上で明確にいえるのは、後年の關の歩く、「市営事業で収益をはかって都市経営をする」とした道を切拓いたのは鶴原であったことを強調したい。戦後全国の大都市の自治体が争って営利事業に乗り出したが、その歴史の先頭を切ったのが、鶴原であり關であった。

 とくに評価の高い關の市営事業の考え方に対して、前述の関野満夫は、「關の収益主義的経営の本質は、大衆負担により都市社会資本整備を進めようとする方策である。官治主義的財政制度に触れずに、都市大衆の負担増大により、都市財政と官治主義の矛盾を克服しようとするブルジョア改良主義的試

みであったといえる[35]」としている。この見方は総ての経済機能を支配者と被支配者に分ける二元論になりやすいことと、当時の市制のなかで自治体の権限でできる範囲の改良するという努力を全く無視する完全主義者の批評家思考と思わざるを得ない。

　鶴原は市街電車で、關は御堂筋に代表される大大阪計画で都市経営に取り組んだ。両者に共通するところが、市営の営利主義を主張し、かつそれを実際に成功させたということは識者の意見の一致するところであった。その成功は、営造物主義をとり実費主義の方針を変えない中央政権に対する批判にも向けられた。それでも政府の中央集権主義は、自治体の固有事業を思想的に認めなかった。

　一方、市の営利事業が成功したことは、その余剰利益を一般会計に組み入れることを理論的に正当化するものでもない。場合によって余剰利益はマイナスになることさえ想定される。余剰利益が目的化されるほど一般市場経済は安易なものとは考えられない。市営事業が自らの区域で他を排除して得たものであるならば、自由競争が阻まれた上に自らの事業に対し自らが監督することになり、運営の公正さもチェック機能も果たせなくなる。

　市営事業は営利性が許されるとしても、事業範囲は公益性のある事業に限られるし、事業地域もその行政区域内に限られるのは疑問の余地がないところである。つまり市営事業には自ずからハンディが組み込まれていて、際限なくサービスや地域を拡大してコスト削減の努力が可能な民営には太刀打ちできないのではないだろうか。そのように考えると、鶴原が切り開き、關が大きくした市営事業については、その成功事実は大きく評価するものの、いつのまにか余剰利益の確保そのものが目的化したことについては、仕組みとしての一定の歯止めが必要であったのだろう。これは数十年の歴史をみた今になっていえることではあるが、ある時期の大阪市は営利事業の公益性の定義を拡げ、海遊館、USJ、ドーム球場、WTC、ATCなどの事業を公益性の名の下に経営したが、ことごとく当初の目論見がはずれ、市民に大きな負担を強いて現在に至っている。また關の始めた地下鉄事業も市域を越えた郊外への延長の新たな投資のため旧市街の運賃も高く張り付いたままである。

むすび

　当時既に、蝋山正道[36]は、「關一博士の所論を評す」の副題をつけて『都市問題』に論文[37]を掲げ、關の「市営事業の経営[38]」と「市営事業の本質[39]」の両論文についてつぎのように論評した。

　關の考え方を要約すると、①通説になっている営造物論は間違いであり、それを根拠とした政府の監督制限を撤去するべきである、②市営事業も株式会社も本質は共通しており、共に経済合理性をもっている、の2点であり、歴史的作物としてこれらの論文を評価する。しかし「市営事業の経営組織は、経営と統制との関係をいかに規定すべきかは、最も重要な問題たるのである。關博士は専ら経営の立場に立って論を進められ、その統制の方面は比較的看却されている[40]。この点の究明なくして市営事業論は遂に完全なるを得ない」として、市営主義の行き過ぎの危険を予知している。

　さらに収益主義、余剰主義には根本的な根強い批判もあった。例えば、財政学の小林丑三郎[41]は、「公共団体は自己目的に依る存在でなく他の生存を擁護し向上させるために存在する。公営事業は企業と同じく営利的、私益的に経営してよいという論は、公共団体の存在と私人経済の存在を混同している」と激しく反論している[42]。また東京市政調査会の岡野文之助は、昭和3年の第7回六大市長会議に大阪市の主張である「都市経済の窮乏する現状では、事業の余剰を生ずるときは他の経済に繰り入れて財政の円滑なる運用を図る」という意見に対して、「該剰余を他経済に繰り入れる如きは、事業経営を収益的原則に益々突き進ませ、都市大衆の生活必需費の高揚を孕み、サービスの低下を齎すおそれある。剰余の一般経済繰り入れは消費税的性質を持ち一般有産者の租税軽減をはかる結果となり租税配分の衡平を破ることになる」として、都市財政の窮乏打開策としても賛意を表することはできないという[43]。

　このような議論とその後の歴史を加味して整理してくると、大阪で御堂筋に象徴される大大阪の都市計画を実行し数々の社会政策も併せておこない名市長とうたわれる關一ではあるが、「営利主義」および「余剰利益の他事業への流用」の考え方については幾分疑問を挟まざるを得ない。都市経営の思想からくる営利事業は、都市再生の目的から緊急避難的思考も含めて、一時

的に公益を優先すると理解すれば、全く許容されないと考えるべきではない。海外の事例をみても、19世紀のパリの市街地大改造やアメリカのピッツバーグが鉄鋼都市から医療の町への再生したルネッサンス計画の例を見ても、都市間競争としての危急存亡のためにあらゆる資源を総動員して都市再生が必要なときがあることは理解できる。しかし長期間にわたって社会福祉事業などの他事業に流用するための余剰利益を出すことが事業の目的になってくると論理の誤謬が生ずる。というのは、事業は競争であり、その営利事業が常に余剰利益を出し他の会計を支援することは、理論的には考えられないのである。もしそれが可能であるとしたら、市民は受けるサービス以上の高い料金を払わされているか、公権力で他の競争者を排除しているかのどちらかであり、制度として歪なものになり長続きはしない。大阪市の市街鉄道も昭和初期に一時赤字化し、競合してきた私営バスを買収し市営化するなど統制を強めたが、結局は財政的に荷物になってきた。

さらに市営事業からくる余剰利益はもともと会計的に正しく算出されたものなのか、もし該事業が赤字になった場合、他の市営事業からの繰り入れをするのか、あるいはその場合、赤字を補塡するだけの余裕のある他の事業があるのか等々の疑問が生じ、その過程で事業の採算性を隠蔽する火種をつくることになる。

財政窮乏に対する処方は、まず市民への情報開示であり、市民の負担能力合わせた財政規模に縮小することに尽きるのである。關の考え方のなかに「租税収入だけで社会施設はできない」という苦悩があることは承知するが、その苦悩は、その時代の市民が共有すべきもので、地下鉄もやる、下水道もやるというのは傲慢の誇りを受けねばならない。その時代の市民に幸せを提供し後代の市民にそのつけを払わすことになる。

さてガスの報償金は、それが僅かであっても都市経営に組み込まれた財源のひとつであった。したがって経営成果として報償金が計算され、その金額が少ないときは寄付金が補充された。時間の経過の中で、経営成果の配分の要素よりも道路占用料の色彩が強くなってきたが、報償契約に買収条項があることによって、ガス会社を自家薬籠中の物とした感覚でその経営に関係し

むすび

たのである。東京瓦斯は正攻法で市と対決し、大阪瓦斯は搦め手で対応した。どちらも、報償契約は最初から最後まで自治体の都市経営との相克であった。長年東京市と争った東京瓦斯は、東京都の発足で報償契約の解除のチャンスを得て速やかに道路占用契約に移行したが、大阪市・大阪瓦斯の報償契約の場合には契約満期日の定めがないという致命的欠陥をもっていたこともあり、更改契機が掴めず、市ともども無用なエネルギーをつかって消耗戦をしていた。

東京瓦斯の報償契約の解除は、東京都の発足後数年で実現したが、それはほぼ終戦処理というタイミングであり、かつガス事業者の大合併の直後という時期でもあり、いわば変革の時流に乗ったものであった。大阪市と大阪瓦斯はその大事な時期を取り逃がしたと思わざるをえない。

注

1) ロングマン英英辞典によると compensate とは「to provide with a balancing effect for some loss or something lacking」と「make a suitable payment for some loss」という説明である。
2) 日本の報償契約では道路の使用については「何らの料金、市税を賦課しない」とするのが原則であった。
3) 本田精一は『大阪朝日』明治35年8月30日の紙面で次のように述べている。「報償とは述語に非ず、便宜上『コンペンセーション』てふ語を訳解したるなり。単に報酬と云えば金銭の徴収のみなるやに解せられ、瓦斯料金の制限或いは瓦斯力の監査等金銭以外の要求を包含せざるやの恐れあり。故に報酬と代償との二者を意味して仮に報償と名づけたり。尚適当な用語があれば之を代用するも妨げなし」と。
4) 国道、府県道は報償契約がないので、それぞれの道路規則により徴収している。但し各府県とも公益等を理由とする知事の減免権限を運用して割引いている。
5) 市制は明治31年、44年、大正10年、15年、昭和18年と改正されたが根本的には、変っていない。
6) 池田宏「市政上の根本問題」『都市問題』東京市政調査会、第14巻3号、p. 17。
7) 關一『都市政策の理論と実際』三省堂、昭和11年刊、p. 16。
8) 本来、市制では第54条で「参事会員は2年毎に半数改選す」としている。
9) 市制第61条では「常設委員の組織は市条例で別段の規定を設けることを得」とする。

10) 前掲、關一『都市政策の理論と実際』p. 17。
11) 同上、p. 30。
12) 水道条例は明治23年法律9号として公布された。
13) コレラは、朝鮮半島経由で江戸時代末期に入ってきて、毎年数万人が死亡。明治になっても、12年、19年、28年には10万人以上の死亡者がでている。
14) 奇しき偶然であるが、後年の大阪瓦斯社長の片岡直輝は明治26年府の書記官に就任し、大阪市の助役を兼ねていて大阪市の初の市営事業として水道事業を着手している。前掲、『片岡直輝翁記念誌』p. 70によると、「片岡は内務省より仏国人を招聘し実地調査、設計をさせた。これが大阪市上水道工事の最初の設計であった」としている。
15) 京都市が、琵琶湖疏水建設の一環として蹴上発電所をつくり京都電燈に電力の卸売を明治24年から開始した例外事例がある。
16) 大阪市『大阪市会史 第五巻』大阪市、明治45年刊、p. 549。
17) この時は私鉄で許可された。その後、明治44年に尾崎行雄東京市長が買収して市営化を実現している。
18) 前掲、關一『都市政策の理論と実際』p. 255。
19) 公営交通研究所『都市の公営交通政策』公営交通研究所、平成4年刊、p. 44。
20) 第3期以降は鶴原の市長退任後の引継ぎ施策であった。
21) 第4期までは、期毎にまとまったプロジェクトであったが、以降はその時の輸送需要に補足していくことになり、それらを一括して期外線といわれる。
22) 大阪市公文書館『大阪の都市交通』大阪市公文書館、平成21年刊、pp. 4-5。
23) 市電会計は、創業から大正11年の20年間に道路分として1,353万円を、築港および下水道などに746万円の計2,100万円を市電の会計以外に支出した。ちなみに大正5年の大阪市の歳出は1,296万円であった。大阪市交通局『大阪市交通局七十五年史』大阪市交通局、昭和55年刊、pp. 6-7。また料金は東京市電よりも安かったという。大阪市電気局『大阪市営電気軌道沿革誌』大阪市電気局、大正12年刊、p. 8。
24) 市電を開通させるためには、道路幅に見合う橋幅と車両の重量に耐える強度が必要なため架替えをした。市電が架けた橋は、淀屋橋、長柄橋、白髪橋、土佐堀橋、堂島大橋など63橋で市内の主要橋脚は架け替えられた。
25) 関野満夫「關一と大阪市営事業」『経済論叢』京都大学経済学会、第129巻第3号、昭和57年刊、p. 87。
26) 当時の大阪市ではスラム人口の増加に手をやいている。大正7年の米騒動が契機となって大阪市の社会事業は国家政策の先がけとなり我国での社会事業行政の中心的役割を果たした。玉井金五「日本資本主義と都市社会政策」『大正・大阪・スラム』新評論、昭和61年刊、p. 254、p. 273。
27) 竹田龍太郎「公企業に関する若干の疑問」『経営学論集』日本経営学会、第4輯、昭和5年刊、pp. 229-311。
28) 前掲、『都市の公営交通政策』p. 48。
29) 昭和27年地方公営企業法が施行され官庁会計方式を廃止し企業会計方式が採用

むすび

された。これにより新たに複式簿記が採用され発生主義になった。この会計方式をとることで正確な経営成績をみることができるようになったが、昭和27年度まで黒字であった路面電車部門が新会計方式の採用で一転して赤字になっている。前掲、『大阪市交通局百年史』p. 874、pp. 889-890。

30) 前掲、關一『都市政策の理論と実際』p. 275 で關は、「市営事業の改善は焦眉の急であり、差し当たり商業簿記の採用とか、公債に関する取扱いの改善、行政監督に関する根本方針の変更を実行すべき」としたが、蠟山は、「關は営利事業の統制については看過している」と指摘した。蠟山政道「市営主義の経営に於ける収益主義に就いて」『都市問題』東京市政調査会、第 7 巻 4 号、昭和 3 年刊、p. 683。

31) 前掲、關一『都市政策の理論と実際』p. 261、p. 267。

32) 關は余剰利益の源泉を水道に求め、それを下水道設備の向上に投資することが念頭にあったが、会計的な余剰金の定義を含め使途の限定についての基準をつくった形跡はない。

33) 前掲、關一『都市政策の理論と実際』p. 266。

34) 鶴原は「法律論は抑も末なり、もし阻害するものあれば、是法律の不備なり」とした。前掲、『鶴原定吉君略伝』p. 108。

35) 前掲、「關一と大阪市営事業」p. 95。

36) 明治 28 年～昭和 55 年　東京帝国大学教授　専門は政治学、行政学　日本の行政学研究のパイオニアといわれる。戦時中近衛内閣に協力し終戦で公職追放されるがすぐに翌年解除。戦後は社会党右派路線を理論的にリード。日米安保肯定論者として知られる。

37) 前掲、蠟山政道「市営主義の経営に於ける収益主義に就いて」。

38) 關一「市営事業の経営」『国民経済雑誌』神戸大学経済経営学会、第 45 巻 2 号、昭和 3 年刊。

39) 關一『市営事業の本質』東京市政調査会、昭和 3 年刊。

40) 大阪市『新修大阪市史　第七巻』大阪市、平成 6 年刊、p. 77 は、關市長在任時代の昭和 4 年の市の歳入について、「これまでドル箱であった市電の経営悪化は大阪市財政の危機を示すものであった。しかも悪化にもかかわらず都市事業への組替額は増加している」と指摘している。

41) 小林丑三郎「市営事業収入の性質及原則」『都市問題』東京市政調査会、第 7 巻 4 号、昭和 3 年刊。

42) 慶応 2 年～昭和 5 年　経済学者　専門は財政学　大蔵省から法制局参事官　東京帝国大学で財政学を講義

43) 岡野文之助「六大市長会議と市営事業問題」『都市問題』東京市政調査会、第 7 号 4 号、昭和 3 年刊。

資　料

【資料 1 】　農商務大臣の発起認可書と府知事からの指令書　260
【資料 2 】　大阪瓦斯役員の推移（明治 30～35 年）　262
【資料 3 】　大阪瓦斯の上位株主と株数の推移（明治 30～35 年）　263
【資料 4 】　欧州の公益事業の経営実態　264
【資料 5 】　大阪市と大阪巡航合資会社との報償契約　266
【資料 6 】　鶴原市長の意思表明　267
【資料 7 】　明治 35 年の「演出された市民運動」の拡がり　268
【資料 8 】　明治 35 年における立会演説会　271
【資料 9 】　大阪市と大阪瓦斯との報償仮契約　272
【資料10】　Municipal Monopolies 『都市の公共独占事業』について　273
【資料11】　石炭価格とガス料金　276
【資料12】　大阪市の歳出歳入額（明治 22 年～大正 8 年）　277
【資料13】　大阪市の歳出歳入額（大正 9 年～昭和 20 年）　282
【資料14】　大阪市の歳出歳入額（昭和 21～30 年）　286
【資料15】　大阪市の財政収支累計比較（純計額）（昭和 20～32 年）　288
【資料16】　大阪市報償金等推移表（明治 38 年～昭和 29 年）　289
【資料17】　大阪市報償金等推移表（昭和 30～60 年）　290

資　料

【資料 1】　農商務大臣の発起認可書と府知事からの指令書

農商務省指令商第 6337 号
　　　　　大阪府大阪市西区北堀江通 6 丁目 95 番地
　　　　　　　　松田平八　　外 9 名
　明治 29 年 2 月 18 日付申請大阪瓦斯株式会社発起の件認可す
　　明治 29 年 6 月 19 日
　　　　　農商務大臣　子爵　　榎本武揚　　印

大阪府指令　第 599 号
　　　大阪瓦斯株式会社発起人
　　　　　　松田平八　　外 9 名

　明治 29 年 2 月 18 日付　大阪瓦斯株式会社の設立免許を得登記を受けたる後大阪市街及接近町村道路へ瓦斯管敷設並びに河川へ瓦斯管橋設置願の件聞置候條、下の各項を遵守すべき儀と心得べし
　但し　本指令受領の日より 7 日以内に本命令を明記したる受書を差出すべし
　　　　明治 29 年 7 月 1 日
　　　　　　　大阪府知事　　内海忠勝　　印

第 1. 瓦斯管の敷設修繕の為め道路を掘削せんとするときは其町名位置を、瓦斯管橋を新設せんとするときは其川名位置を、詳記したる図面及工事仕様書設計図を添へ当庁へ願出て許可を受くべし。
　　但し、大阪市の管理に属する上下水道及道路橋梁其他の工作物に関係する箇所にありては出願前大阪市と協議を為すべし。
第 2. 需要家に敷設すべき支管にありては其町名及屋敷番号の位置等を詳記したる図面を添へ施行 5 日前当庁へ届出検査を受くべし。此の場合に於て下水暗溝と交又するときは其届出前大阪市と協議を為すべし。但し、実地の都合により仕様及着手時日の変更を命ずることあるべし。
第 3. 瓦斯管と水道鉄管と併行する箇所にありては下の区域以外に敷設すべし。
　1. 水道鉄管底部以上は、12 インチ管以上の大管にありては其外側の左右各 2 尺を、10 インチ管以下の小管にありては其外側の左右各 1 尺 5 寸の余地を存したる区域
　2. 水道鉄管底部以下は、該底部の地盤に於て 12 インチ管以上の大管にありては其外側の左右各 2 尺を、10 インチ管以下の小管にありては其外側の左右各 1 尺 5

寸の余地を存し、地質の硬軟に応じ 5 分乃至 1 割勾配を附して得たる区域
第 4.　瓦斯管を水道鉄管と交叉して敷設せんとする箇所にありては、水道鉄管の上下及左右両側 1 尺を距てて敷設すべし。
第 5.　瓦斯管橋々脚若しくは橋台は水道管橋々脚または其橋台を距ること少なくも 6 尺以上たるべし。
第 6.　瓦斯管は給水鉛管より上部に敷設すべからず。
第 7.　水道鉄管に付属する制水弁其他利水器具装置の箇所に瓦斯管を敷設する場合は其都度大阪市と協議をなし当庁へ届出べし。
第 8.　瓦斯管敷設のため既設物件毀損せざる様、相当の保護を為すべし。
第 9.　道路掘削は人車通行の頻繁なる場合に於ては夜間之れが施行を命ずることあるべし。
第 10.　道路掘削中は通行人車の妨害とならざることを勉むべし。其十字路を掘削するに当ては其幅員の一半に当る部分の敷設を終へたる後、他の一半を敷設すべし。
第 11.　瓦斯管敷設終へたるときは其路面は直に完全に修補を為し、而して修路に適当なる砂利を散布し充分につき堅むべし。
第 12.　前項修補を終りたるときは、其旨届出、検査を受くべし、若し其修補にして不完全と認むる場合は更に改修を命ずることあるべし。
第 13.　瓦斯管敷設後 60 日以内に其路面に凹凸を生じ又は其之れが為め既設物件に損害を生じるたるときは、当庁の指揮に従ひ会社の費用を以て之れが修補を為すべし。
第 14.　瓦斯管敷設後と雖も公益上必要と認むるときは何時にても会社の費用を以て之れを移転せしめ若くは取払はしむることあるべし。
第 15.　前第 13 項及第 14 項の場合に於て会社之れを施行せざるときは当庁に於て之れを執行し、又は第 3 者をして之れを執行せしめ其費用を徴収すべし。
第 16.　道路及既設物件保護並びに保存上に於て必要と認めるときは何時にても本命令の幾分を更改することあるべし。此場合に於ては会社は之を拒むことを得ず。
第 17.　前第 14 項及第 15 項、16 項の場合に於て会社に損害を被むることもあるも当庁は其責に任ぜず。
第 18.　瓦斯管敷設中は勿論、敷設後と雖もこれが為め官又は公衆に損害を被らしめたるときは其予期すべからざると否とに拘はらず会社は之れが賠償の責に任ずべし。
第 19.　此指令の日より起算し 10 ヶ月以内に本事業に着手せざるときは本指令の効力を失ふべし。

出典　『大阪毎日』明治 35 年 8 月 7 日より転記　但し一部筆者の責任で旧漢字の新漢字化、句読点の追加、漢数字のアラビア数字化を施した。なお本指令書の原本は本来大阪瓦斯に保管されているべきものであるが、所在不明のため、当時の新聞からの転用とした。（原文は片仮名表示であったと思われる。）

資　料

【資料2】 大阪瓦斯役員の推移（明治30〜35年）

	第1回 M30.7	第2回 M30.12	第3回 M31.6	第4回 M32.1	第5回 M32.7	第6回 M33.1	第7回 M33.7	第8回 M34.1	第9回 M34.7	第10回 M35.1
社長	小泉清左衛門	大家七平	松田平八	→	松村九兵衛	→	→	→	片岡直輝	→
専務	松田平八	→	遠上善次郎	→	→	加島信成	→	→	松村九兵衛	
取締役	大家七平	遠上善次郎			松田平八	田邊藤次郎	→	→	阿部彦太郎	
	星丘安信								今西林三郎	→
	松村九兵衛	→	→	→					淺野總一郎	
監査役	北村正治	→	→	→	→	松田平八	→	→	澁澤榮一	→
	幡本孝	片山和助	大家興次郎	→	→	和合来各也	→	→	西園寺公成	
	遠上善次郎								前川慎造	→

出典　大阪瓦斯の各期定時株主総会の『株主総会報告書』より転記
注　→は前期より重任の表記

【資料3】 大阪瓦斯の上位株主と株数の推移（明治30〜35年）(単位：株)

第1回 M30.7	第2回 M30.12	第3回 M31.6	第4回 M32.1	第5回 M32.7	第6回 M33.1	第7回 M33.7	第8回 M34.1	第9回 M34.7	第10回 M35.1
林尚五郎 625	林尚五郎 625	濱田銕次 1416	濱田銕次 1416	濱田銕次 1416	柴崎揆 1572	柴崎揆 1572	柴崎揆 1150	淺野總一郎 1100	淺野總一郎 1100
大和田宗七 340	大家七平 342	大家七平 342	大家七平 342	遠上善次郎 356	田邊藤次郎 770	田邊藤次郎 770	田邊藤次郎 370	安田善次郎 1000	安田善次郎 1000
星丘安信 325	大和田宗七 340	大和田宗七 340	大和田宗七 340	大家七平 342	御園徳蔵 748	御園徳蔵 748	近藤会次郎 336	星丘安信 325	田邊藤次郎 353
清川清七 321	星丘安信 325	星丘安信 325	星丘安信 325	星丘安信 325	近藤会次郎 336	近藤会次郎 336	星丘安信 325		星丘安信 325
大家七平 262		遠上善次郎 308	遠上善次郎 308		星丘安信 325	星丘安信 325	淺野總一郎 300		
							澁澤榮一 100	澁澤榮一 100	澁澤榮一 100
							西園寺公成 100	西園寺公成 100	西園寺公成 100
							片岡直輝 100	片岡直輝 100	片岡直輝 100
								松本重太郎 100	
株主数									(人)
118	117	113	118	115	83	82	88	83	83

出典　大阪瓦斯の各期の定時株主総会資料より原則300株以上の株主を抽出転記
但し、第8回以降は淺野總一郎の役員改革で入る新役員に就いては300株以下も記載した
注　株式総数は上記全期間を通じて、7000株

資　料

【資料4】　欧州の公益事業の経営実態

市街鉄道

ベルン	私営鉄道がほぼ1社で経営。新設路線では市に特許料を支払う。毎年純益から幾分を市へ上納。特許期限終了時に無償で市の所有となる。
英国各市	特許制限を最長42年とし期間終了後10年間は市は時価による買収が可能とした。
ハンブルグ	私営。市への納付金。許可期限終了で市有となる。
コローン（ケルン）	私営。市への納付金。許可期限終了で市有となる。
フランクフルト	私営。市への納付金と配当後の利益の半額を市へ納付する。
パリ	私営。車両1台あたりの定額の納付金。さらに配当および一切の経費を除いた利益の半分を納付する。
ブタペスト	私営。市の一切の監査を受け入れ、許可期限の終了で市の所有となる。
ロンドン	独占事業は市が直接経営しつつある。ただ（私営鉄道の）買上価格では多少の困難もあるがこの方針は変わらず。
グラスゴー	1894年に市有化された。
マンチェスター	市が自ら鉄道を建設し線路を民間会社に貸し、市は投下資本の配当を得た。

電灯事業

パリ	市の中心部だけを市営とする。他は私営7区に分け、それぞれの会社に任せる。収入の5％納付金とする。
ドイツ各市	ハンブルグ、ベルリン、ライプチヒ以外は原則市有事業。
ベルリン	報償契約　イ．街路使用料として市に収入の10％を納付する。 　　　　　ロ．会社の利益が資本金の6％以上になったとき、利益の25％を市に納付する。 　　　　　ハ．市は技術、経済上の一切の監査権をもつ。
英国各市	私設電灯会社の特許の制限を最長42年としてその期間終了時から10年以内に市は時価で買い取ること可能とした。

資料4 つづき

ガス事業

パリ	1850年頃は市内に78のガス会社があり各営業地区が決められ厳重な市の監督下にあり、公共建造物へは製造実費により供給する。（ガス消費量の1/5）ガス管の街路使用料の支払い、市民へのガス料金の価格規制などの規制が課せられていた。それが1つの会社に合同され、1870年にこのパリガス会社と市との契約で、規制が強化され、市のガス管敷設指示権、広い道路への2線敷設、ガス消費に対するガス税、収入に対する一定の納付金と配当後の利益の半額を納付義務が追加された。
ドイツ各都市	都市のうち3分の2は市の直営で他の都市も徐々に直営になりつつある。直営でない市では必ず私設ガス会社に厳重な制限監督をして公共用のガスの割引や一般市民への料金規制をしている。また品質検査もしている。
他の欧州大陸都市	ブラッセル、アムステルダムは市有。ミラノは英仏合弁の私営ガス会社。料金規制その他は各国の規制に同じ。
グラスゴー	先に独占事業の市有方針をたてて、水道で成果をあげ、次いで市設公園、市設市場をつくりいよいよ1869年私設ガス会社を買い上げ、以来20年間市が経営してきたが、販売量も増加し、料金も低減し、市の利益も増えていて市民も満足している。
バーミンガム	2社のガス会社を買収し、その利益が市の財源になっているし、また料金大幅に下げられた。
ロンドン	ガス事業は今も私設会社の経営であるが、世論の体制は市有方針に向かっている。

出典 『大阪朝日』明治35年7月12日から20日までの記事を編集

資　料

【資料5】　大阪市と大阪巡航合資会社との報償契約

大阪巡航合資会社が目的たる事業の遂行に関し、大阪市の管理に属する河川の使用及占用をなすの必要に基き、大阪市との間に左条項を締約す

一　会社は各決算期日より二十日以内に左の金額を毎期大阪市に納付する事
　　各決算期に於ける運輸総収入金額の百分の十に相当する金額、但開業より明治三十九年三月まで運輸収入金額の百分の六とす
　　前項の金額は営業区域に属する河川全延長に相当するものと看做し、営業区域内に市の管理に属せざる河川を包含する間は其延長に比例して之を逓減す、但し会社は其追減額は前項金額の半を超過することを得す
二　会社は其組織変更、合併、任意解散及営業区域停船場の増減変更并に賃銭増加の場合に於て予め大阪市の承諾を得べき事
三　会社は営業の方法船舶の構造及速力其他営業上重要なる事項に関し、公衆の安全又は公共の利益を保持するに必要なる大阪市の告示及申込に従ふべき事
四　会社は大阪市に対し各決算期日より二十日以内に毎期其事業及財産に関する報告を為すべき事
五　会社は其帳簿財産及事業に関し、何時にても大阪市の検査に応すべき事
六　大阪市は会社の所有する営業用の船舶に対し市税を賦課せざる事
七　大阪市は会社より河川の使用料及占用料を徴収せざる事
八　大阪市は会社の営業区域内に於て左の行為をなさざる事
　　（イ）会社の営業に類似する事業を営むこと
　　（ロ）会社の営業に類似する第三者の事業を保護奨励、又は協賛すること
九　以上の契約は会社は営業開始の日より満十ヵ年間其効力を有す、尚終了期に至りては協定の上此の契約を継続することあるべし

　　　　　　　　　　　　　　　　　　　　　　　　　　　　　　　　　　以上

出典　『大阪市会史　第五巻』pp. 278-279 より転載　但し片仮名表示を平仮名表示にし、新漢字化、句読点の追加など一部改変した。

【資料6】　鶴原市長の意思表明

　本市は築港公債の為め明治三十八年度以降は毎年五拾万円、明治四十四年度以降は毎年百万円の支出を増加し、財政困難を致すべければ之が適当な財源作らざるべからず。但瓦斯及電気事業の最有利なることは既に本職の述べたる所にして今や財政調査会は専此事に就て研究中なり。惟うに大凡（たいはん）都市の経営にし得べき事業にして一年四五拾万の利益を受くべき望あるものは今日に於いて瓦斯事業に措いて他に求むべからず。されば欧米の各都市に於いても本事業を市営とせるもの多し。殊に本市は区域矮小にして人口稠密なれば本事業の経営に最適當せるものなり。故に若し本事業を市営とせんか本市公債利子の過半は蓋之が収益に依りて支弁し得べし。然れども数年前（明治29年）既に一瓦斯会社設立せられ目下拡張事業に着手せんとするにあり。此際市営の瓦斯事業を起こさんか該会社は到底対抗すべきもあらざれば遂に解散の悲境に陥るべきや明らかなり。是如何に財政困難なりとて市の採るべき方針にあらざるべし。仍て（よって）本職は寧（むしろ）市営を断念し会社を存続せしむると共に其利益の幾分を提供せしめんと欲す。蓋し会社の解散を免じて安んじて独占の利を収め得べきは市の之を経営せざるに依るのみ加之（しかのみならず）市の公道及橋梁等を使用するものなれば之が報償として其利益の幾分を市に配當すべきは至當の事なりとす。故に若し瓦斯会社にして市民の利益を無視し報償案拒絶するに於いては断然市営の計画を立て之と競争するに外なし。

出典　この議事録は『大阪市会史第五巻』pp. 222-223 より転記したが、これは発言録ではなく要点を纏めた抄録であり筆者が新漢字化、句読点の追加など一部改変また片仮名を平仮名に直し、一部読み仮名を加えた。なお全文議事録は關一「大阪市に於ける瓦斯事業報償契約について」『都市問題』昭和8年7月号に記載されている。

資 料

【資料7】 明治35年の「演出された市民運動」の拡がり

掲載日	実施日	団 体	決議内容
9/12	9/11	東区旧七連合組合　7名	報償契約を応援する　賛成市会議員を応援
9/13	9/12	北区堂島浜町外13ヶ町区会議員　13名	瓦斯問題対し市長の意見に賛成 陳情書を提出
9/14	9/13	南区公民会　総務委員会	近々総会を開く　市長応援 反対議員へ辞職勧告
9/14	9/12	東区参事会員と市会議員全員	報償契約を大阪瓦斯が拒否すれば交渉する 一人反対、一人欠席
9/14	9/13	東区農人橋有志　14名	市長演説に賛成　陳情書提出
9/15	9/13	南区御津学校部11ヶ町実業団有志	瓦斯問題につき市長陳辯を応援 近々陳情書送付
9/16	9/13	北区府市会議員等有志　100名	瓦斯問題で大阪市を応援 公開演説会を開催
9/16		北区公和会（北区の府市会議員、府参事会員）　20余名	瓦斯問題で市長を応援　近々総会を開催
9/16		南区第二連合愛親会　11名	瓦斯問題の市長演説賛成　陳情書送付
9/16		西区旧六連合組合　12名	報償契約で市長演説賛成　陳情書送付
9/16		東区東平野町1丁目外23ヶ町区会議員有志　13名	市会での市長演説賛成　陳情書提出
9/16		東区内淡路町2丁目外23ヶ町区会議員　13名	瓦斯問題での市長演説賛成　意見書提出
9/16		東区島町1丁目外12ヶ町組合区会議員　14名	瓦斯問題で市長に賛成　陳情書提出
9/17	9/15	西区第六連合会有志大会　12名	瓦斯問題につき市長に賛成　陳情書提出
9/17		東区淡路町3丁目外17ヶ町有志20名	瓦斯問題での市長演説に賛成　陳情書提出
9/18	9/12	東区区会議員	公開演説会開催を決定
9/19	9/17	南区船場部13ヶ町実業団有志　31名	瓦斯問題で市長に賛成　陳情書提出
9/19	9/18	北区17連合下福島1丁外4ヶ町有志　38名	市長の市会での演説に賛成　陳情書提出
9/19		有志者　18名	報償は当然のこと 意見書提出（市議会議長宛）
9/19	9/18	西区有志者（立誠会）	瓦斯問題で市長に賛成 反対議員の排斥運動決議陳情書提出
9/19	9/18	南区公民会　250～60名参加	報償契約または直営に賛成
9/20	9/18	北区区会議員有志　11名	市長の市会演説に賛成　陳情書送付
9/21	9/19	北区公和会（府議5、市議12、市参事会員2）	報償契約の全う若しくは市営主義をとるべし
9/21		南区青年会　11名	報償契約の市長演説に賛意

資料7つづき

掲載日	実施日	団体	決議内容
9/21	9/20	西区有志　19名	大阪市の方針に賛成　陳情書提出
9/21		東区清堀鶴橋連合部内　20名	市長演説に賛成　陳情書提出
9/21		東区第五連合有志　53名	瓦斯問題で市長に賛成　陳情書提出
9/21		南区親和会	瓦斯問題で大演説会開催を決議
9/21		南区豫選会	会の方針として会員の自由とす 一部有志は近日有志会を開き報償要求至當を決議、近々陳情書提出予定
9/22	9/21	市民同志会結成 大阪朝日本田精一、 市議日野國明外　28名	市の権利を守り主脳の行動をとるため大阪朝日主導の組織結成
9/22	9/21	南区三々倶楽部　約100名	瓦斯問題で市長に賛成 代表20名の陳情書送付
9/23	9/22	東区旧第六連合、南久太郎町外11ヶ町　区会議員　11名	市長演説に賛成　陳情書送付
9/23	9/22	西区土佐堀通3丁目外17ヶ町 区会議員　14名	報償契約に賛成　陳情書提出
9/23		西区区会議員　20名	大阪市の方針に賛成　陳情書提出
9/23		北区安治川通上1丁目外4ヶ町連合　区会議員　9名	大阪市に賛成　陳情書提出
9/23	9/21	南区長堀橋筋1,2丁目 一二倶楽部　幹事12名	大阪市長の意見に賛成　陳情書提出
9/23	9/21	南区実業共和会 （難波新地4,5,6番町）　64名	市長の演説に賛成　陳情書送付
9/24	9/23	東区北浜1丁目外11ヶ町 旧四連合区会議員	報償問題の解決と市の財政の健全化を決議　陳情書提出
9/24	9/23	西区有志会　90余名	会議で賛否もめる 市長に賛成35名で決議
9/27	9/25	南区会議員　10名	市長方針に賛成　陳情書送付
9/27	9/25	南区日東会　11名	市長方針に賛成　陳情書送付
9/27	9/24	南区島之内27ヶ町実業有志100余名	大阪市長の意見に賛成 今後の運動の代表者15名選出
9/27	9/25	南区長堀筋1丁目外91ヶ町 区会議員　18名	市長の意見に賛成　陳情書提出 今後の運動のため代表15人を選出
9/27	9/26	南区瓦町一番町外4ヶ町 有志数十名	市長の意見に賛成　陳情書提出
9/28	9/27	北区区会議員　15名	市長の市会での意見に賛成　陳情書提出
9/28	9/27	南区有志　63名	市長の市会での意見に賛成　陳情書提出
9/28		市参事会員小森外有志	市長の意見は正理なり　陳情書提出

資 料

資料7つづき

掲載日	実施日	団体	決議内容
9/28	9/27	道仁会（南区） 40余名	市長に賛意　陳情書提出 反対派市議への交渉説得
9/28		南区旧第二連合区 区会議員　13名	報償契約について市長の意見に賛成 陳情書提出
9/28	9/26	南船場実業会（豫選会を分離）	10/2　西宮都司楼で総会 瓦斯問題を議題に決定
9/28	9/26	大阪砂糖漬掛物商組合 総会80余名	大阪市長の意見に賛成の決議
9/30	9/29	南区長堀橋筋1丁目外91ヶ町 区会議員　18名	市会の市長意思表明に賛成　陳情書提出
9/30	9/28	南区馬淵町外15ヶ町 区会議員　11名	市長の市会での考えに賛成　陳情書提出
9/30	9/29	大阪砂糖漬掛物商組合	総会の決議書、陳情書を提出 反対議員排斥の行動委員10名を選出
10/1		南区親和会	市長の意見は至当　陳情書提出決定
10/3	10/2	南船場実業会　52名	市の意見に賛成 陳情書提出の予定→10/8提出
10/3〜4	10/2	南区旧二連合愛親会総会 200余名	市の報償要求に権利有りと承認 市長説に賛成 市議を歴訪説得予定（委員30名にて）
10/3	10/2	四区連合有志会	瓦斯問題で四区は（南東西北）同一歩調をとることを確認
10/5	10/4	大阪菓子商有志会　14名	市会での市長発言に賛成　陳情書提出
10/6	10/5	南区豫選会の有志　105名	瓦斯問題で市長に賛成の旨の陳情書を提出予定（6日）
10/6〜7	10/5	南区道仁会　総会　160名	瓦斯問題で市長に賛成 陳情書提出を決定→10/8提出 （事前調整で賛否でトラブル）
10/14	10/13	大阪金物商組合内　金友会23名	市会での市長意見に賛成の決議
10/15	10/12	大阪市足袋装束商組合　15名	市会での市長見解に賛成　陳情書提出予定
10/15	10/13	南区谷町6丁目永親会　27名	報償契約賛成を決議　陳情書提出
10/15	10/13	西区廣明会総会　230名	瓦斯問題について市長の意見に賛成決議 5名の訪問委員を決めて市議を歴訪
10/15	10/13	南区共和会総会　100余名	市長に賛成の陳情書を提出したことを報告
10/16	10/15	東区道修町3丁目外20ヶ町 12名	市長に賛成　陳情書提出
10/19	10/18	南区共立同志会　140名	全会員調整して市長の意見に賛成を決議 陳情書提出

出典　大阪朝日の明治35年9〜11月の掲載記事から編集

【資料8】 明治35年における立会演説会

掲載日	開催日	場　所	主催，参加	講　演　題　目	
9/10 ～11	9/10 PM6:00 ～10:30	土佐堀 青年会館	有信会 （弁護士の 一団体） 800人	大阪市制を論じて報償問題に及ぶ 報償問題と法律論 報償問題を論ず 報償問題常識観 報償問題と大阪市民 報償問題に就て	安藤柱 白川朋吉 武内作平 中井隼太 石黒行平 内藤正知
9/20 ～21	9/20 PM6:00 ～11:00	土佐堀 青年会館	北区 有志者	流行菌を速に退治すべし 瓦斯問題の生殺与奪 瓦斯事業市営論 外資輸入を論じ瓦斯問題に及ぶ 市民諸君に訴ふ 吾人の抱負	西岡松之助 安原権吉 山脇鋭郎 高橋卯之輔 日野國明 西尾哲夫
10/7 ～8	10/7 PM4:00 ～11:30	道頓堀 角座	大阪市民 同志会 3000余名	敢えて報償を要求する理由 瓦斯問題に就て 内務大臣、大阪毎日新聞 　及岸清一氏の誤りを正す 会社派の本拠を破りて 　其作戦計画に及ぶ 自治の本領を論じ瓦斯問題に及ぶ 瓦斯会社の権利は猶ほ瓦斯の如し 吾人の覚悟	石黒行平 小笠原譽至夫 小島忠里 香川季三郎 倉田留吉 安原権吉 日野國明
10/21、 24	10/23 PM5:00 ～11:00	堀江 明楽座	大阪市民 同志会	大阪毎日の誤を正す 瓦斯問題の死命を制す 知事会見の所感 瓦斯問題の生命 最後の断案 大阪市民の覚悟を要す	小島忠里 安原権吉 石黒行平 小笠原譽至夫 倉田留吉 河谷正鑑
11/8、 9	11/8 PM6:00 ～9:00	土佐堀 青年会館	大阪朝日 新聞社	（近々計画の市民大会での行列提灯不許可の警察の 指示に反発、急遽この演説会を開催） 瓦斯問題と提灯行列　　　　　　　　　三宅盤 瓦斯問題を論じて市民の行動に及ぶ　本田精一 新作「提灯行列の曲」「市民の声」吹奏音楽隊	

出典　大阪朝日の明治35年9～11月の掲載記事から編集

資　料

【資料9】　大阪市と大阪瓦斯との報償仮契約

一、会社は道路、橋梁、及公園に於て公共用に供する瓦斯代に付市に対し普通料金より二割の割引を為すべき事
二、会社は開業の日より満五十ヶ年の後に至り市の希望に依り買収に応ずべき事
　　前項の価格は大阪株式取引所における会社株式の其時より最近三ヵ年の平均相場に依る但平均相場が右最近三ヵ年の配当平均年額二十倍以上なる時は其二十倍額を以って買収価格と定むべし
三、会社は其純益金の百分の五に相当する金額を市に納付すべき事
　　前項の純益金は各事業年度における総益金より総損金を引去たるものとす
　　但総損金中には各種の積立金及賞与金其他之に類する支出を包含せざるものとす
　　損益計算は会社において証明の責あるものとす
四、会社が純益金中前条の納付金を控除したる残額より払込資本額に対し年一割二分に相当する金額並びに法定準備金最低額を差引きたる過剰金ある時は其過剰金の四分の一に相当する金額を前条の外市に納付すべき事
五、会社が、開業の日より五ヶ年の後において瓦斯代価を引上げんとする場合には其都度市と協議すべき事
　　但協議不調の時は市及会社において各自二名の調停委員を選定し其採決に従ふべく万一其調停委員の意見一致せざる時は該委員に四名において更に選定する一名の判定者の裁決により之を決す
六、会社の資本増加、会社株金払込額の半額以上の社債募集及会社の合併の場合には会社より市に協議すべき事
　　若協議不調の場合には前条但書により調停委員四名又は判定者一名の裁決に従ふべき事
七、市は一般の市税を除くの外瓦斯事業に関し特許料免許料又は何等の料金若しくは特別税を賦課徴収せざる事
八、市は其所有又は管理する道路、橋梁及土地等の使用及工作物等の付替其他に関し十分なる便宜を無償にて会社に与ふべき事　但市に於いて会社に対し便宜を供するため特に要する費用は会社の負担とす
九、市は自ら瓦斯事業を経営せず又は他に向て瓦斯会社の設立を承認せざる事

出典　『大阪市会史　第五巻』、pp.479-480 より転記　但し旧漢字の新漢字化、句読点の追加など一部改変した。

【資料10】 *Municipal Monopolies* 『都市の公共独占事業』について

1899年に発行されたこの論文集は、公共独占事業の公営推進論者であるエドワード・ビーミス（当時カンサス州立農業大学経済学部教授。略歴末尾掲載）によって編集されたものである。9章690ページにおよぶ本書では、ビーミス教授本人を含めて6人の著者が水道、電燈、ガス、電話、路面電車などの公共独占事業を取り上げて、民間経営と公営を比較しながら考察している。編者自身は、「最新の電灯事業レポート（Ⅲ章）」「路面電車（Ⅶ章）」「ガス事業（Ⅷ章）」「規制か市有か（Ⅸ章）」の4章分を執筆している。

編者ビーミスの基本的姿勢は、公共独占事業についてその経営体を民間企業にすると株主利益を優先しすぎるので、公営こそが住民の真の利益になるというものである。民間企業は、社員の高額な給与その他経費を計上するために、コストをはるかに超えた高料金を設定したり、市から長期間のフランチャイズ（独占事業権）を獲得するために、議員に多額の賄賂を使い悪しき腐敗構造を生み出す原因となっているなどと民間経営の仕組みを非難している。さらに、民間による独占事業を監視、監査するために規制委員会が州に設置されているが、事業の専門知識のない規制委員には、企業側から提出された事業報告、会計報告の不備を見出すのは不可能などと指摘している。以下はガス事業と規制委員会、独占権などの部分についての一部の紹介である。

1. ガス事業について
（販売量の増加）
　ガスの使用量は、電灯との競争があったにもかかわらず、照明用燃料として、ガスが電気に比べて格段に安いため急速に増大した。(p. 587)
（規制）
　ガス事業は独占事業であり、消費者にとって、公共事業体による供給でない限り、法外な価格であってもその供給に忍従しなければならない。そのため民間独占事業者を自由に放置しておくのは許されることではない。米国民は発電所と同様に、ガス製造所にも公的規制あるいは公的所有・運営を要求していくだろう。(p. 588)
（利益の隠蔽）
　ガス会社は多用な方法を使って利益隠しをする。マサチューセッツ州ガス規制委員会への報告書においても同様である。法外な給料、法務的費用、議会経費、広報費用と称する支出のみならず、特許料など過大な費用の計上により、製造原価を高くして、かつ役員は会社を私物化している。州議会の調査委員会の能力では、規制委員会から提供された上記の報告の真偽についての精査が極めて困難である。(p. 588)

資　料

(マサチューセッツ州規制委員会の構成、役割など)
　ガス・電灯の規制委員会は1885年に創設され、委員は3人、任期3年で知事が任命する。運営に必要な給与や経費は委員会によって規制されている企業が、利益に応じて、分担している。
　ガス会社は、資産、支出、料金などの報告書を毎年委員会の求めに応じて提出する義務があり、委員会の検査をうけることになっている。また委員会は、料金、新しい会社の参入の許可や新株発行についてなど、公聴会を開催し、是非を決定しなければならない。
　これまで、マサチューセッツのガス・電灯規制委員会は、既存のガス会社と競合する新規のガス会社および電灯会社の参入を許可することは原則としてない。ただ過去には、州議会が規制委員会を無視してボストンに3つのガス会社をつくらせたことがある。その時は、企業は資金力で規制委員会の口を封じ議会を支配下においたためである。これは独占供給権を持つ大企業を規制することの困難さを見せ付けた。後年その愚を認め、その3社を再び合併統合することを規制委員会に要請した。(p. 595)

(フィラデルフィアの事例)
　同市は約60年間にわたり所有・経営していたガス製造所を民間ガス会社へリースした。この会社は、委員会に対し、狡猾なロビー活動を行い、住民の抗議また、競合会社からのよりよい条件の提示があったにもかかわらずリースの権利を勝ち取ったのである。巨大な企業の影響力が政府を弱め腐敗させ、猟官活動を助長させてきた例であった。(pp. 602-607)

(ニューヨークの料金規制)
　1886年に低価格の街灯用ガス供給促進のため市条例が成立し、料金を千立方フィート当たり1.5ドルと決定した。(当時多くの地区で採用されていた料金は1.75ドルであった。)同年、ガス事業の利益が過大になるとして再度条例を改定して、1.25ドルと定めた。その後、さらに新しい条例を制定して、会社の合併を禁じると同時に、配当額を払込資本金の10％までと制限し、英国の例にならって、料金を5セント値下げするごとに1％の配当の上乗せを許した。以来、11年間、ガス料金は1.25ドルを維持してきたが、1897年に、1年間に5セントずつ、5年間にわたって値下げするということになっている。(pp. 411-415)

(市営のガス事業の実態)
　現在市営のガス事業を営んでいるつぎの12市について考察した結果、以下の結論が導かれた。
＊住民は民営よりも市営のガス事業に、よりメリットがあると感じ、その継続を望ん

でいる。
* ウィーリング市を除いて、政治の介入は大きな問題となっていない。
* アレキサンドリア市を除いて、経営革新はガス製造所経営の特性となっている。
* いくつかの市でみられる猟官制度のような問題点は見られない。
* 公営の生産性は、民間と比べてどちらが優れているかはいえないが、同じような地域にある同規模のものを比較すると、明らかに、公営事業の消費者のほうがよい条件で供給を受けている。(p. 619)

(考察の対象になったのは、ヴァージニア州リッチモンド、同アレキサンドリア、同フレデリックスバーグ、同シャーロッテビル、同ダンヴィル、ウェストバージニア州ウィーリング、オハイオ州ハミルトン、同トレド、ケンタッキー州ヘンダーソン、マサチューセッツ州ウェイクフィールド、同ミドルボロー、ミネソタ州ダルースの12市)

2. フランチャイズについて
(ニューヨークのフランチャイズ・フィー)
　以前は、ガス会社のフランチャイズ（独占事業権）はほしいものには無償で与えられた。ガスメーターの公的点検のみが義務付けられていた以外は規制もなかった。議会も、ガス料金に関心がなかった。しかし最近になって少額ではあるがフランチャイズ料が支払われるようになった。エクイタブル・ガスライト社からは、ガス本管1フィートあたり20セント、ロングアイランドのイーストリバーガス社では総売上げの3パーセントとなっている。(p. 411)

(フランチャイズ期間)
　ガスが初めて導入された頃は、フランチャイズ期間は15年から30年であった。商法で会社の組織は50年間は存続が許されていたが、市のフランチャイズ期間が変更されることはなかった。しかし最近の条例改正で25年に決まった。(p. 411)

著者　エドワード・ビーミス (1860.4.7-1930.9.25)
　アマースト大学で歴史学、経済学を専攻 (1880年学士、1884年修士)、1885年ジョンズホプキンス大学で博士号を取得。アマースト大学 (1885-86)、ヴァンダービルト大学 (1888-92)、シカゴ大学 (1892-95)、カンサス州立農業大学 (1897-99) などで経済学の教鞭をとる。シカゴ大学では、「過激な」思想を理由に辞職に追い込まれた。1901年、クリーブランドのジョンソン市長の主導する改革政策を実行すべく、市水道局の局長に任命される。猟官制を排して能力主義にかえたことで、水道局、民主党組織双方からの抗議を巻き起こした。水道局の仕事をビジネスライクに進め、史上最高の7万件の新規水道メーターを設置し、料金値下げも実施した。不正を排し、無能な職員の整理をし、取水トンネルを完成させるなどの実績を残した。また、公益事業会社や鉄道の所有する資産の課税評価額の増額を提唱した。その後1909年にクリーブランドからニューヨークに移り、コンサルタントなどをつとめた。

出典　Edward W. Bemis (ed.), Municipal Monopolies, New York: T.Y.Crowell, 1899

資　料

【資料11】　石炭価格とガス料金

東京石炭卸売価格 (単位：円/壱万斤)

	磐城炭		九州炭	
	最高	最低	最高	最低
大正 3	44	43	55	52
4	47	44	52	50
5	70	40	80	52
6	126	80	165	95
7	186	126	234	171
8	170	156	220	195
9	170	130	230	185

ガス料金高低表 (単位：厘/千立方呎)

	東京	京都	大阪	神戸	横浜	名古屋	全国平均
大正 3	1710	2500	2000	2200	1700	2400	2216
10	2450	3000	3000	3400	2520	3120	3442

出典　帝国興信所『財界二十五年史』

【資料12】 大阪市の歳出歳入額（明治22年～大正8年）

[明治22～27] (単位：千円)

項目 \ 年	明治22	23	24	25	26	27
歳出総額	197	314	789	830	686	903
普通経費	157	314	280	330	185	207
役所費	26	49	51	53	62	63
土木費	19	49	53	46	51	68
教育費	94	132	137	170	19	22
衛生費	11	31	18	21	34	33
勧業・社会事業費	1	1	2	2	2	4
雑費	4	50	17	36	16	14
特別経費	39		508	500	500	695
上水道費			465	465	465	467
下水道費						60
港湾費						17
電気軌道費						
都市計画費						
公債費	39		42	34	34	150
歳入総額	217	292	841	818	747	908
市税収入	148	221	255	297	274	328
税外収入	30	63	175	160	113	168
使用料・手数料	26	48	55	56	8	9
水道関係						
電鉄関係						
その他	26	48	55	56	8	9
補助金・交付金		6	57	56	56	56
その他	4	9	63	48	49	103
公債収入	40	8	411	361	361	411

資料12 つづき ［明治28〜33］　　　　　　　　　　　　　　　　　　　　　　（単位：千円）

項目 \ 年	明治28	29	30	31	32	33
歳出総額	1,457	1,343	2,263	3,098	5,596	4,943
普通経費	323	417	550	569	620	1,131
役所費	72	77	127	154	208	263
土木費	85	203	202	206	197	452
教育費	25	22	26	28	29	45
衛生費	68	67	98	92	135	303
勧業・社会事業費	4	4	4	9	14	12
雑費	65	42	90	77	35	53
特別経費	1,133	925	1,812	2,528	4,976	3,812
上水道費	794	321	338	254	277	632
下水道費	167	375		28	34	87
港湾費	1	3	1,188	1,747	3,966	2,117
電気軌道費						
都市計画費						
公債費	170	224	285	497	697	974
歳入総額	1,432	1,287	2,388	3,184	5,688	5,295
市税収入	367	561	779	869	983	1,230
税外収入	417	403	465	528	487	606
使用料・手数料	249	323	368	356	353	374
水道関係	234	307	350	333	330	344
電鉄関係						
その他	15	16	18	23	23	30
補助金・交付金	56	53	78	76	66	95
その他	112	27	17	94	67	136
公債収入	647	323	1,145	1,786	4,217	3,458

資料12つづき［明治34〜39］　　　　　　　　　　　　　　（単位：千円）

項目 \ 年	明治34	35	36	37	38	39
歳出総額	6,630	5,989	5,120	4,662	4,313	5,667
普通経費	1,567	1,362	1,156	890	1,177	1,445
役所費	257	259	307	308	320	361
土木費	439	433	210	265	122	122
教育費	31	31	35	41	39	102
衛生費	223	280	189	164	457	512
勧業・社会事業費	11	321	278	12	61	88
雑費	604	37	135	96	175	256
特別経費	5,063	4,627	3,963	3,772	3,136	4,222
上水道費	881	360	406	413	478	462
下水道費	211					
港湾費	2,885	2,482	2,063	1,651	726	791
電気軌道費			131	56	118	721
都市計画費						
公債費	1,083	1,782	1,362	1,650	1,812	2,246
歳入総額	7,304	5,551	4,997	4,629	4,056	13,993
市税収入	1,280	1,176	1,185	1,096	1,220	1,448
税外収入	1,432	1,451	2,638	2,011	2,169	2,364
使用料・手数料	412	520	623	717	774	767
水道関係	371	405	550	584	617	627
電鉄関係			13	49	53	57
その他	41	115	60	84	104	83
補助金・交付金	702	652	606	575	582	793
その他	318	278	1,408	718	812	803
公債収入	4,590	2,923	1,173	1,522	667	10,180

資料12 つづき ［明治40～44］　　　　　　　　　　　　　（単位：千円）

項目＼年	明治40	41	42	43	44
歳出総額	9,026	9,152	11,926	13,869	19,673
普通経費	2,017	1,595	2,194	2,383	2,612
役所費	444	503	617	591	827
土木費	192	288	502	625	612
教育費	383	168	145	408	162
衛生費	796	460	388	465	502
勧業・社会事業費	21	18	138	42	43
雑費	180	157	403	249	463
特別経費	7,008	7,557	9,732	11,486	17,060
上水道費	534	2,005	2,064	2,353	3,224
下水道費			23	98	178
港湾費	1,266	670	621	670	581
電気軌道費	3,065	2,532	2,691	4,287	9,518
都市計画費					
公債費	2,142	2,348	4,331	4,076	3,556
歳入総額	5,045	6,604	26,920	11,229	17,894
市税収入	2,211	1,427	1,913	2,185	2,273
税外収入	2,432	3,259	6,060	7,233	5,781
使用料・手数料	887	1,679	2,499	3,190	3,752
水道関係	704	855	856	1,122	1,223
電鉄関係	63	674	1,453	1,805	2,220
その他	120	150	190	263	309
補助金・交付金	723	743	1,324	786	556
その他	821	836	2,236	3,256	1,472
公債収入	400	1,918	18,946	1,811	9,839

資料12つづき［大正1～8］ (単位：千円)

項目 \ 年	大正1	2	3	4	5	6	7	8
歳出総額	19,328	14,008	12,127	11,003	12,960	13,276	20,084	33,109
普通経費	3,419	1,950	1,905	2,046	2,435	3,204	5,910	9,383
役所費	800	705	674	674	662	725	1,326	2,189
土木費	940	395	377	380	393	681	1,153	1,705
教育費	299	159	154	196	170	307	749	1,705
衛生費	536	420	334	479	797	931	1,130	1,637
勧業・社会事業費	41	58	51	78	87	74	956	1,042
雑費	801	210	314	237	323	484	592	1,109
特別経費	15,909	12,057	10,211	8,957	10,525	10,072	14,174	23,726
上水道費	2,822	1,503	589	486	637	850	1,512	3,089
下水道費	272	197	202	434	336	588	476	495
港湾費	644	659	325	899	353	382	874	1,486
電気軌道費	8,098	4,757	4,928	3,127	2,862	3,705	7,065	9,668
都市計画費							36	67
公債費	4,071	4,938	4,174	4,008	6,336	4,544	4,215	8,919
歳入総額	16,964	9,843	11,103	12,284	11,909	20,868	20,130	36,666
市税収入	2,332	2,189	2,162	2,080	2,535	3,369	4,829	6,008
税外収入	7,137	7,654	7,798	7,819	8,987	11,567	14,873	17,128
使用料・手数料	4,936	5,319	5,207	5,774	6,738	8,160	9,911	11,485
水道関係	1,314	1,295	1,175	1,256	1,398	1,606	1,870	1,881
電鉄関係	3,324	3,707	3,709	4,142	4,909	6,085	7,434	8,897
その他	298	317	323	376	431	469	607	707
補助金・交付金	611	624	618	617	573	823	775	1,077
その他	1,590	1,711	1,973	1,428	1,676	2,584	4,187	4,566
公債収入	7,496		1,142	2,383	386	5,929	427	13,529

出典　『明治大正大阪市史第四巻経済編下』『新修大阪市史第六巻』より作成

【資料13】 大阪市の歳出歳入額（大正9年〜昭和20年）

[大正 9〜13]　　　　　　　　　　　　　　　　　　　　　（単位：千円）

項目＼年	大正9	10	11	12	13
歳出総額	45,235	49,298	67,635	61,598	88,352
普通経済	14,615	16,487	18,885	17,979	19,706
役所費	3,666	2,012	1,911	1,932	1,955
土木費	2,478	2,366	2,698	3,492	4,139
教育費	2,023	6,497	8,278	6,576	7,168
衛生費	1,973	1,906	2,758	2,019	3,008
勧業・社会事業費	2,144	1,430	1,098	1,188	1,708
雑費	2,329	2,274	2,141	2,770	1,726
特別経済	30,620	32,811	48,750	43,619	68,646
上水道費	7,077	5,026	2,324	2,619	2,571
下水道費	476	535	3,043	1,483	1,531
港湾費	2,219	1,956	2,444	2,639	2,455
電気軌道費	14,976	18,029	20,550	14,287	13,163
都市計画費	116	341	6,719	5,986	9,518
電気事業費				9,721	15,910
公債費	5,753	6,921	13,668	6,882	23,495
歳入総額	45,171	64,208	60,374	73,880	95,369
市税収入	6,386	10,715	14,052	12,478	13,174
使用料・手数料	16,270	19,776	21,445	29,897	40,239
補助下渡金・交付金	1,580	1,615	1,423	3,086	2,851
その他	4,091	8,498	11,488	11,330	13,502
公債収入	16,843	23,601	11,964	17,087	25,601

資料13つづき［大正14〜昭和6］　　　　　　　　　　　　　　（単位：千円）

項目＼年	大正14	昭和元	2	3	4	5	6
歳出総額	96,307	105,069	124,839	128,338	120,765	118,557	121,472
普通経済	28,408	27,162	39,468	32,832	32,032	32,964	27,762
役所費	＊	＊	＊	3,753	3,431	3,559	3,601
土木費	＊	＊	＊	2,946	3,278	3,390	2,904
教育費	＊	＊	＊	16,708	15,633	14,204	13,010
保健費	＊	＊	＊	3,178	3,432	2,989	2,742
社会事業費	＊	＊	＊	1,875	1,542	2,213	2,796
産業費	＊	＊	＊	2,936	2,929	4,422	1,027
戦時特別費							
その他	＊	＊	＊	1,432	1,783	2,184	1,678
特別経済	67,896	77,903	85,366	95,502	88,730	85,587	93,707
上水道事業	4,598	5,778	6,719	4,777	4,429	3,539	3,986
下水道事業	1,991	1,749	1,034	983	2,044	2,000	2,853
港湾事業	1,835	2,532	3,941	4,279	2,917	2,321	3,046
都市計画事業	11,917	15,875	13,112	17,100	10,947	9,378	11,425
路面電車	13,287	13,831	13,733	15,530	13,401	11,687	11,317
電燈事業	17,763	18,370	18,161	20,157	20,962	18,438	18,114
乗合自動車		167	1,313	1,362	1,886	3,153	2,729
高速鉄道					470	3,362	3,645
その他				49	30		
公債元利支払	16,505	19,601	27,353	31,314	31,674	31,709	36,592
歳入総額	100,189	104,290	127,662	128,962	114,861	121,324	122,461
市税収入	16,576	17,292	21,722	23,657	23,279	23,451	21,941
使用料・手数料	42,381	44,937	47,360	50,169	52,674	52,334	51,380
その他	14,782	15,804	17,825	21,001	20,805	21,878	19,579
公債収入	26,448	26,256	40,753	34,133	18,100	23,659	29,560

＊　大正14年〜昭和2年の普通経済の内訳は資料不足のため不明（『新修大阪市史第七巻』p.29 もこの内訳を省略して掲載している）。

資料

資料13 つづき［昭和7〜12］ (単位：千円)

項目＼年	昭和7	8	9	10	11	12
歳出総額	120,282	139,350	150,556	152,538	164,130	179,007
普通経済	31,442	33,110	39,219	36,993	42,072	48,591
役所費	3,373	3,519	3,808	4,595	4,708	4,577
土木費	3,464	3,149	5,331	4,608	5,494	5,718
教育費	14,024	14,882	16,809	16,470	20,648	24,539
保健費	2,655	3,832	3,827	3,957	4,433	5,647
社会事業費	4,948	4,109	4,599	2,674	3,323	3,500
産業費	1,152	2,221	2,713	1,253	1,657	2,167
戦時特別費			197	50	60	656
その他	1,822	1,394	1,930	3,382	1,744	1,783
特別経済	88,835	106,237	111,332	115,541	122,054	130,413
上水道事業	3,433	4,647	7,377	8,231	9,163	8,279
下水道事業	3,509	4,868	5,819	6,784	4,937	5,576
港湾事業	2,589	2,986	4,481	6,758	6,986	7,153
都市計画事業	9,961	14,427	12,873	10,746	12,536	14,267
路面電車	11,275	11,108	11,778	12,184	11,019	10,787
電燈事業	18,642	20,377	21,782	24,098	26,363	28,910
乗合自動車	2,752	2,959	4,108	4,770	5,217	5,579
高速鉄道	6,121	4,739	4,064	5,356	4,973	8,777
その他						
公債元利支払	30,553	40,123	39,050	36,614	40,860	41,085
歳入総額	118,598	140,310	155,036	173,867	182,190	193,937
市税収入	21,420	23,753	26,286	29,696	32,795	39,927
使用料・手数料	53,797	57,133	60,139	65,055	69,431	72,657
その他	20,193	20,257	21,693	22,044	27,072	29,269
公債収入	23,187	39,165	46,916	57,071	52,891	52,083

資料13つづき［昭和13〜20］ (単位：千円)

項目 \ 年	昭和13	14	15	16	17	18	19	20
歳出総額	181,096	205,455	200,875	218,318	198,297	211,350	259,852	316,071
普通経済	50,350	59,889	67,422	74,626	89,743	96,172	154,465	167,717
役所費	5,262	5,558	7,897	8,204	17,177	18,736	23,008	45,754
土木費	5,824	5,551	5,858	5,148	4,628	3,978	7,069	10,943
教育費	22,263	23,117	20,747	23,761	23,225	17,759	19,316	18,098
保健費	7,355	9,788	13,142	11,426	9,936	15,543	15,830	12,411
社会事業費	3,509	3,539	5,584	5,989	3,707	3,824	4,329	20,746
産業費	2,391	3,954	3,260	3,054	7,062	2,429	4,609	2,712
戦時特別費	1,548	2,634	5,258	13,558	20,224	29,151	71,817	47,869
その他	2,198	2,748	5,676	3,486	3,784	4,752	8,487	9,184
特別経済	130,738	148,557	133,445	143,682	108,546	115,169	105,379	148,348
上水道事業	5,764	6,434	7,624	7,656	7,927	7,477	8,660	14,984
下水道事業	7,683	5,890	6,771	5,508	4,717	3,520	3,747	5,600
港湾事業	5,733	7,911	5,285	5,592	5,325	4,361	4,398	5,829
都市計画事業	7,946	6,512	10,273	8,014	6,282	7,632	3,286	5,630
交通事業	59,142	43,953	50,978	63,475	31,144	39,586	36,089	63,126
公債元利支払	44,470	77,857	52,514	53,437	53,151	52,593	49,199	53,179
歳入総額	192,316	192,168	203,745	221,102	211,825	227,317	278,053	322,023
市税収入	46,199	50,777	54,771	69,696	68,799	71,769	78,808	39,451
使用料・手数料	76,137	80,574	92,255	92,897	62,197	76,788	74,889	43,866
その他	30,053	32,960	31,075	33,510	56,893	55,261	90,196	150,553
公債収入	39,926	27,857	25,644	24,699	23,953	23,500	34,160	88,153

出典　『新修大阪市史第六巻』、『新修大阪市史第七巻』、『大阪市財政要覧第二十六輯　昭和十八年度版』、『昭和大阪市史第2巻　行政編』より作成

資　料

【資料14】　大阪市の歳出歳入額（昭和21〜30年）

[歳出] （単位：100万円）

項目＼年	昭和21	22	23	24	25	26	27	28	29	30
歳出総額	1,183	3,940	11,421	16,668	25,380	30,130	35,264	42,441	49,259	49,313
普通経済	590	1,813	6,132	9,795	16,169	19,234	21,892	27,164	30,305	29,243
役所費	98	149	475	1,157	1,173	1,452	2,279	1,612	1,760	1,894
土木費	109	286	772	1,094	2,163	2,092	2,580	2,062	2,439	2,462
都市計画費	39	87	198	296	418	393	513	532	560	557
住宅費	28	149	336	341	953	547	771	1,423	1,720	1,302
教育費	61	275	897	995	1,771	2,044	2,742	2,523	3,227	3,434
衛生費	36	167	327	474	634	684	853	1,071	1,129	1,142
清掃費	30	95	267	463	718	872	1,022	1,151	1,358	1,448
社会・労働施設費	75	303	521	889	2,197	1,751	2,184	2,614	3,043	3,219
産業経済費	16	75	153	179	486	330	456	505	469	666
港湾費	33	134	614	687	1,334	1,372	1,467	800	886	947
警察費		4	900	1,711	2,086	2,299	2,676	3,029	3,297	831
消防費			211	450	555	634	760	848	929	1,001
財産費	26	8	18	163	231	242	175	218	224	244
公債費	28	52	183	362	269	1,007	811	1,020	1,440	1,952
その他	6	22	97	169	376	1,992	1,136	6,185	6,281	6,435
控除額			155	358	1,247	1,585	1,460	1,556	1,535	1,701
特別経済	593	2,126	5,288	6,872	8,761	10,896	13,371	15,277	18,953	20,070
交通事業	227	876	2,345	3,195	4,005	5,203	6,644	7,638	8,505	8,812
水道事業	72	195	573	895	1,201	1,565	2,092	2,916	3,423	3,602
公債費	293	1,055	2,369	2,782	3,554	4,126	4,634	4,722	7,024	7,655

資料14 つづき ［歳入］ (単位：100万円)

項目＼年	昭和21	22	23	24	25	26	27	28	29	30
歳入総額	1,266	4,076	11,217	16,381	24,545	28,811	34,891	42,199	47,443	48,001
普通経済	601	1,896	6,295	9,439	15,371	17,649	20,431	25,766	28,439	27,485
市税	78	461	2,299	4,951	6,739	9,194	10,582	12,834	13,069	13,521
地方交付税	70	353	745	884	507	223	103	236	10	31
使用料・手数料	29	73	246	482	740	1,121	1,609	1,901	2,061	2,256
国庫支出金	157	289	719	825	2,061	2,011	2,365	3,373	3,878	3,677
府支出金	9	49	337	260	677	739	821	1,489	1,359	905
受託事業収入	3	18	95	248	402	201	306	266	537	404
財産売却代	4	23	22	36	87	79	127	145	143	216
公営事業収入			32	26	138	138	145	1,566	1,535	1,701
繰入金	205	520	1,412	811	1,471	2,448	2,313	2,839	4,345	3,311
その他	41	106	384	910	1,044	813	1,005	1,112	1,499	1,457
後年度繰上充用金					1,499	678	1,050			
特別経済	665	2,180	4,921	6,941	9,174	11,162	14,459	16,433	19,003	20,516

出典　『新修大阪市史第八巻』より作成

資　料

【資料 15】　大阪市の財政収支累年比較（純計額）（昭和 20～32 年）

(単位：千円)

年度	歳入	歳出	決算過不足額	支払繰延額	実質過不足額
昭和 20	304,401	287,023	17,378		17,378
21	601,241	590,191	11,050		11,050
22	1,896,053	1,813,596	82,457		82,457
23	6,295,336	5,977,462	317,874		317,874
24	9,439,907	9,437,557	2,350	−311,920	−309,570
25	13,872,392	15,371,419	−1,499,027	−788,726	−2,287,753
26	16,970,761	17,649,024	−628,263	−213	−678,476
27	19,381,168	20,431,758	− 1,050,590		−1,050,590
28	24,199,564	25,597,859	−1,398,295	−252,000	−1,650,295
29	26,904,078	28,770,098	−1,866,020	−1,106,115	−2,972,135
30	25,783,516	27,541,621	−1,758,105	−973,200	−2,731,305
31	28,152,627	28,117,724	34,903	−817,883	−782,980
32	32,625,156	31,765,127	860,029	−581,727	275,302

出典『昭和大阪市史　続編　第 2 巻行政編』より作成

【資料16】 大阪市報償金等推移表（明治38年～昭和29年）

(単位：千円)

年度	報償金額	寄付金	合計	年度	報償金額	寄付金	合計
明治38	0.056		0.056	昭和5	252		252
39	2.2		2.2	6	252		252
40	12.1		12.1	7	252		252
41	22.0		22.0	8	252		252
42	25.6		25.6	9	259		259
43	33		33	10	271.1		271.1
44	35.9		35.9	11	272		272
大正元	36.4		36.4	12	275		275
2	36		36	13	278.9		278.9
3	38.6		38.6	14	304.6	179.5	484.1
4	34.1		34.1	15	356.5	357	713.5
5	40		40	16	384.2	357	741.2
6	34.3		34.3	17	331.8	357	688.8
7	22.3		22.3	18	313.9	357	670.9
8	29.9		29.9	19	312.3	446.3	758.6
9	39.7		39.7	20	252	357	609
10	46.1		46.1	21	252	268.7	520.7
11	51.8		51.8	22	436.2	439.5	875.7
12	56.6		56.6	23	2,450.4	420	2,870.4
13	58.3		58.3	24	2,752.3	420	3,172.3
14	75.2		75.2	25	3,614.7	928	4,542.7
15	132.2		132.2	26	11,797.6	210	12,007.6
昭和2	183.6		183.6	27	23,682.3		23,682.3
3	237.3		237.3	28	26,176.4		26,176.4
4	280.4		280.4	29	27,465.2		27,465.2

出典 『大阪市報償金等経過調』大阪瓦斯保管

資　料

【資料17】　大阪市報償金等推移表（昭和30〜60年）

（単位：千円）

	報償金計算額	特別工事充当控除	寄付金	合計
昭和30	36,383			36,383
31	50,530			50,530
32	73,397	14,000		59,397
33	57,406	14,000		43,406
34	58,075	6,000		52,075
35	124,944	45,800		79,144
36	192,290	93,500		98,790
37	197,745	77,745		120,000
38	145,004	25,004		120,000
39	182,718	47,718		135,000
40	285,094	96,094		189,000
41	368,719	116,400		252,319
42	287,267	48,000		239,267
43	258,540	43,200		215,340
44	265,455	48,000		217,455
45	268,163	24,000		244,163
46	151,856		100,000	251,856
47	38,067		220,000	258,067
48	17,107		270,000	287,107
49	53,172		270,000	323,172
50	99,233		270,000	369,233
51	67,498		320,000	387,498
52	398,100		40,000	438,100
53	174,910		300,000	474,910
54	32,059		470,000	502,059
55	1,006,973	250,000		756,973
56	773,234	100,000		673,234
57	899,661	100,000		799,661
58	1,137,081	250,000		887,081
59	1,249,111	200,000		1,049,111
60	1,256,025	250,000		1,006,025

出典　大阪市報償金・特別工事費推移表　大阪瓦斯保管

参考文献

青田龍世・竹中龍雄「我公益企業に於ける報償契約の起源と背景」『都市公論』都市研究会、第 21 巻第 6 号、昭和 13 年刊
朝日新聞社『朝日新聞社史　明治篇』朝日新聞社、平成 2 年刊
阿部武司『近代大阪経済史』大阪大学出版会、平成 18 年刊
阿部武司「戦間期における長期不況とその克服」『新版日本経済史』放送大学教育振興会、平成 20 年刊
安部磯雄『都市独占事業論』隆文館　明治 44 年刊
天利新次郎「瓦斯報償契約の解剖」『都市問題』東京市政調査会、第 12 巻第 2 号、昭和 6 年刊
今村成和「公企業及び公企業の特許」『行政法講座第 6 巻』有斐閣、昭和 41 年刊
石井寛治『経済発展と両替商金融』有斐閣、平成 19 年刊
池田宏「市政上の根本問題」『都市問題』東京市政調査会、第 14 巻 3 号、昭和 7 年刊
池田宏『報償契約について』東京市政調査会、昭和 8 年刊
池原鹿之助『鶴原定吉君略伝』池原鹿之助、大正 6 年刊
石川辰一郎『片岡直輝翁記念誌』石川辰一郎、昭和 3 年刊
植草益『公的規制の経済学』NTT 出版、平成 12 年刊
宇賀克也『行政法概説 1　行政法総論』有斐閣、平成 16 年刊
宇田川勝「戦前日本の企業と外資系企業（上）」『経営志林』法政大学経営学会、第 24 巻第 1 号、昭和 62 年刊
宇田川勝「第 3 章　近代経営の展開」『日本経営史　新版』有斐閣、平成 19 年刊
梅本哲也『戦前日本資本主義と電力』八朔社、平成 12 年刊
大石嘉一郎『近代日本地方自治の歩み』大月書房、平成 19 年刊
大河内翠山『藤田傳三郎伝』東京鐘美堂、明治 45 年刊
大阪瓦斯『大阪瓦斯五十年史』大阪瓦斯、昭和 30 年刊
大阪ガス『明日へ燃える　大阪ガス 80 年』大阪ガス、昭和 61 年刊
大阪ガス『大阪ガス 100 年史』大阪ガス、平成 17 年刊
大阪市『大阪市会史　第五巻』大阪市、明治 45 年刊
大阪市『大阪市会史　第六巻』大阪市、大正 2 年刊
大阪市『大阪市会史　第二十八巻』大阪市、平成 6 年刊
大阪市『明治大正　大阪市史　第二巻経済篇上』日本評論社、昭和 8 年刊
大阪市『明治大正　大阪市史　第四巻経済篇下』日本評論社、昭和 9 年刊
大阪市『昭和大阪市史　第 2 巻　行政編』大阪市、昭和 27 年刊
大阪市『昭和大阪市史　続編　第 2 巻　行政編』大阪市、昭和 40 年刊
大阪市『大阪市制百年の歩み』大阪市、平成元年刊
大阪市『新修大阪市史　第五巻』大阪市、平成 3 年刊

参考文献

大阪市『新修大阪市史　第六巻』大阪市、平成 6 年刊
大阪市『新修大阪市史　第七巻』大阪市、平成 6 年刊
大阪市『新修大阪市史　第八巻』大阪市、平成 4 年刊
大阪市公文書館『大阪の都市交通』大阪市公文書館、平成 21 年刊
大阪市港湾局『大阪築港 100 年　上』大阪市港湾局、平成 9 年刊
大阪市電気局『大阪市営電気軌道沿革誌』大阪市電気局、大正 12 年刊
大阪市電気局『大阪市電気供給事業史』大阪市電気局、昭和 17 年刊
大阪市交通局『大阪市交通局七十五年史』大阪市交通局、昭和 55 年刊
大阪市交通局『大阪市交通局百年史』大阪市交通局、平成 17 年刊
大阪商業会議所「10 月 6 日役員会議事録」『月報第百拾四號』、明治 35 年刊
大島義清「瓦斯事業法について」『燃料協会誌』日本エネルギー学会、大正 14 年号
岡島久雄「公益事業意識の発生と報償契約（1）、（2）」『成蹊大学経済学部論集』成蹊大学、第 5 巻 2 号、第 6 巻 1 号、昭和 50 年刊
岡戸武平『東邦ガス物語』中部経済新聞社、昭和 44 年刊
岡野文之助「六大市長会議と市営事業問題」『都市問題』東京市政調査会、第 7 号 4 号、昭和 3 年刊
小倉庫次「我国主要都市に於ける電気事業報償契約」『都市問題』東京市政調査会、5 巻 4 号、昭和 20 年刊
片山潜『都市社会主義』社会主義図書部、明治 36 年刊
鎌田慶四郎『五十年の回顧』朝日新聞社、昭和 4 年刊
川端直正『大阪の行政』『毎日放送文化双書 2』毎日放送、昭和 48 年刊
川島武宜『日本人の法意識』岩波新書、昭和 42 年刊
川島武宜『民法Ⅰ』有斐閣、昭和 36 年刊
関西電力『関西電力五十年史』関西電力、平成 14 年刊
岸同門会『岸清一訴訟記録』巌松堂書店、民事編第 3 輯、昭和 11 年刊
木曾順子「日本橋方面・釜ヶ崎スラムにおける労働＝生活過程」杉原薫・玉井金五編『大正・大阪・スラム』新評論、昭和 61 年刊
木山実『近代日本と三井物産』ミネルヴァ書房、平成 21 年刊
久保通直『片岡直方君伝』大阪瓦斯、昭和 25 年刊
小石川裕介「近代日本の公益事業規制　市町村ガス報償契約の法史学的考察」『法制史研究』法制史学会、59 号、平成 10 年刊
公営交通研究所『都市の公営交通政策』公営交通研究所、平成 4 年刊
神戸瓦斯『神戸瓦斯四十年史』神戸瓦斯、昭和 15 年刊
小坂順造『山本達雄』信越化学、昭和 26 年刊
小島忠里『大阪市対大阪瓦斯株式会社事件法律論』平田博文堂、明治 35 年刊
小島忠里『大阪市対大阪瓦斯株式会社事件基本財産増加市税廃止論』平田博文堂、明治 35 年月刊

小林丑三郎「市営事業収入の性質及原則」『都市問題』東京市政調査会、第 7 巻 4 号、昭和 3 年刊
小山仁示「大大阪の時代」『図説大阪府の歴史』河出書房新社、平成 2 年刊
財政経済学会『新聞集成　明治編年史第 13 巻』財政経済学会、昭和 9 年刊
サイモン・ジェイムス・バイスウェイ『日本経済と外国資本』刀水書房、平成 17 年刊
坂口軍司「報償契約問題」『都市問題』東京市政調査会、第 18 巻 2 号、昭和 9 年刊
坂田幹太『市会議員時代の谷口房蔵翁』谷口翁伝記編集委員会、昭和 6 年刊
櫻井一久『市制及町村制義解』大淵濤、明治 21 年刊
島田昌和「渋沢栄一とインフラストラクチャー」『日本経営史の基礎知識』有斐閣、平成 16 年刊
新藤宗幸・松本克夫編『雑誌「都市問題」にみる都市問題 1925-1945』岩波書店、平成 22 年刊
鈴木雇夫他編著『目で見る行政法教材』有斐閣、平成 5 年刊
鈴木慶太郎「道路占用に関する報償契約について（一）〜（三）」『道路の改良』道路改良会、第 21 巻第 2 号〜4 号、昭和 14 年刊
關一『鉄道講義要領』同文館、明治 38 年刊
關一『市営事業の本質』東京市政調査会、昭和 3 年刊
關一「市営事業の経営」『国民経済雑誌』神戸大学経済経営学会、第 45 巻 2 号、昭和 3 年刊
關一「大阪市に於る瓦斯事業報償契約に就いて」『都市問題』東京市政調査会、第 17 巻第 1 号、昭和 8 年刊
關一『都市政策の理論と実際』三省堂、昭和 11 年刊
関野満夫「関一と大阪市営事業」『経済論叢』京都大学経済学会、第 129 巻第 3 号、昭和 57 年刊
高橋亀吉監修『財政経済二十五年史　第 7 巻』実業之世界社、昭和 27 年刊
高橋是清　『高橋是清自傳』千倉書房、昭和 11 年刊
田川大吉郎「瓦斯報償契約に於けるスライディング・スケール方式について」『都市問題』東京市政調査会、第 4 巻 4 号、昭和 2 年刊
高寄昇三『近代日本公営交通成立史』日本経済評論社、平成 17 年刊
竹田龍太郎「公企業に関する若干の疑問」『経営学論集』日本経営学会、第 4 輯、昭和 5 年刊
田中朝吉『原敬全集』原敬全集刊行会、昭和 4 年刊
田中二郎「報償契約に関する法律問題」『ジュリスト』有斐閣、昭和 31 年 6 月号
谷本谷市『都市の公営交通政策』公営交通研究所、平成 4 年刊
玉井金五「日本資本主義と都市社会政策」杉原薫・玉井金五編『大正・大阪・スラム』新評論、昭和 61 年刊

参考文献

通商産業省公益事業局ガス事業課『ガス事業法』日本瓦斯協会、昭和 29 年刊
帝国興信所『財界二十五年史』帝国興信所、大正 15 年刊
電気協会『電気協会十年史』電気協会、昭和 7 年刊
電気経済研究所『報償契約質疑録Ⅰ』電気経済研究所、昭和 7 年刊
電気経済研究所『報償契約質疑録Ⅱ』電気経済研究所、昭和 7 年刊
電気経済研究所『報償契約質疑録Ⅲ』電気経済研究所、昭和 8 年刊
電気事業講座編集委員会『電気事業発達史』電力新報社、平成 8 年刊
電力政策研究会『電気事業法制史』電力新報社、昭和 40 年刊
東京瓦斯『東京瓦斯七十年史』東京瓦斯、昭和 31 年刊
東京瓦斯『東京瓦斯九十年史』東京瓦斯、昭和 51 年刊
東京ガス『東京ガス百年史』東京ガス、昭和 61 年刊
東京瓦斯『がす資料館年報　NO 5』東京瓦斯、昭和 52 年刊
東京ガス『がす資料館年報　NO 14』東京ガス、平成 7 年刊
東京市政調査会『電気事業報償契約』東京市政調査会、昭和 3 年刊
東京市政調査会『瓦斯事業報償契約』東京市政調査会、昭和 3 年刊
東京市政調査会「東京瓦斯報償契約改定問題に関する東京市政調査会の意見」『都市問題』東京市政調査会、第 4 巻第 3 号、昭和 2 年刊
東京電燈会社史編集委員会『東京電燈株式会社社史』東京電燈、昭和 31 年刊
東邦瓦斯『社史　東邦瓦斯株式会社』東邦瓦斯、昭和 32 年刊
都市経営研究会「地域経営思想の系譜」『都市政策』神戸市都市問題研究所、54 巻、昭和 63 年刊
中村隆英『戦前期日本経済成長の分析』岩波書店、昭和 46 年刊
中村隆英『日本経済その成長と構造』東京大学出版会、昭和 53 年刊
名古屋鉄道『名古屋鉄道社史』名古屋鉄道、昭和 36 年刊
中山泰昌編『新聞集成　明治編年史　第 13 巻』財政経済学会、昭和 9 年刊
日本ガス協会『日本瓦斯協会史』日本ガス協会、昭和 51 年刊
日本ガス協会『日本都市ガス産業史』日本ガス協会、平成 9 年刊
萩原古壽『大阪電燈株式会社沿革史』萩原古壽、大正 14 年刊
日本銀行金融研究所「銀目廃止と太政官札」『日経金融新聞』、平成 18 年、19 年刊
野村得庵翁伝記編纂所『野村得庵　本伝下』野村得庵翁伝記編纂所、昭和 26 年刊
函館市「水電事業市営化問題」『函館市史通説編第 3 巻第 5 編』函館市、平成 9 年刊
原田敬一『日本近代都市史研究』思文閣出版、平成 9 年刊
阪神電気鉄道『阪神電気鉄道百年史』阪神電気鉄道、平成 17 年刊
東忠久『日銀を飛び出した男たち』日本経済新聞社、昭和 57 年刊
人見牧太『関西配電社史』関西配電精算事務所、昭和 28 年刊
福島大「社齢六十年　ガスの夜明け　承前」『がす燈』大阪瓦斯、昭和 29 年 7 月号
福島大「社齢六十年　第二章　維新前夜」『がす燈』大阪瓦斯、昭和 29 年 9 月号

堀田貢「道路行政」『道路の改良』道路改良会、第 2 輯、大正 10 年
本間武夫「瓦斯事業と報償契約」『電気とガス』通商産業調査会、昭和 30 年 10 月号
毎日新聞社『『毎日』の 3 世紀』毎日新聞社、平成 14 年刊
毎日新聞社『毎日新聞七十年』毎日新聞社、昭和 27 年刊
松沢弘陽『日本社会主義の思想』筑摩書房、昭和 48 年刊
南亮進『動力革命と技術進歩』東洋経済新報社、昭和 51 年刊
南博方「ガス報償契約の実体と理論」『法学雑誌』大阪市立大学、第 7 巻 4 号、昭和 36 年刊
美濃部達吉「法律上より観たる報償契約」『国家学会雑誌』国家学会事務所、47 巻 6 号、昭和 8 年刊
宮本憲一『都市政策の思想と現実』有斐閣、平成 11 年刊
宮本憲一「都市政策の課題」『立命館大学政策学部紀要』立命館大学政策科学会、平成 20 年 3 月号
宮本又次「片岡直輝の生い立ち」『大阪商人太平記　明治後期編上』創元社、昭和 37 年刊
山崎廣明「慢性不況下の帝国主義」宇野弘蔵監修『講座　帝国主義の研究　第六巻』青木書店、昭和 48 年刊
山本一雄『住友本社経営史上巻』京都大学学術出版、平成 22 年刊
善積順蔵『大阪瓦斯論』大阪同志会出版、明治 35 年刊
吉野俊彦『日本銀行史　第三巻』春秋社、昭和 52 年刊
吉野俊彦『歴代日本銀行総裁論』毎日新聞社、昭和 51 年刊
吉本義秋『大阪人物小観』吉本義秋、明治 36 年刊
ラードブルッフ/田中耕太郎訳『法哲学』酒井書店、昭和 39 年刊
蝋山政道「市営主義の経営に於ける収益主義に就いて」『都市問題』東京市政調査会、第 7 巻 4 号、昭和 3 年刊
我妻榮「社会現象の法律を中心とする研究の問題」『近代法における債権の優越的地位』有斐閣、昭和 28 年刊
我妻榮「私法の方法論に関する一考察」『近代法における債権の優越的地位』有斐閣、昭和 28 年刊

（未刊行、非公開史料）
大阪瓦斯『大阪瓦斯日誌』　創業明治 29 年から昭和 39 年までの出来事を記録した日誌
大阪瓦斯『大阪瓦斯株式会社事業沿革史』　25 年史として昭和 6 年発刊予定した稿本
大阪瓦斯『大阪瓦斯株式会社社史』　40 年史として昭和 20 年発刊予定が終戦のため未刊となった稿本
大阪ガス『大阪ガス 80 年史　別冊資料』　非公開

参考文献

大阪ガス『大阪ガス100年史　別添資料』　非公開
大阪瓦斯保管資料
大阪市財政局保管資料

(外国語文献)
Edward W. Bemis（ed.）, Municipal Monopolies, New York: T. Y. Crowell, 1899
Who's Who in America, 1913年版

あとがき

　私は昭和39（1964）年に大阪瓦斯株式会社に入社した。会社は高度経済成長の波で拡大を重ね、その真っ只中に営業担当の新人として勤務することになった。ガスの本管網が郊外へ大きく伸びていった。大阪市内にもまだ未普及地も残っていて、そのどこに導管を敷設するかを大阪市と協議することが慣例になっていた。新入社員の私には知る由もなかったが、今から考えるとその協議の元にあったのが本書のテーマである報償契約であった。会社もこの契約を事業の根幹をなすものとして取り扱っていたようだ。その後何度も職場を変って長い年月でこの報償契約への私の関心は薄れていったが昭和61年にこの契約が解除された。その数年後私はたまたま経営調査部という部署に転属し初めて行政と公益事業間のこの契約の歴史的意味に興味をもったが、疑問が解けないまま頭の片隅に残すしかなかった。

　そして十数年後、ながらくお世話になった大阪瓦斯を離れ自由時間が得られるようになった。どうしてもこの疑問を自分で解決したくなった。そこで思い切って大阪大学名誉教授の宮本又郎先生に相談し、先生のご紹介で日本経済史の第一人者である大阪大学教授の阿部武司先生に研究指導をお願いし大阪大学経済学研究科の門下の一人にいれていただいた。私がこの研究を始めた理由は、この契約についてはその成立と普及を歴史のひとこまとした研究は多くあるが最近までそれが運用されていたという事実に目をむけた研究はなかったからである。新幹線の時代に一部でまだ現役として活躍していた

あとがき

　蒸気機関車の存在のように忘れ去られたものであった。報償契約は明治期後半にでき昭和末期まで80年以上も続いた。しかも私法上の契約でありながらひとつの行政法的役割をはたした稀有な契約形態であった。また契約を巡っては公益を重視する自治体と資本主義のなかで生きようとする私営公益事業者の抗争の歴史でもあった。

　いざ研究にとりかかると案の定、終戦時以降の動向についてはほとんど公表史料がなく一時は挫折かと途方にくれた。まず取っ掛かりに会社を一昔前に辞められた長命な先輩方の話を聞くことで凡その歴史の流れを理解することができた。しかしそれらを裏付ける史料が全くなく頭を抱えていたところに大阪ガスと大阪市経済局から膨大な未公開の原資料提供の協力が得られてやっとこの契約の歴史の終末にまで辿り着くことができた。この幸運がなかったとしたら本書は完成しなかったと思われる。ご支援いただいた関係の方々に深く感謝する次第である。

　本書は、先に発表した学会誌「企業家研究」（第9号）の論文と大阪大学での学位論文が原形になっている。これらの研究は一貫してご懇切に指導いただいた阿部武司先生の励ましで仕上げることができたものであり、あらためて先生に満腔の感謝をささげたい。また側面からご助言いただいた大阪大学の澤井実先生、廣田誠先生にも深謝したい。さらに本書出版にあたり大いなるご尽力いただいた大阪大学出版会の編集者の大西愛さんにもお礼を申しあげたい。

　最後に大阪瓦斯在職中はもとよりこの研究活動を全面的に支えてくれた妻惠子に心からの感謝を述べて、本書のしめくくりとしたい。

　　平成25年4月

　　　　　　　　　　　　　　　　　　　　　　　　　　　山田廣則

索　引

あ　行

淺野總一郎　4, 10, 24
安部磯雄　41
阿部武司　160
池上四郎　73
池田宏　148
池原鹿之助　47
石井寛治　5
石渡敏一　128
一般占用料単価　219
一般道路条例　230
色川幸太郎　215
岩田宙造　148
宇治川電気　120, 136
宇田川勝　12
内田定槌　23, 70
内海忠勝　33, 40, 47
営造物　42, 43, 81
営造物主義　253
営利事業　i, iii, 40, 67, 72, 90, 250, 254
　——収入　93
　——利益の他事業組入れ　16, 69, 161, 251-254
大阪朝日　21, 24, 25, 29, 50
大阪瓦斯　i, 73, 187
　——開業反対運動　49
　——外資撤退　170
　——外資輸入（導入）　13
　——発起認可　8, 9

大阪巡航汽船　45, 61
大阪商業会議所　58
大阪電燈　23, 78, 118
大阪砲兵工廠　6
大阪毎日　12, 25, 30, 52, 59
「大阪モンロー主義」　251
尾崎行雄　125

か　行

会計システム　252
外債の発行　11
外資系会社　12
外資導入（輸入）　11-13, 23
外資の撤退　170
外資排斥　11, 12, 36, 41, 71
外人居留地　3, 72
改良主義　69, 252
「過去の亡霊」　213, 228
ガス管税　82
ガス供給事業　7, 205
ガス協力集団　187, 204
瓦斯事業委員会　154, 165
ガス事業者の合併　187, 188
瓦斯事業法　154
　——強制買収規定　224
　——認可事業　154
　——と報償契約との整合性　iii, 155
　——の改正　164
ガス事業法　189, 206, 221
ガス料金算定要領　190
片岡直輝　10, 17, 19, 20, 167

299

索　引

片山潜　41, 67, 68, 86
川島武宜　215, 224
關西配電　187
慣習法　151, 152, 244
監督権　77, 119, 143, 222
機関委任業務　147
「閣置」　141
起業権　34
岸清一　13, 14, 73, 128
軌道条例　140
寄付金　168, 169, 200, 228, 230, 233
規模の利益　70
供給停止　132, 137
供給約款　134
強行規定　151, 211, 213
行政契約の成立　40
行政裁判所　150
行政実例　43, 67, 72, 90, 250
銀座戦争　7
近代工業都市　15, 91, 92, 159
「クールノーの複占の道」　126
グラスゴー市　29, 41, 63
「暗闇の町・函館市」　132
経営成果の配分　74, 88, 247, 255
傾斜生産方式　188, 205, 245
契約自由の原則　89, 136, 149, 217, 224, 244
原価査定　85, 201, 219
原価主義　189
減価償却　66, 69, 88
現金主義　196
原料価格（炭価）の高騰　70, 117, 118, 127, 142, 153
広域運営　205
公益事業　i, 16, 70, 116, 138
　──の公営化　23, 41, 68, 85, 124
公益事業委員会　189
公益事業の認可権　81

公権力の濫用　123, 166, 167, 249
公債募集　72
交通事業　197
公的規制　35, 68
　──経営的規制　64
　──公共的規制　64
高度経済成長　198
神戸瓦斯　7, 124
公法行為説　149
公用料金の割引　84
小島忠里　41
国家統制　186
小松原英太郎　30, 39, 59
小山健三　59, 121

さ　行

催告　215, 216
堺瓦斯　80, 167
産業用ガス　198
参事会　64, 123, 248
参入規制　35, 63, 69
GHQ会議　189
市営主義　94, 252
市営論　51, 135
「市会の呪縛」　217, 249
市会の体質　247
事業規制　i, 68, 116, 125
事業許可基準　212
事業着手期限　9
　──の延期　74
事業法の整備　138
資産再評価　190, 200, 245
事情変更の原則　221, 224
市制　44, 72
市政改革　70
市制特例　18, 20, 40, 57
市政の腐敗　21, 23, 29, 30, 70, 128

300

私設鐵道条例　139
私設鐵道法　116, 139
自然独占　35, 68, 72, 81, 86, 211
自治体の中立性　191
市町村制　20
実費主義　72, 253
澁澤榮一　4, 10, 125
私法行為説　149
司法裁判所　72, 80, 128, 150
私法上の契約　88, 89, 116, 156, 244
市民運動　i, ii, 50, 52, 87, 137
市民大会　39, 53, 131, 249
「シャープ税制」　195
社会資本遺産の蓄積　91, 146
社会主義　88
受益者負担　90, 252
自由主義的社会改良主義　160
主務大臣の裁定　155, 156
純法理学解釈　150, 151
商業資本　6
商業都市　15
消滅時効　208, 211, 214, 217, 231, 245
　　——の援用　217
　　——の中断　215, 216, 218
　　——の利益の放棄　216, 220, 230
「消滅時効の黙過の道」　217
昭和恐慌　158
植民地化の恐れ　11, 71
水上交通機関　45
水道事業　33, 43, 69, 93, 94, 162, 197, 250
水道条例　31, 44
末弘厳太郎　220
住友吉左衛門　21, 119
スライディング・スケール条項　61, 82, 83, 127, 129, 165, 200
税外収入　93, 195
政府不信　49

世界恐慌　158
石炭乾留（蒸留）　2, 205, 212
関野満夫　251
關一　16, 76, 159, 252
石油ランプ　74, 118
戦後復興　188
煽動政治家　56
総括原価方式　85
造幣寮　6
双方代理　40
「存在の事実」　152

た　行

大大阪構想　90
大規模紡績工場　6
「第2の動力革命」　124
高島嘉右衛門　3
高橋是清　19
立会演説会　52
脱税問題　78, 120, 124
田中二郎　89, 151
タバコ専売制　11
「タマニー」　38, 51, 71
田村太兵衛　21
短期時効　217
タングステン電球　8
炭素線電灯　4
治安警察法　54
知事指令　9, 31, 32, 34, 40, 43, 49, 74
地上権　42, 43
チゾン，アレキサンダー　13, 14, 33
築港事業（工事）　15, 72, 91, 92
地方公営企業法　196
地方自治権　i, 86
　　——のためのレジスタンス　89
地方自治体の中立的立場　84, 123, 192
提灯行列　39, 54

索　引

超法規　i, iii, 79, 88
千代田瓦斯　80, 125, 136
鶴原定吉　16, 17, 19, 20
帝國瓦斯協会　153, 187
帝國電力　133
鉄管税　32, 74, 125
鐵道営業法　139
鐵道國有化法　139
電気協会　148, 151
電気鉄道事業　94
電気事業取締規則　116, 141
電気事業法　116, 144
電気鉄道公債　93
伝染病対策　93
電柱税　78, 82, 119
電力会社の統合　186
土居通夫　14, 119, 122
東京会議所　4
東京瓦斯　4, 7, 187, 256
　──のスライディング・スケール条項　83
　──の増資と料金問題　164
　──の訴訟　128, 129
　──の報償契約　125, 191
東京府瓦斯局　4, 125
東京電燈　7, 125, 186
東邦瓦斯　169, 170, 193
「東洋のマンチェスター」　15, 91
党略政治　123
道路整備　16, 146
道路占用（占有）　i, 138, 147
　──の許可　147
　──方式　192, 193, 199, 214, 218, 219, 228-230
　──料　76, 81, 88, 191, 203, 223
道路法　43, 79, 145
　──と報償契約との整合性　147, 148
独占　13, 120, 125, 136, 138, 169, 212
　──事業　27, 29, 34, 38, 49, 69, 70,
　　90, 128
　──認可　81
　──の権利　13, 24, 34, 80, 130
　──の保証　81, 86, 126, 136
特別決議　221, 224
特別工事方式　202, 214, 219, 228, 230
都市経営　i, iii, 16, 23, 67, 89, 90, 244, 247, 249
都市社会主義　41, 68, 86, 124
土地収用法　142
土地（道路）所有権　30-32, 42
特許事業　35
「ドッジ・ライン（政策）」　189, 195

な　行

中橋徳五郎　59, 121
名古屋瓦斯　168
名古屋電気鐵道　134
名古屋電燈　169
ニクソンショック　226
日銀ストライキ事件　17, 19
日本電気協会　143
日本電燈　125
日本発送電　186
認可事業　154, 223
認可要件　80
熱量販売制　169
野村徳七　170

は　行

買収価格　208
買収権条項　60, 77, 85, 117, 120, 121, 131, 155, 169, 202, 203, 209, 255
　──の財産権　232
　──の時効　208, 215, 217
　──の放棄　210, 229, 231, 232

——の法的性質　206, 211, 220
　　——の満期　ii, 209
　　——の有効性　220, 224
買収の成立　122, 136
背任行為　214
ハイパーインフレ　194
函館水電　130
発行部数競争　25, 29, 39
発生主義　197
原敬　10, 12, 59
原嘉道　128, 129
パリ市　29
判例　80
BOT　117
ビーミス，エドワード　70, 89
兵庫瓦斯　3
費用逓減産業　205
平賀義美　75
副産物　2, 118, 192, 205, 212
藤田傳三郎　25, 58, 59, 64
不祥事　124, 137, 248
普通決議　221
不買運動　74
プレグラン，アンリー　3
ブレディ（ブラディ），アンソニー　13, 24, 37, 52, 75, 170
ブレディ財団　170
変動相場制　226
報償金　156, 213, 223
　　——の規模　162
　　——の算定　82, 200
　　——の推移　199
　　——の性質　228, 246
報償契約　i, 30, 63, 73, 76, 246
　　——の解除　186, 191-193, 226, 232, 245, 246
　　——の改定　166, 193, 210, 218
　　——の鑑定　206, 215, 220

——の更改条項　199, 204
　　——の効力　148, 150
　　——の性質　130, 149, 150
　　——の訴訟　80, 128, 129, 132, 148, 153, 225, 248
　　——の締結　i, iii, 46, 58, 78, 88, 119, 121, 124, 126, 131, 134
　　——の伝播　78, 143
　　——の満了　228
報償主義　27, 30, 31
法制化　88
法制度の不備　ii, 49, 86, 87, 116, 138
法的安定　88, 152
法律関係不存在確認訴訟　128, 148, 153, 165, 244
法律論争　29
本田精一　24, 25, 53, 86
本間武夫　211

ま　行

マードック，ウィリアム　2
松本重太郎　14, 25, 32, 59
松本蒸治　150
マントル　4, 7, 8, 10, 74
ミラー，キャロル　13, 14
美濃部達吉　89, 150
民営化　232
民間払下げ　4
無名契約　207
村井兄弟商会　12, 14
村山龍平　24, 39, 59, 121
本山彦一　39, 121

や・ら　行

安田善次郎　10
山本達雄　19

303

索　引

有名契約　207
横濱市営瓦斯　3
吉川大二郎　215
善積順蔵　41
ラードブルッフ，グスタフ　152
利益相反　40
「利益なき繁栄」　227
立憲政友会　17, 22, 87
立法論　41

料金規制　64, 77, 127
料金協議　62, 84, 117, 212, 222
料金不払　159
レートベース方式　190
漏電（事故）　8, 78, 119, 124
蝋山正道　254
我妻榮　200
渡邊千代三郎　12, 18, 20, 30, 170